21世纪 新形态教·学·练 一体化系列丛书

虚拟化与存储技术
应用项目教程

微课视频版

◎ 崔升广 编著

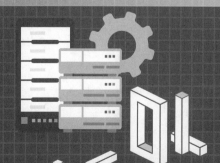

清华大学出版社

北京

内 容 简 介

根据全国高等学校人才的培养目标、特点和要求，本书由浅入深、全面系统地讲解了虚拟化与存储技术应用的基础知识和相关的服务配置。全书共 6 章，内容包括虚拟化技术基础知识、VMware 虚拟机配置与管理、桌面虚拟化技术、Hyper-V 虚拟化技术、Linux 配置与管理、Kubernetes 集群配置与管理。为了让读者能够更好地巩固所学知识，及时地检查学习效果，每个项目最后都配备了丰富的技能实训和课后习题。

本书可作为各类高等学校或培训机构计算机相关专业的教材，也可作为广大计算机爱好者学习虚拟化与存储技术应用的参考。

图书在版编目（CIP）数据

虚拟化与存储技术应用项目教程：微课视频版/崔升广编著.—北京：清华大学出版社，2023.8
（21 世纪新形态教·学·练一体化系列丛书）
ISBN 978-7-302-63176-7

Ⅰ.①虚… Ⅱ.①崔… Ⅲ.①虚拟处理机－高等学校－教材 ②计算机网络－信息存贮－高等学校－教材
Ⅳ.①TP338 ②TP393.0

中国国家版本馆 CIP 数据核字（2023）第 052632 号

责任编辑：闫红梅 薛 阳
封面设计：刘 键
责任校对：郝美丽
责任印制：曹婉颖

出版发行：清华大学出版社
    网 址：http://www.tup.com.cn, http://www.wqbook.com
    地 址：北京清华大学学研大厦 A 座 邮 编：100084
    社 总 机：010-83470000 邮 购：010-62786544
    投稿与读者服务：010-62776969，c-service@tup.tsinghua.edu.cn
    质量反馈：010-62772015，zhiliang@tup.tsinghua.edu.cn
    课件下载：http://www.tup.com.cn,010-83470236
印 装 者：大厂回族自治县彩虹印刷有限公司
经 销：全国新华书店
开 本：203mm×260mm 印 张：20 字 数：512 千字
版 次：2023 年 9 月第 1 版 印 次：2023 年 9 月第 1 次印刷
印 数：1～1500
定 价：59.00 元

产品编号：099233-01

PREFACE 前言

　　虚拟化技术与人工智能、云计算等领域的结合，可以更好地满足用户的需求。由于虚拟化存储技术可以简化企业的存储模型，提高灵活性并支持异构的存储环境，被越来越多的企业所接受并采用。党的二十大报告强调"必须坚持科技是第一生产力、人才是第一资源、创新是第一动力，深入实施科教兴国战略、人才强国战略、创新驱动发展战略，开辟发展新领域新赛道，不断塑造发展新动能新优势。"目前，随着计算机技术的飞速发展，人们越来越重视虚拟化与存储技术相关配置与管理，作为一门重要的专业课程教材，本书可以让读者学到非常新的、前沿的和实用的技术，为今后的工作储备知识。

　　本书使用 VMware 虚拟机环境搭建平台，在介绍相关理论与技术原理的同时，还提供了大量的项目配置案例，以达到理论与实践相结合的目的。全书在内容安排上力求做到深浅适度、详略得当，从虚拟化技术基础知识起步，用大量的案例、插图讲解虚拟化技术相关知识。编者精心选取教材的内容，对教学方法与教学内容进行整体规划与设计，使得本书在叙述上简明扼要、通俗易懂，既方便教师讲授，又方便学生学习、理解与掌握。

　　本书融入了作者丰富的教学和实践经验，从培养云计算技术初学者的视角出发，采用"教、学、练一体化"的教学方法，为培养应用型人才提供适合的教学与训练教材。本书以实际项目转换的案例为主线，以"学练合一"的理念为指导，在完成技术讲解的同时，对读者提出相应的自学要求和指导。读者在学习本书的过程中，不仅可以完成快速入门的基本技术学习，而且能够进行实际项目的开发与实现。

　　本书主要特点如下。

　　(1) 内容丰富、技术新颖，图文并茂、通俗易懂，具有很强的实用性。

　　(2) 合理、有效的组织。本书按照由浅入深的顺序，在逐渐丰富系统功能的同时，引入相关技术与知识，实现技术讲解与训练合二为一，有助于"教、学、练一体化"教学的实施。

　　(3) 内容实用，将实际项目开发与理论教学紧密结合。本书的训练紧紧围绕着实际项目进行，为了使读者能快速地掌握相关技术并按实际项目开发要求熟练运用，本书在各项目重要知识点后面都根据实际项目设计相关实例配置，实现项目功能，完成详细配置过程。

　　为方便读者使用，书中全部实例的源代码及电子教案均免费赠送给读者。

　　由于编者水平有限，书中不足或疏漏之处在所难免，殷切希望广大读者批评指正。

编　者

2023 年 1 月

CONTENTS

目 录

项目1

虚拟化技术基础知识

学习目标

- 理解虚拟化基本概念和应用基本概念。
- 理解虚拟化与虚拟机、虚拟化与数据中心、虚拟化与云计算、虚拟化集群等相关知识。
- 了解企业级虚拟化解决方案以及典型的虚拟化厂家及产品。
- 掌握物理服务器虚拟化安装与配置以及 Windows Server 2019 操作系统安装等技能。

1.1 项目陈述

虚拟化（Virtualization）是当今热门技术云计算的核心技术之一，它可以实现信息技术（Information Technology，IT）资源弹性分配，使 IT 资源分配更加灵活、方便，能够弹性地满足多样化的应用需求。虚拟化是一种可以为不同规模的企业 IT 降低开销、提高效率的最有效方式，代表当前 IT 的一个重要发展方向，并在多个领域得到广泛应用。服务器、存储、网络、桌面和应用的虚拟化技术发展很快，并与云计算不断融合。服务器虚拟化主要用于组建和改进数据中心，是最核心的虚拟化技术，也是云计算的基础技术，更是数据中心企业级应用的关键。本章讲解虚拟化基本概念和应用、虚拟化与虚拟机、虚拟化与数据中心、虚拟化与云计算、虚拟化集群、企业级虚拟化解决方案、典型虚拟化厂家及产品等相关理论知识，项目实践部分讲解物理服务器虚拟化安装与配置以及 Windows Server 2019 操作系统安装等相关知识与技能。

1.2 必备知识

1.2.1 虚拟化基本概念和应用

虚拟化是一个广义的术语，这里的重点是 IT 领域的虚拟化，目的是快速部署 IT 系统，提升性能和可用性，实现运维自动化，同时降低拥有成本和运维成本。虚拟化是指为运行的程序或软件营造它所需要的执行环境。在采用虚拟化技术后,程序或软件不再独享底层的物理计算资源,只运行在完全相同的物理计算资源中,而对底层的影响可能与之前所运行的计算机结构完全不同。虚拟化的主要目的是对 IT 基础设施和资源管理方式进行简化。虚拟化的消费者可以是最终用户、应用程序、操作系统、访问资源或与资源交互相关的其他服务。虚拟化是云计算的基础,使得在一台物理服务器上可以运行多台虚拟机。虚拟机共享物理机的中央处理器(Central Processing Unit,CPU)、内存、输入/输出(Input/Output,I/O)硬件资源,但逻辑上虚拟机之间是相互隔离的。基础设施即服务(Infrastructure as a Service,IaaS)可实现底层资源虚拟化。云计算、OpenStack 都离不开虚拟化,因为虚拟化是云计算重要的支撑技术之一。OpenStack 作为 IaaS 云操作系统,主要的服务就是为用户提供虚拟机。在目前的 OpenStack 实际应用中,主要使用 KVM 和 Xen 这两种 Linux 虚拟化技术。

1. 虚拟化的基本概念

(1) 虚拟化定义。

虚拟化是指把物理资源转变为逻辑上可以管理的资源,以打破物理结构之间的壁垒,让程序或软件在虚拟环境而不是真实的环境中运行,是一个为了简化管理、优化资源的解决方案。所有的资源都透明地运行在各种各样的物理平台上,资源的管理都将按逻辑方式进行,虚拟化技术可以完全实现资源的自动化分配。

① 虚拟化前。一台主机对应一个操作系统,后台多个应用程序会对特定的资源进行争抢,存在相互冲突的风险;在实际情况下,业务系统与硬件进行绑定,不能灵活部署;就数据的统计来说,虚拟化前的系统资源利用率一般只有 15% 左右。

② 虚拟化后。一台主机可以"虚拟出"多个操作系统,独立的操作系统和应用拥有独立的 CPU、内存和 I/O 资源,相互隔离;业务系统独立于硬件,可以在不同的主机之间进行迁移;充分利用系统资源,对机器的系统资源利用率可以达到 60% 左右。

(2) 虚拟化分类。

虚拟化分类包括平台虚拟化、资源虚拟化、应用程序虚拟化、存储虚拟化、网络虚拟化等。

① 平台虚拟化(Platform Virtualization),是针对计算机和操作系统的虚拟化,又分成服务器虚拟化和桌面虚拟化。

- 服务器虚拟化,是一种通过区分资源的优先次序,将服务器资源分配给最需要它们的工作负载的虚拟化模式,它通过减少为单个工作负载峰值而储备的资源来简化管理和提高效率,如微软公司的 Hyper-V、Citrix 公司的 XenServer、VMware 公司的 ESXi。
- 桌面虚拟化,是为提高人对计算机的操控力,降低计算机使用的复杂性,为用户提供更加方便适用的使用环境的一种虚拟化模式,如微软公司的 Remote Desktop Services、Citrix 公司的 XenDesktop、VMware 公司的 View。

平台虚拟化主要通过 CPU 虚拟化、内存虚拟化和 I/O 接口虚拟化来实现。

② 资源虚拟化(Resource Virtualization),是针对特定的计算资源进行的虚拟化,例如,存储虚拟化、网络资源虚拟化等。存储虚拟化是指把操作系统有机地分布于若干内、外存储器,所有内、外存储器结合成为虚拟存储器。网络资源虚拟化典型的应用是网格计算,网格计算通过使用虚拟化技术来管理网络上的数据,并在逻辑上将其作为一个系统呈现给消费者。它动态地提供了符合用户和应用程序需求的资源,同时还将提供对基础设施的共享和访问的简化。当前,有些研究人

员提出利用软件代理技术来实现计算网络空间资源的虚拟化。

③应用程序虚拟化(Application Virtualization),包括仿真、模拟、解释技术等。Java虚拟机是典型的在应用层进行虚拟化的应用程序。基于应用层的虚拟化技术,通过保存用户的个性化计算环境的配置信息,可以实现在任意计算机上重现用户的个性化计算环境。服务虚拟化是近年研究的一个热点,服务虚拟化可以使用户能按需快速构建应用。通过服务聚合,可降低服务资源使用的复杂性,使用户更易于直接将业务需求映射到虚拟化的服务资源。现代软件体系结构及其配置的复杂性阻碍了软件开发,通过在应用层建立虚拟化的模型,可以提供较好的开发测试和运行环境。

④存储虚拟化(Storage Virtualization),是指将具体的存储设备或存储系统同服务器操作系统分隔开来,为存储用户提供统一的虚拟存储池。它是具体存储设备或存储系统的抽象,展示给用户一个逻辑视图,同时将应用程序和用户所需要的数据存储操作和具体的存储控制分离。

存储虚拟化通过在存储设备上加入一个逻辑层实现,管理员通过逻辑层访问或者调整存储资源,提高存储利用率。这样便于集中存储设备以及提供更好的性能和易用性。存储虚拟化包括基于主机的存储虚拟化方式、基于存储设备的存储虚拟化方式。

基于主机的虚拟存储依赖于代理或管理软件,通过在一个或多个主机上进行安装和部署,来实现存储虚拟化的控制和管理。这种方法的可扩充性较差,实际运行的性能不是很好。由于这种方法要求在主机上安装控制软件,因此一个主机的故障可能影响整个SAN(Storage Area Network,存储区域网络)系统中数据的完整性。基于主机的虚拟化实现起来比较容易,设备成本最低。

基于存储设备的存储虚拟化是通过第三方的虚拟软件实现的。基于存储设备的虚拟化通常只能提供一种不完全的存储虚拟化解决方案。这种技术主要用在同一存储设备内部,进行数据保护和数据迁移。优势在于与主机无关,不占用主机资源,数据管理功能丰富。因其容易和某个特定存储供应商的设备相协调,所以更容易管理。

⑤网络虚拟化(Network Virtualization),是将以前基于硬件的网络转变为基于软件的网络。与所有形式的IT虚拟化一样,网络虚拟化的基本目标是在物理硬件和利用该硬件的活动之间引入一个抽象层。具体地说,网络虚拟化允许独立于硬件来交付网络功能、硬件资源和软件资源,即虚拟网络。网络虚拟化以软件的形式完整再现物理网络,应用在虚拟网络上的运行与在物理网络上完全相同,网络虚拟化向已连接的工作负载提供逻辑网络连接设备和服务(如逻辑端口、交换机、路由器、防火墙、VPN等)。它可以用来合并许多物理网络,或者将一个网络进一步细分,又或者将虚拟机连接起来。借助它可以优化数字服务提供商使用服务器资源的方式,让他们能够使用标准服务器来执行以前必须由昂贵的专有硬件执行的功能,并提高其网络的速度、灵活性和可靠性。虚拟网络不仅可以提供与物理网络相同的功能特性和保证,而且还具备虚拟化所具有的运维优势和硬件独立性。

(3)全虚拟化与半虚拟化。

根据虚拟化实现技术的不同,虚拟化可分为全虚拟化和半虚拟化两种。其中,全虚拟化产品将是未来虚拟化的主流。

①全虚拟化(Full Virtualization),也称为原始虚拟化技术,用全虚拟化模拟出来的虚拟机中的操作系统是与底层的硬件完全隔离的。虚拟机中所有的硬件资源都通过虚拟化软件来模拟,包括处理器、内存和外部设备,支持运行任何理论上可在真实物理平台上运行的操作系统,为虚拟机的配置提供了较大的灵活性。在客户机操作系统看来,完全虚拟化的虚拟平台和现实平台是一样

的,客户机操作系统察觉不到程序是运行在一个虚拟平台上的,这样的虚拟平台可以运行现有的操作系统,无须对操作系统进行任何修改,因此这种方式被称为全虚拟化。全虚拟化的运行速度要快于硬件模拟的运行速度,但是性能方面不如裸机,因为 Hypervisor 需要占用一些资源。

② 半虚拟化(Para Virtualization),是一种类似于全虚拟化的技术,需要修改虚拟机中的操作系统来集成一些虚拟化方面的代码,以减小虚拟化软件的负载。半虚拟化模拟出来的虚拟机整体性能会更好一些,因为修改后的虚拟机操作系统承载了部分虚拟化软件的工作。不足之处是,由于要修改虚拟机的操作系统,用户会感知到使用的环境是虚拟化环境,而且兼容性比较差。用户使用起来比较麻烦,需要获得集成虚拟化代码的操作系统。

2. 基于 Linux 内核的虚拟化解决方案

基于内核的虚拟机(Kernel-based Virtual Machine,KVM)是一种基于 Linux 的 x86 硬件平台开源全虚拟化解决方案,也是主流 Linux 虚拟化解决方案,支持广泛的客户机操作系统。KVM 需要 CPU 的虚拟化指令集的支持,如 Intel 虚拟化技术(Intel Virtualization Technology,Intel VT)或 AMD 虚拟化技术(AMD Virtualization,AMD-V)。

(1) KVM 模块。

KVM 模块是一个可加载的内核模块 kvm.ko。由于 KVM 对 x86 硬件架构的依赖,因此 KVM 还需要处理规范模块。如果使用 Intel 架构,则加载 kvm-intel.ko 模块;如果使用 AMD 架构,则加载 kvm-amd.ko 模块。

KVM 模块负责对虚拟机的虚拟 CPU 和内存进行管理及调试,主要任务是初始化 CPU 硬件,打开虚拟化模式,然后将虚拟机运行在虚拟模式下,并对虚拟机的运行提供一定的支持。

至于虚拟机的外部设备交互,如果是真实的物理硬件设备,则利用 Linux 系统内核来管理;如果是虚拟的外部设备,则借助快速仿真(Quick Emulator,QEMU)来处理。

由此可见,KVM 本身只关注虚拟机的调试和内存管理,是一个轻量级的 Hypervisor,很多 Linux 发行版将 KVM 作为虚拟化解决方案,CentOS 也不例外。

(2) QEMU。

KVM 模块本身无法作为 Hypervisor 模拟出完整的虚拟机,而且用户也不能直接对 Linux 内核进行操作,因此需要借助其他软件来进行,QEMU 就是 KVM 所需要的这样一个软件。

QEMU 并非 KVM 的一部分,而是一个开源的虚拟机软件。与 KVM 不同,作为宿主型的 Hypervisor,没有 KVM,QEMU 也可以通过模拟来创建和管理虚拟机,只因为是纯软件实现,所以性能较低。QEMU 的优点是,在支持 QEMU 的平台上就可以实现虚拟机的功能,甚至虚拟机可以与主机不使用同一个架构。KVM 在 QEMU 的基础上进行了修改。虚拟机运行期间,QEMU 会通过 KVM 模块提供的系统调用进入内核,KVM 模块负责将虚拟机置于处理器的特殊模式运行,遇到虚拟机进行 I/O 操作,KVM 模块将任务转交给 QEMU 解析和模拟这些设备。

QEMU 使用 KVM 模块的虚拟化功能,为自己的虚拟机提供硬件虚拟化的加速能力,从而极大地提高了虚拟机的性能。除此之外,虚拟机的配置和创建、虚拟机运行依赖的虚拟设备、虚拟机运行时的用户操作环境和交互以及一些针对虚拟机的特殊技术(如动态迁移),都是由 QEMU 自己实现的。

KVM 的创建和运行是用户空间的 QEMU 程序和内核空间的 KVM 模块相互配合的过程。KVM 模块作为整个虚拟化环境的核心,工作在系统空间,负责 CPU 和内存的调试;QEMU 作为模拟器,工作在用户空间,负责虚拟机 I/O 模拟。

（3）KVM 架构。

从上面的分析来看,KVM 作为 Hypervisor,主要包括两个重要的组成部分：一个是 Linux 内核的 KVM 模块,主要负责虚拟机的创建、虚拟内存的分配、虚拟 CPU 寄存器的读写以及虚拟 CPU 的运行;另一个是提供硬件仿真的 QEMU,用于模拟虚拟机的用户空间组件、提供 I/O 设备模型和访问外部设备的途径。KVM 的基本架构如图 1.1 所示。

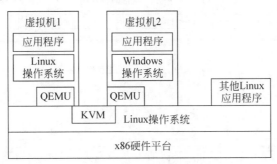

图 1.1　KVM 的基本架构

在 KVM 中,每一个虚拟机都是一个由 Linux 调度程序管理的标准进程,可以在用户空间启动客户机操作系统。普通的 Linux 进程有两种运行模式,即内核模式和用户模式,而 KVM 增加了第三种模式,即客户模式,客户模式又有自己的内核模式和用户模式。当新的虚拟机在 KVM 上启动时,它就成为主机操作系统的一个进程,因此可以像调度其他进程一样调度它。但与传统的 Linux 进程不一样,虚拟机被 Hypervisor 标识为处于客户模式（独立于内核模式和用户模式）,每个虚拟机都是通过/dev/kvm 设备映射的,它们拥有自己的虚拟地址空间,该空间映射到主机内核的物理地址空间。如前所述,KVM 使用层硬件的虚拟化支持来提供完整的（原生）虚拟化,I/O 请求通过主机内核映射到在主机（Hypervisor）上执行的 QEMU 进程。

（4）KVM 虚拟磁盘（镜像）文件格式。

在 KVM 中往往使用镜像（Image）这个术语来表示虚拟磁盘,主要有以下三种文件格式。

① raw。原始的格式,它直接将文件系统的存储单元分配给虚拟机使用,采取直读直写的策略。该格式实现简单,不支持诸如压缩、快照、加密和写时复制（Copy-on-Write,CoW）等特性。

② qcow2。QEMU 引入的镜像文件格式,也是目前 KVM 默认的格式。qcow2 文件存储数据的基本单元是簇（Cluster）,每一簇由若干个数据扇区组成,每个数据扇区的大小是 512B。在 qcow2 中,要定位镜像文件的簇,需要经过两次地址查询操作,qcow2 根据实际需要来决定占用空间的大小,而且支持更多的主机文件系统格式。

③ qed。qcow2 的一种改进,qed 的存储、定位、查询方式以及数据块大小与 qcow2 的一样,它的目的是改正 qcow2 格式的一些缺点,提高性能,不过目前还不够成熟。

如果需要使用虚拟机快照,需要选择 qcow2 格式,对于大规模数据的存储,可以选择 raw 格式。qcow2 格式只能实现增加文件容量,不能实现减少文件容量,而 raw 格式可以实现增加或减少文件容量。

3. Libvirt 套件

仅有 KVM 模块和 QEMU 组件是不够的,为了使 KVM 的整个虚拟环境易于管理,还需要 Libvirt 服务和基于 Libvirt 开发出来的管理工具。

Libvirt 是一个软件集合,是为方便管理平台虚拟化技术而设计的开源的 API、守护进程和管理工具。它不仅提供了对虚拟机的管理,而且提供了对虚拟网络和存储的管理。Libvirt 最初是为了 Xen 虚拟化平台设计的 API,目前还支持其他多种虚拟化平台,如 KVM、ESX 和 QEMU 等。在 KVM 解决方案中,QEMU 用来进行平台模拟,面向上层管理和操作;而 Libvirt 用来管理 KVM,面向下层管理和操作。Libvirt 架构如图 1.2 所示。

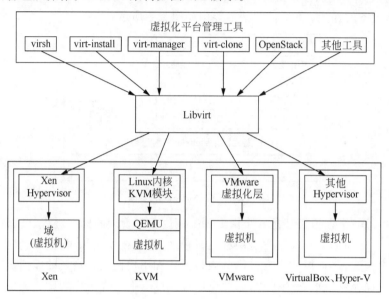

图 1.2　Libvirt 架构

Libvirt 是目前广泛使用的虚拟机管理 API,一些常用的虚拟机管理工具(如 virsh)和云计算框架平台(如 OpenStack)都是在底层使用 Libvirt 的 API 的。

Libvirt 包括两部分,一部分是服务(守护进程名为 Libvirtd),另一部分是 Libvirt API。作为运行在主机上的服务端守护进程,Libvirtd 为虚拟化平台及其虚拟机提供本地和远程的管理功能,基于 Libvirt 开发出来的管理工具可通过 Libvirtd 服务来管理整个虚拟化环境。也就是说,Libvirtd 在管理工具和虚拟化平台之间起到一个桥梁的作用。Libvirt API 是一系列标准的库文件,给多种虚拟化平台提供统一的编程接口,说明管理工具是基于 Libvirt 的标准接口来进行开发的,开发完成后的工具可支持多种虚拟化平台。

4. 虚拟化的应用

虚拟化一方面应用于计算领域,包括虚拟化数据中心、分布式计算、服务器整合、高性能应用、定制化服务、私有云部署、云托管提供商等;另一方面的应用主要是测试、实验和教学培训,如软件测试和软件培训等。

1.2.2　虚拟化与虚拟机

虚拟化是一种简化管理和优化资源的解决方案,可以在虚拟环境中实现真实环境中的全部或部分功能。虚拟化是指计算元件在虚拟的而不是真实的基础上运行,用“虚”的软件来替代或模拟“实”的服务器、CPU、网络等硬件产品。虚拟化将物理资源转变为具有可管理性的逻辑资源,以消除物理结构之间的隔离,将物理资源融为一个整体。虚拟化的所有资源都在透明地运行在各种各样的物理平台上,操作系统、应用程序和网络中其他计算机无法分辨虚拟机与物理计算机。

虚拟化使用软件来模拟硬件并创建虚拟计算机系统。虚拟计算机系统被称为虚拟机(Virtual Machine,VM),它是一种严密隔离的软件容器,内含操作系统和应用,每个功能完备的虚拟机都是完全独立的,通过将多台虚拟机放置在一台计算机上,可在一台物理服务器或主机上运行多个操作系统和应用,从而实现规模经济并提高效益。虚拟机是指通过软件模拟的具有完整硬件系统的计算机,从理论上讲,完全等同于实体的物理计算机。服务器的虚拟化是指将服务器物理资源抽象成逻辑资源,让一台服务器变成若干台相互隔离的虚拟服务器。

1. 虚拟化体系结构

虚拟化主要通过软件实现,常见的虚拟化体系结构如图1.3所示,这表示一个直接在物理机上运行虚拟机管理程序的虚拟化系统。在x86平台虚拟化技术中,虚拟机管理程序通常被称为虚拟机监控器(Virtual Machine Monitor,VMM),又称为Hypervisor。它运行在物理机和虚拟机之间的软件层,物理机被称为主机,虚拟机被称为客户机。

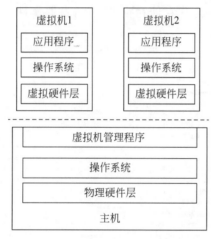

图1.3 常见的虚拟化体系结构

(1)主机。

主机一般指物理存在的计算机,又称宿主计算机。当虚拟机嵌套时,运行虚拟机的虚拟机也是宿主机,但不是物理机。主机操作系统是指宿主计算机的操作系统,在主机操作系统上安装的虚拟机软件可以在计算机中模拟出一台或多台虚拟机。

(2)虚拟机。

虚拟机指在物理机上运行的操作系统中模拟出来的计算机,又称客户机,理论上完全等同于实体的物理机。每个虚拟机都可以安装自己的操作系统或应用程序,并连接网络。运行在虚拟机上的操作系统称为客户机操作系统。

2. 虚拟机的分类

Hypervisor基于主机的硬件资源给虚拟机提供了一个虚拟的操作平台并管理每个虚拟机的运行,所有虚拟机独立运行并共享主机的所有硬件资源。Hypervisor就是提供虚拟机硬件模拟的专门软件,可分为两类:原生型和宿主型。

(1)原生(Native)型。

原生型又称为裸机(Bare-metal)型。Hypervisor作为一个精简的操作系统(操作系统也是软

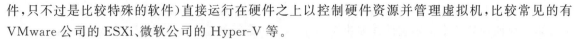

件,只不过是比较特殊的软件)直接运行在硬件之上以控制硬件资源并管理虚拟机,比较常见的有
VMware 公司的 ESXi、微软公司的 Hyper-V 等。

（2）宿主（Hosted）型。

宿主型又称为托管型。Hypervisor 运行在传统的操作系统之上,同样可以模拟出一整套虚拟
硬件平台,比较著名的有 VMware Workstation、Oracle VM、VirtualBox 等。

从性能角度来看,无论是原生型 Hypervisor 还是宿主型 Hypervisor 都会有性能损耗,但宿主
型 Hypervisor 比原生型 Hypervisor 的损耗更大,所以企业生产环境中基本使用的是原生型
Hypervisor,宿主型的 Hypervisor 一般用于实验或测试环境中。

3. 虚拟机文件

与物理机一样,虚拟机是运行操作系统和应用程序的软件计算机。虚拟机包含一组规范和配
置文件,这些文件存储在物理机可访问的存储设备上。因为有的虚拟机都是由一系列文件组成
的,所以复制和重复使用虚拟机就变得很容易。虚拟机的文件管理由 VMware Workstation 执行,
一个虚拟机一般以一系列文件的形式存储在宿主机中,这些文件一般在由 Workstation 为虚拟机
所创建的目录中,如图 1.4 所示。

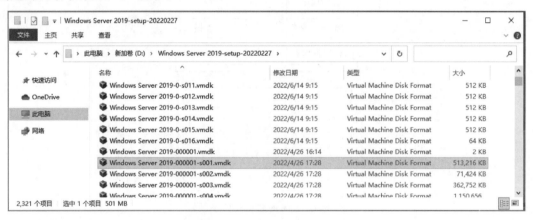

图 1.4　虚拟化文件管理目录

（1）虚拟机配置文件。

虚拟机配置文件包含虚拟机配置信息,如 CPU、内存、网卡,以及虚拟磁盘的配置信息。创建
虚拟机时会同时创建相应的配置文件。更改虚拟机配置后,该文件也会相应地变更。虚拟化软件
根据该文件提供的配置信息从物理主机上为该虚拟机分配物理资源,虚拟机配置文件仅包含配置
信息,通常使用文本、xml、cfg 或 vmx 格式等,文件很小。

< VMname >. vmx 文件:表示虚拟系统配置文件,使用虚拟机程序打开这个文件以启动虚拟
系统。该文件为虚拟机的配置文件,存储着根据虚拟机向导或虚拟机编辑器对虚拟机进行的所有
配置。有时需要手动更改配置文件以达到对虚拟机硬件方面的更改。可使用文本编辑器进行编
辑。如果宿主机是 Linux,使用 VM 虚拟机,这个配置文件的扩展名将是. cfg。

（2）虚拟机内存文件。

虚拟机内存文件是包含正在运行的虚拟机的内存信息的文件。当虚拟机关闭时,该文件的内
容可以提交到虚拟磁盘文件中。

< VMname >. vmem 文件:表示虚拟内存文件,与 pagefile. sys(亦称分页文件)相同。当虚拟

系统执行关机操作后，vmem 文件消失，但挂起关闭时，不消失。

虚拟内存是计算机系统内存管理的一种技术。它使得应用程序认为它拥有连续的可用的内存（一个连续完整的地址空间），而实际上，它通常被分隔成多个物理内存碎片，还有部分暂时存储在外部磁盘存储器上，在需要时进行数据交换。

pagefile.sys 为分页文件，即虚拟内存文件，它默认存在于系统盘的根目录下，系统盘的空间越大，用户的系统就能够腾出更多的空间给虚拟内存，那么用户的系统也会越稳定，所以建议尽量不要把软件程序装在系统盘。

主机中所运行的程序均需经由内存执行，若执行的程序很大或很多，则会导致内存消耗殆尽。而内存不足常导致卡机、系统不稳定等情况的发生。为解决该问题，Windows 中运用了虚拟内存技术，即匀出一部分硬盘空间来充当内存使用。虽然虚拟内存技术在一定程度上能够缓解物理内存的紧张状况。但是，因为计算机从随机存取存储器（Random Access Memory，RAM）读取数据的速率要比从硬盘读取数据的速率快，因而若想提高性能，扩增 RAM 容量（可加内存条）是最佳选择。若运行程序或操作缺乏所需的物理内存 RAM，则 Windows 会进行补偿。它将计算机的 RAM 和硬盘上的临时空间（虚拟内存）组合。当 RAM 运行速率缓慢时，它便将数据从 RAM 移动到称为"分页文件"的空间中。

（3）虚拟磁盘文件。

虚拟机所使用的虚拟磁盘，实际上是物理磁盘上的一种特殊格式的文件，模拟了一个典型的基于扇区的磁盘，虚拟磁盘为虚拟机提供存储空间。在虚拟机中，虚拟磁盘被虚拟机当作物理磁盘使用，功能相当于物理机的物理磁盘，虚拟机的操作系统安装在一个虚拟磁盘（文件）中。

虚拟磁盘文件用于捕获驻留在主机内存的虚拟机的完整状态，并将信息以一个明确的磁盘文件格式显示出来。每个虚拟机都从其相应的虚拟磁盘文件启动，并加载到物理主机内存中。随着虚拟机的运行，虚拟磁盘文件可通过更新来反映数据或状态改变。虚拟磁盘文件可以复制到远程存储，提供虚拟机的备份和灾难恢复副本，也可以迁移或者复制到其他服务器。虚拟磁盘也适合集中式存储，而不是存于每台本地服务器上。由于模拟磁盘，虚拟磁盘文件往往较大。除了可以选择固定大小的磁盘类型外，还可以按需动态分配物理存储空间，更好地利用物理存储空间。

<VMname>.vmdk 文件：表示虚拟机的一个虚拟磁盘。这是虚拟机的磁盘文件，它存储了虚拟机硬盘驱动器里的信息。一台虚拟机可以由一个或多个虚拟磁盘文件组成。如果在新建虚拟机时指定虚拟机磁盘文件为单独一个文件时，系统将只创建一个<VMname>.vmdk 文件。该文件包括虚拟机磁盘分区信息，以及虚拟机磁盘的所有数据。随着数据写入虚拟磁盘，虚拟磁盘文件将变大，但始终只有这一个磁盘文件。

如果在新建虚拟机时指定为每 2GB 单独创建一个磁盘文件，虚拟磁盘总大小就决定了虚拟磁盘文件的数量。系统将创建一个<VMname>.vmdk 文件和多个<VMname>-<s###>.vmdk 文件（注：<s###>为磁盘文件编号），其中，<VMname>.vmdk 文件只包括磁盘分区信息，多个<VMname>-<s###>.vmdk 文件存储磁盘数据信息。随着数据写入某个虚拟磁盘文件，该虚拟磁盘文件将变大，直到文件大小为 2GB，然后新的数据将写入其他<s###>编号的磁盘文件中。

如果在创建虚拟磁盘时已经把所有的空间都分配了，那么这些文件将在初始时就具有最大尺寸并且不再变大了。如果虚拟机是直接使用物理硬盘而不是虚拟磁盘，虚拟磁盘文件则保存着虚拟机能够访问的分区信息。

早期版本的 VMware 产品用.dsk 扩展名来表示虚拟磁盘文件。当虚拟机有一个或多个快照时,就会自动创建< VMname >-<＃＃＃>.vmdk 文件。该文件记录了创建快照时,虚拟机所有的磁盘数据内容。<＃＃＃>为数字编号,根据快照数量自动增加。

(4) 虚拟机状态文件。

与物理机一样,虚拟机也支持待机、休眠等状态,这就需要相应的文件来保存计算机的状态。当暂停虚拟机后,会将其挂起状态保存到状态文件中,由于仅包含状态信息,文件通常不大。

< VMname >.vmss 文件:该文件用来存储虚拟机在挂起状态时的信息。一些早期版本的 VM 产品用.std 表示这个文件。

(5) 日志文件。

虚拟化软件通常使用日志文件记录虚拟机调试运行的情况,这些记录对故障诊断非常有用。对虚拟机执行某些任务时,会创建其他文件。例如,创建虚拟机快照时,可以捕获虚拟机设置和虚拟磁盘的状况,内存快照还可以捕获虚拟机的内存状况,这些状况将随虚拟机配置文件一起存储在快照文件中。

< VMname >.log 文件:该文件记录了 VMware Workstation 对虚拟机调试运行的情况。当碰到问题时,这些文件对我们做出故障诊断非常有用。

(6) 快照文件。

当虚拟机建立快照时,就会自动创建该文件。有几个快照就会有几个此类文件。这是虚拟机快照的状态信息文件,它记录了在建立快照时虚拟机的状态信息。＃＃＃ 为数字编号,根据快照数量自动增加,例如,< VMname >-Snapshot <＃＃＃>.vmsn。

当运行一个"虚拟系统"时,为防止该系统被另外一个 VMware 程序打开,导致数据被修改或损坏,VMware 会自动在该"虚拟系统"所在的文件夹下生成三个锁定文件(虚拟系统锁定、虚拟磁盘锁定、虚拟内存锁定),分别为"systemType.vmx.lck""systemType.vmdk.lck""systemType.vmem.lck"。虽然 VMware 这种锁定机制能够很好地防止同一个虚拟系统文件被多个 VMware 运行程序运行,避免了数据被破坏,但它也带来了一些问题。即当出现断电或其他意外情况,可能导致某个虚拟系统文件无法正常打开。原因往往在于该虚拟系统文件没有解锁,解决办法是把三个".lck"文件夹删除。

4. 虚拟机的主要特点

虚拟机可以通过软件模拟完成具有完整硬件系统功能的、运行在一个完全隔离环境中的完整计算机系统。在实体计算机中能够完成的工作在虚拟机中都能够实现。在计算机中创建虚拟机时,需要将实体机的部分硬盘和内存容量作为虚拟机的硬盘和内存容量。每个虚拟机都有独立的 CMOS、硬盘和操作系统,可以像使用实体机一样对虚拟机进行操作。

通过虚拟机软件,可以在一台物理计算机上模拟出两台或多台虚拟的计算机,这些虚拟机完全就像真正的计算机那样进行工作。例如,可以安装操作系统、安装应用程序、访问网络资源等。对于用户而言,它只是运行在用户物理计算机上的一个应用程序,但是对于在虚拟机中运行的应用程序而言,它就是一台真正的计算机。因此,当用户在虚拟机中进行软件评测时,可能系统一样会崩溃;但是,崩溃的只是虚拟机上的操作系统,而不是物理计算机上的操作系统,并且使用虚拟机的"Undo"(恢复)功能,用户可以马上恢复虚拟机到安装软件之前的状态。

虚拟机实现了应用程序与操作系统和硬件的分离,从而实现了应用程序与平台的无关性,它具有以下特性。

（1）可同时在同一台主机上运行多个操作系统，每个操作系统都有自己独立的一个虚拟机，就如同网络上一个独立的主机；在虚拟机之间分配系统资源。

（2）在VM上安装同一种操作系统的另一发行版，不需要重新对硬盘进行分区。在硬件级别进行故障和安全隔离，利用高级资源控制功能保持性能。

（3）虚拟机之间共享文件、应用、网络资源等。将虚拟机的完整状态保存到文件中，移动和复制虚拟机就像移动和复制文件一样便捷。

（4）可以运行客户端/服务器方式的应用，也可以在同一台计算机上使用另一台虚拟机的所有资源。独立于硬件，可以将任意虚拟机调配或移到任意物理服务器上。

5. 虚拟机的应用

虚拟机现在已广泛应用于IT的各个行业，下面列举几个主要的应用领域。

（1）虚拟服务器空间。

虚拟主机空间非常适合为中小企业、小型门户网站节省资金资源。

（2）电子商务平台。

虚拟主机空间与独立服务器的运行完全相同，中小型服务商可以以较低成本，通过虚拟主机空间建立自己的电子商务、在线交易平台。

（3）ASP应用平台。

虚拟主机空间特有的应用程序模板，可以快速地进行批量部署，再加上独立服务器的品质和极低的成本，是中小型企业进行ASP应用的首选平台。

（4）数据共享平台。

完全的隔离，无与伦比的安全，使得中小企业、专业门户网站可以使用中国台湾虚拟主机空间提供数据共享、数据下载服务。对于大型企业来说，可以作为部门级应用平台。

（5）数据库存储平台。

可以为中小企业提供数据存储数据功能，由于成本比独立服务器低、安全性高，是小型数据库首选。

（6）服务器整合。

通过虚拟化软件，在物理服务器上运行多台虚拟机，每台虚拟机代替一个传统的服务器，虚拟服务共享物理服务器的硬件资源，由虚拟管理程序负责这些资源的调配。一些老旧系统和软件需要特定的运行环境，新的计算机硬件环境无法支持，可以考虑采用兼容早期硬件的虚拟机，通过安装早期版本的操作系统和运行环境解决这个问题。

（7）IT基础设施管理。

在物理平台上部署虚拟机，让物理资源逻辑化，便于实现资源管理和分配的自动化。虚拟机与物理硬件隔离，虚拟机之间相互独立，使得虚拟机运行更安全，自动化的虚拟机管理工具降低了IT维护难度和成本。

（8）系统快速恢复。

虚拟机可以进行系统快照、备份和迁移，便于及时恢复系统。

（9）IT人员测试和实验。

使用虚拟机可模拟真实操作系统，做各种操作系统实验和测试。可以基于多种操作系统、多种软件运行环境、多种网络环境做 IT 实验。一些应用系统也可以先在虚拟机上部署和运行测试，成功之后再到生产环境中正式部署。

（10）软件开发与调试。

软件开发人员可以利用虚拟机实现跨平台的不同操作系统下的应用程序开发，完成整个开发阶段的试运行和调试工作。

1.2.3 虚拟化与数据中心

随着数据中心行业在全球的蓬勃发展，随着社会经济的快速增长，数据中心的发展建设将处于高速时期，再加上各地政府部门给予新兴产业的大力扶持，为数据中心行业的发展带来了很大的优势。随着数据中心行业的发展，将来在很多城市中都会有很大的发展空间，一些大型的数据中心也会越来越多。2017 年，全球经历了前所未有的自然灾害之后，很多数据中心管理人员都在积极制订灾难恢复计划。例如，可以通过云计算工具对电力使用的功率进行限制，在遭遇停电时将允许以降低的功率继续运行，可以为电力企业的正常运行提供有效的保障。还可以利用数据中心制订备份计划，对服务器的操作进行拓展，就不需要进行关闭和重启服务器操作。

随着 IT 的发展，数据中心的地位越来越重要，而服务器虚拟化技术主导着数据中心的发展。企业自建或租用数据中心来运行自己的业务系统，处理大量的数据。但现在有的数据中心的 IT 系统多数是采用传统方式构建的，重心放在保障应用运行的稳定、安全和可靠上，而在资源利用率、绿色环保等方面相对考虑得比较少。使用虚拟化技术改造现有数据中心或建设新的数据中心就成为一种趋势。在数字化转型的推动下，企业及其经营模式正在发生快速、根本性的改变，为了支持这一变革，也必须转变数据中心。在新一代数据中心中，虚拟化无所不在，服务器、网络、存储、安全等都要利用虚拟化技术。

1. 传统数据中心

在信息时代下，随着数据中心的产生，更多的网络内容也将不再由专业网站或者特定人群所产生，而是由全体网民共同参与。随着数据中心行业的兴起，网民参与互联网、贡献内容也更加便捷，呈现出多元化。巨量网络数据都能够存储在数据中心，数据价值也会越来越高，可靠性能也在进一步加强。

（1）传统数据中心概述。

数据中心是一整套复杂的设施，不仅包括计算机系统和与之配套的设备，还包含冗余的数据通信连接、环境控制设备、监控设备以及各种安全装置。企业的中心机房是数据中心，但是数据中心不一定以机房的形式呈现，对外提供服务的数据中心都是基于 Internet 基础设施的，称为因特网数据中心(Internet Data Center，IDC)。

数据中心是与人力资源、自然资源一样重要的战略资源，在信息时代下的数据中心行业中，只有对数据进行大规模和灵活性的运用，才能更好地去理解数据，运用数据，才能促使我国数据中心行业快速高效发展，体现出国家发展的大智慧。海量数据的产生，也促使信息数据的收集与处理发生了重要的转变，企业也从实体服务走向了数据服务。产业界的需求与关注点也发生了转变，企业关注的重点转向了数据，计算机行业从追求计算能力转换为追求数据处理能力，软件业也从编程为主向数据为主转变，云计算的主导权也从分析向服务转变。数据中心是企业的业务系统与数据资源进行集中、集成、共享、分析的场地、工具、流程等的有机组合。从应用层面看，包括业务系统、基于数据仓库的分析系统;从数据层面看,包括操作型数据和分析型数据,以及数据的整合流程;从基础设施层面看,包括服务器、网络、存储和整体 IT 的运行及维护服务。

数据中心用于运行应用系统来处理业务数据,运行 IT 基础设施集中提供计算、存储或其他服务,还可以用于数据备份。一个作为企业计算中心的传统数据中心如图 1.5 所示。企业应用需要多台服务器支持,每台服务器运行一个单一的组件,这些组件有数据库服务器、文件服务器、应用服务器、中间件,以及其他的各种配套软件。其以网络存储的形式提供集中的存储支持,另外配有机房配套设施,如不间断电源(Uninterruptible Power Supply,UPS)等。

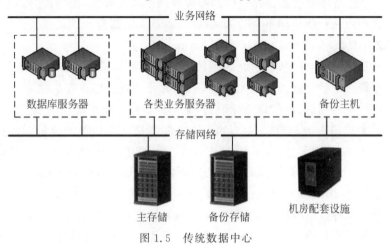

图 1.5　传统数据中心

(2)传统数据中心存在的问题。

传统数据中心架构设计落后,构成复杂且难以管理,主要存在以下几个方面的问题。

① 能源成本消耗过大,能源利用率低,浪费现象严重。

② 服务器等硬件设备利用率过低。主要原因是各个业务部门在提出业务应用需求时都在单独规划、设计其业务的运行环境,并且是按照最大业务规模的要求进行系统容量的规划和设计。

③ 资源调配困难。根据业务系统的各自要求建设的应用系统彼此相对独立,很难从 IT 基础架构整体的角度考虑资源分配及使用的合理性。计算资源与底层物理设备的绑定使得资源的动态分配非常困难。由于没有动态的资源共享和容量管理机制,资源一旦分配给某个应用系统,就相对固化了,很难再进行调配。

④ 管理和运维自动化程度不足,效率低,成本高。传统数据中心的资源配置和部署过程多采用人工方式,没有相应的管理平台支持,没有自动部署能力,存在大量重复性工作。设备扩容和应用交付的时间过长,不能快速响应业务需求。数据中心服务器和各种设备的数量及类型较多,也不利于 IT 部门进行统一管理与维护。

⑤ 风险和意外频发,安全性、高可用性和业务持续性需求难以保证。

2. 新一代数据中心

为了解决传统数据中心的问题,提出了新一代数据中心的解决方案,目的是建设一个整合的、标准化的、虚拟化的、自动化的适应性基础设施架构和高可用计算环境。它提供优化的 IT 服务管理,通过模块化软件实现自动化 7×24h 无人值守的计算与服务管理能力,并以服务流水线的方式提供共享的基础设施、信息与应用等 IT 服务,能够持续改进和提高服务。很多高新的 IT 会应用到新一代数据中心,如服务器、网络和存储的虚拟化,以及刀片技术、智能散热技术等。

3. 软件定义数据中心

传统的数据中心的构建采用孤立的基础架构层、专用硬件和分散管理,导致部署和运维工作相当复杂,而且 IT 服务和应用的交付速度较慢。软件定义数据中心(Software Defined Data Center,SDDC)这个概念由 VMware 公司于 2012 年首次提出,指通过软件实现整个数据中心内基础设施资源的抽象化、池化部署和管理,满足定制化、差异化的应用和业务需求,有效交付云服务。数据中心的服务器、存储、网络及安全等资源可以通过软件进行定义,并且能够自动分配这些资源。SDDC 的核心思想是将处理器、网络、存储和可能的中间件等资源进行池化,按需调配,形成完全虚拟化的基础架构。从功能架构上,SDDC 可分为以下 4 个部分。

(1) 软件定义计算(Software-Defined Computing,SDC)。

软件定义计算是指计算功能从其所在的硬件中虚拟化和抽象化。在软件定义计算中,数据中心的计算功能可以跨任意数量的处理单元汇集,工作负载可以分散在它们之间。软件定义计算环境中的硬件组件往往是通用的、具备行业标准的,让用户得以轻松添加以满足资源需求。

SDC 将计算能力以资源池的形式提供给用户,并根据应用需要灵活地进行计算资源调配。服务器虚拟化是 SDC 的核心技术之一,但 SDC 不仅实现了服务器虚拟化,还将这种能力扩展到物理服务器及应用容器,通过相关管理、控制实现物理服务器、虚拟机以及容器的统一管理、调度等。

(2) 软件定义存储(Software Defined Storage,SDS)。

软件定义存储是一种数据存储方式,所有存储相关的控制工作都仅在相对于物理存储硬件的外部软件中。这个软件不是作为存储设备中的固件,而是在一个服务器上或者作为操作系统(OS)或 Hypervisor 的一部分。软件定义存储是一个较大的行业发展趋势,这个行业还包括软件定义网络(SDN)和软件定义数据中心(SDDC)。和 SDN 情况类似,软件定义存储可以保证系统的存储访问能在一个精准的水平上更灵活地管理。软件定义存储是从硬件存储中抽象出来的,这也意味着它可以变成一个不受物理系统限制的共享池,以便于最有效地利用资源。它还可以通过软件和管理进行部署和供应,也可以通过基于策略的自动化管理来进一步简化。

SDS 的目的是把存储应用程序与物理的数据存储基础设施分离,将硬件存储资源整合起来,并通过软件定义这些资源,保证系统存储访问能在一个精准的水平上更灵活地管理。它利用存储虚拟化软件,将物理中的各种形式的存储抽象为虚拟共享存储资源池,通过虚拟化层进行存储管理,可以按照用户的需求,将存储池划分为许多虚拟存储设备,并可以配置个性化的策略进行管理,跨物理设备实现灵活地存储使用模型。

软件定义存储允许客户将存储服务集成到服务器的软件层。软件定义存储将软件从原有的存储控制器中抽离出来,使得它们的功能得以进一步地发挥而不仅局限在单一的设备中。软件定义存储的一大好处,就是将软件功能从阵列控制器中剥离出来,这样它可以用于管理数据中心中的所有存储。软件定义存储装置的另外一个好处是迁移更加容易。与其他的软件定义存储配置不同,软件定义存储装置并不要求数据必须被备份一份到各个节点,也就是说,不会要求额外的存储空间。数据仅存储在一个位置,将应用从一个位置迁移到另外一个位置无须复制,但是软件定义装置通常也是专有的,这也是很多 IT 专家希望在存储技术采用中所规避的。

(3) 软件定义网络(Software Defined Network,SDN)。

软件定义网络技术是一种网络管理方法,它支持动态的、以编程方式高效的网络配置,以提高网络性能和监控,使其更像云计算而不是传统的网络管理。软件定义网络旨在解决传统网络的静态架构分散且复杂的事实,而当前网络需要更大的灵活性和易于故障排除。SDN 试图通过将网络数据包(数据平面)的转发过程与路由过程(控制平面)分离,将网络智能集中在一个网络组件中。该控制平面由一个或多个控制器组成,这些控制器被认为是包含整个智能的 SDN 的大脑。然而,智能中心化在安全性、可扩展性和弹性方面有其自身的缺点,这是软件定义网络的主要问题。

SDN 是当前网络领域最热门和最具发展前途的技术之一。鉴于 SDN 巨大的发展潜力,学术界深入研究了数据层及控制层的关键技术,并将 SDN 成功地应用到企业网和数据中心等各个领域。

传统网络的层次结构是互联网取得巨大成功的关键。但是随着网络规模的不断扩大,封闭的网络设备内置了过多的复杂协议,增加了运营商定制优化网络的难度,科研人员无法在真实环境中规模部署新协议。同时互联网流量的快速增长,用户对流量的需求不断扩大,各种新型服务不断出现,增加了网络运维成本。传统 IT 架构中的网络在根据业务需求部署上线以后,由于传统网络设备的固件是由设备制造商锁定和控制的,如果业务需求发生变动,重新修改相应网络设备上的配置是一件非常烦琐的事情。在互联网瞬息万变的业务环境下,网络的高稳定与高性能还不足以满足业务需求,灵活性和敏捷性反而更为关键。因此,SDN 希望将网络控制与物理网络拓扑分离,从而摆脱硬件对网络架构的限制。

SDN 所做的事是将网络设备上的控制权分离出来,由集中的控制器管理,无须依赖底层网络设备,屏蔽了底层网络设备的差异。而控制权是完全开放的,用户可以自定义任何想实现的网络路由和传输规则策略,从而更加灵活和智能。进行 SDN 改造后,无须对网络中每个节点的路由器反复进行配置,网络中的设备本身就是自动化连通的,只需要在使用时定义好简单的网络规则即可。因此,如果路由器自身内置的协议不符合用户的需求,可以通过编程的方式对其进行修改,以实现更好的数据交换性能。这样,网络设备用户便可以像升级、安装软件一样对网络架构进行修改,满足用户对整个网络架构进行调整、扩容或升级的需求,而底层的交换机、路由器等硬件设备则无须替换,节省大量成本的同时,网络架构的迭代周期也将大大缩短。

总之,SDN 具有传统网络无法比拟的优势。首先,数据控制解耦合使得应用升级与设备更新换代相互独立,加快了新应用的快速部署;其次,网络抽象简化了网络模型,将运营商从繁杂的网络管理中解放出来,能够更加灵活地控制网络;最后,控制的逻辑中心化使用户和运营商等可以通过控制器获取全局网络信息,从而优化网络,提升网络性能。

SDN 是当前最热门的网络技术之一,它解放了手工操作,减少了配置错误,易于统一快速部署。它被麻省理工学院列为"改变世界的十大创新技术之一",SDN 相关技术研究在全世界范围内也迅速开展,成为近年来的研究热点。

(4) 一体化管理软件(Integrated Management Software,IMS)。

2012 年之后,中国企业迎来了信息化成熟应用的阶段。中国企业集团化管理、全球化管理、个性化管理需求将日益凸显,IT 应用将逐步纳入企业的战略管理中,企业对管理软件的需求将呈现整合的、集成的、一体化的、平台化的产品组合形态,中国管理软件产业迎来"一体化"浪潮。

SDDC 提供基于策略的智能数据中心管理软件来自动实施和管理完全虚拟化的数据中心,从而大幅简化监管和运维。借助一体化管理平台,可以跨物理地域、异构基础架构和混合云来集中监控和管理所有应用。不论是物理、虚拟还是在云环境中部署管理工作负载,都可尽享统一的管理体验。也可以将云操作系统作为 SDDC 的中枢,对计算、存储、网络资源依据策略进行自动化调试与统一管理、编排和监控,并为用户提供服务。

4. 虚拟数据中心

虚拟数据中心(Virtual Data Center,VDC)是将云计算概念运用于数据中心的一种新型的数据中心形态。VDC可以通过虚拟化技术将物理资源抽象整合,动态进行资源分配和调度,实现数据中心的自动化部署,并将大大降低数据中心的运营成本。当前,虚拟化在数据中心发展中占据越来越重要的地位,虚拟化概念已经延伸到桌面、统一通信等领域,不仅包括传统的服务器和网络的虚拟化,还囊括I/O虚拟化、桌面虚拟化、统一通信虚拟化等。VDC就是虚拟化技术在数据中心里的终极实现,未来在数据中心里,虚拟化技术将无处不在。当数据中心完全实现虚拟化,这时的数据中心才能称为VDC。VDC会将所有硬件(包括服务器、存储器和网络)整合成单一的逻辑资源,从而提高系统的使用效率和灵活性,以及应用软件的可用性和可测量性。

一个数据中心的主要目的是运行应用来处理商业和运作的组织的数据。这样的系统属于并由组织内部开发,或者从企业软件供应商那里购买。一个数据中心也许只关注于操作体系结构或者也提供其他的服务。常常这些应用由多个主机构成,每个主机运行一个单一的构件。通常这种构件是数据库、文件服务器、应用服务器、中间件以及其他各种各样的东西。数据中心也常常用于非工作站点的备份。公司允许预定数据中心提供的服务。这常常联合备份磁盘使用。备份能够将服务器本地的东西放在磁盘上,然而磁盘存放场所也易受火灾和洪水的安全威胁。较大的公司也许会发送他们的备份到非工作场所。加密的备份能够通过Internet发送到另一个数据中心,安全保存起来。为了灾难恢复,各种大的硬件供应商开发了移动设备解决方案,能够安装并在短时间内可进行操作。

目前对数据中心服务器、网络、存储等设备进行虚拟化部署已经非常普遍,但还远远达不到数据中心应用时完全不用关心基础设施的目标,完全自动化配置还不现实。虽然应用部署还无法完全脱离物理硬件,但是高度虚拟化是趋势,至少现在的虚拟化应用在设备的利用率和管理效率方面已经大大提升,对传统数据中心进行虚拟化改造,形成一个初级的虚拟数据中心,如图1.6所示。

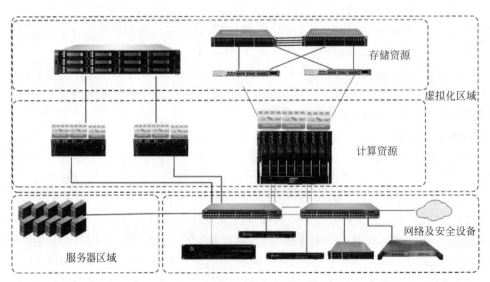

图1.6　构建虚拟数据中心

1.2.4 虚拟化与云计算

云计算可以说是虚拟化的升级版,通过在数据中心部署云计算技术,可以完成多数据中心之间的业务无感知迁移,并可为公众同时提供服务,此时数据中心就成为云数据中心。云计算与虚拟化并非一回事,云计算旨在通过 Internet 按需交付共享资源,利用虚拟化可以实现云计算的所有功能。服务器虚拟化不是云,而是基础架构自动化或者数据中心自动化,它并不需要提供基础设施服务。无论是否位于云环境之中,都可以首先将服务器虚拟化,然后迁移到云计算平台,以提高敏捷性,并增强自动化服务。

云计算是继 20 世纪 80 年代大型计算到客户/服务器的转变之后的又一次巨变,它是分布计算、并行计算、效用计算、网络存储、虚拟化、负载均衡、热备份冗余等传统计算机和网络技术发展融合的产物。云计算是一种新技术,同时也是一种新概念、新模式,而不是单纯地指某项具体的应用或标准,它是近十年来在 IT 领域出现并飞速发展的新技术之一。对于云计算中的"计算"一词,人们并不陌生,而对于云计算中的"云",可以理解为一种提供资源的方式,或者说提供资源的硬件和软件系统被统称为"云"。"云"中的资源在使用者看来是可以无限扩展的,并且可以随时获取、按需使用、随时扩展、按使用量付费。云计算模式是对计算资源使用方式的巨大变革。所以,对云计算可以初步理解为通过网络随时随地获取到特定的计算资源。

1. 云计算的起源

云计算提供的计算机资源服务是与水、电、煤气和电话类似的公共资源服务。亚马逊云计算服务(Amazon Web Services,AWS)提供专业的云计算服务,于 2006 年推出,以 Web 服务的形式向企业提供 IT 基础设施服务,其主要优势之一是能够根据业务发展来扩展较低可变成本以替代前期资本基础设施费用,它已成为公有云的事实标准。

1959 年,克里斯托弗·斯特雷奇(Christopher Strachey)提出虚拟化的基本概念。2006 年 3 月,亚马逊公司首先提出弹性计算云服务。2006 年 8 月,谷歌公司首席执行官埃里克·施密特(Eric Schmidt)在搜索引擎大会首次提出"云计算"(Cloud Computing)的概念。从那时候起,云计算开始受到关注,这也标志着云计算的诞生。从 2010 年中华人民共和国工业和信息化部联合中华人民共和国国家发展和改革委员会印发《关于做好云计算服务创新发展试点示范工作的通知》,到 2015 年中华人民共和国工业和信息化部印发《云计算综合标准化体系建设指南》,云计算由最初的美好愿景到概念落地,目前已经进入广泛应用阶段。

云计算经历了集中时代向网络时代转变,然后向分布式时代转换,并在分布式时代基础之上形成了云时代,如图 1.7 所示。

云计算作为一种计算技术和服务理念,有着极其浓厚的技术背景。谷歌作为搜索引擎提供商,首创这一概念有着很大的必然性。随着众多互联网厂商的发展,各家互联网公司对云计算的研发不断加深,陆续形成了完整的云计算技术架构、硬件网络。服务器方面逐步向数据中心、全球网络互联、软件系统等方向发展,完善了操作系统、文件系统、并行计算架构、并行计算数据库和开发工具等云计算系统关键部件。

云计算的最终目标是将计算、服务和应用作为公共设施提供给公众,使人们能够便捷地使用这些计算资源。

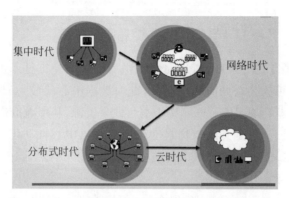

图1.7 云计算的演变

2. 无处不在的云计算

云计算作为一种新技术的代表,就像互联网一样,越来越密切地渗透到人们的日常生活中。例如,需要与同事共享一份电子资料,如果这份资料文件有几百兆字节,超出了电子附件大小的限制,该如何进行传送和保存呢?以前人们一般会通过快递来传送U盘或移动硬盘等存储介质,费时、费力。现在有了更便捷的方式,就是使用百度网盘之类的云存储服务,只需要将资源文件放入自己的网盘,并发送共享链接和存取密码给接收方,接收方只需要通过互联网就能随时随地获取共享的资料文件。又如,某公司需要召开专项会议,但参会人员却位于全国各地,如果让参会人员乘坐交通工具从全国各地聚集到一起开现场会,不仅浪费了金钱,又耽误了时间。因此,大家会优先考虑使用腾讯会议、Zoom之类的云会议系统。参会人员只需要通过互联网,使用浏览器进行简单的操作,便可快速、高效地与不同地理位置的参会人员同步分享视频、语音以及数据文件等。实际上,云会议的参与人员只需具备一个能上网的设备(如计算机、平板电脑、手机等)和一个能正常使用的网络,就可以实现在线视频会议和交流,而不必关心会议中数据的传输、处理等复杂技术,这些全部由云会议服务商提供支持。

像这种提前将资源准备好,通过特定技术随时随地使用这些资源去执行特定任务的方式一般都属于云计算类型,能够提供这种服务的供应商就是云服务提供商,如华为的公有云就是一个云服务提供商,如图1.8所示为华为云网站。

图1.8 华为云网站

在"产品"服务选项中,可以看到精选推荐、计算、容器、存储、网络、CDN 与智能边缘、数据库、人工智能、大数据、IoT 物联网、应用中间件、开发与运维、企业应用、视频、安全与合规、管理与监管、迁移、区块链、华为云 Stack、开天 aPaaS、移动应用服务等大类。每个大类又可以分为数量不等的细分类型,如"产品"→"存储"中,选择"对象存储服务(Object Storage Service,OBS)"为例,如图 1.9 所示。

图 1.9　对象存储服务 OBS

对象存储服务是一个基于对象的存储服务,为客户提供海量、安全、高可靠、低成本的数据存储能力,使用时无须考虑容量限制,并且提供多种存储类型选择,满足客户各类业务场景诉求,如图 1.10 所示。

存储类型	标准存储	低频访问存储	归档存储
类型简介	高性能、高可靠、高可用的对象存储服务	可靠、较低成本的实时访问存储服务	归档数据的长期存储,存储单价更优惠
适用场景	云应用｜数据分享｜内容分享｜热点对象	网盘应用｜企业备份｜活跃归档｜监控数据	档案数据｜医疗影像｜视频素材｜数据替代
设计持久性-单AZ	99.999999999%（11个9）	99.999999999%（11个9）	99.999999999%（11个9）
设计持久性-多AZ	99.9999999999%（12个9）	99.9999999999%（12个9）	——
最低存储时间	无	30天	90天
取回时间	立即	立即	加急1-5分钟 标准3-5小时
价格	¥ 0.099 /月/GB 存储套餐包	¥ 0.08 /月/GB 立即使用	¥ 0.033 /月/GB 存储套餐包

图 1.10　多种存储类型

云服务提供商除了向用户提供云存储服务外,还会提供一些其他的云服务。如在华为公有云,提供云服务器,实际上是一种虚拟服务器,与我们自行购买计算机时类似,提供了不同档次和类型的云服务器实例,配置包括 CPU 数量、主频、内存及网络带宽等参数,用户可以根据自己的需求选择最具性价比的云服务器实例。以一个热门的云服务器为例,即弹性云服务器(Elastic Cloud Server,ECS),它是一种云上可随时自动获取、可弹性伸缩的计算服务,可帮助用户打造安全、可靠、灵活、高效的应用环境,如图1.11所示。其弹性云服务规格如图1.12所示。实际上,购买云服务器实例就好比购买了物理机,可以完成绝大部分在物理机上可以完成的工作,如编辑文档、发送邮件或者协同办公等。只不过云服务器不在眼前,而是放在了网络的远端(云端)。另外,云服务器还具备一些本地物理机不具备的优势,如对云服务器的访问不受时间和地点的限制,只要有互联网,就可随时随地使用,并且操作云服务器的设备可以多种多样,如用户通过个人计算机、手机等对云服务器进行操作,需要的话还可以修改或扩展自己云服务器的性能配置。

图 1.11　弹性云服务器 ECS

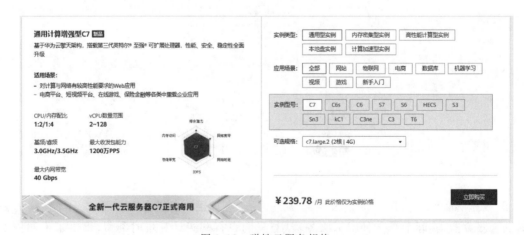

图 1.12　弹性云服务规格

总之,云计算可以让人们像使用水、电一样使用网络服务。用户一打开水龙头,水就哗哗流出来,这是因为自来水厂已经将水送入了连通千家万户的管理网络;对云计算来说,云服务提供商已经为用户准备好所有的资源及服务,用户通过互联网络就可以使用。

随着云计算技术的迅猛发展,类似的云服务会越来越多地渗透到人们的日常生活中,我们能够切实地感觉受到云计算技术带给我们生活上的便利。我们身边的云服务其实随处可见,如百度云盘、有道云笔记、手机的自动备份和网易云音乐等都属于我们身边的云服务,用户可以将手机端的文件备份到云端的数据中心。更换手机后,使用自己的账号和密码就可以将自己的数据还原到新手机上。

3. 云计算的基本概念

相信读者都听过阿里云、华为云、百度云、腾讯云等,那么到底什么是云计算?云计算又能做什么呢?

（1）云计算的定义。

云计算是一种基于网络的超级计算模式,基于用户的不同需求提供所需要的资源,包括计算资源、网络资源、存储资源等。云计算服务通常运行在若干台高性能物理服务器之上,具备约十万亿次/秒的运算能力,可以用来模拟核爆炸、预测气候变化以及市场发展趋势等。

云计算将计算任务分布在大量计算机构成的资源池上,使各种应用系统能够根据需要获取计算力、存储空间和各种软件服务,这种资源池中的资源称为"云"。"云"是可以自我维护和管理的虚拟计算资源,通常为大型服务器集群,包括计算服务器、存储服务器、宽带资源服务器等。之所以称为"云",是因为它在某些方面具有现实中云的特征:云一般都较大;云的规模可以动态伸缩,它的边界是模糊的;云在空中飘忽不定,无法也无须确定它的具体位置,但它确实存在于某处。云计算将所有的计算资源集中起来,并由软件实现自动管理,无须人为参与。

"端"指的是用户终端,可以是个人计算机、智能终端、手机等任何可以连入互联网的设备。

云计算的一个核心理念就是通过不断提高"云"的处理能力,进而减少用户"端"的处理负担,最终使用户"端"简化成为一个单纯的输入/输出设备,并能按需享受"云"的强大计算处理能力。

云计算的定义有狭义和广义之分。

狭义上讲,"云"实质上就是一种网络,云计算就是一种提供资源的网络,包括硬件、软件和平台。使用者可以随时获取"云"上的资源,按需求量使用,并且容易扩展,只要按使用量付费就可以。"云"就像自来水厂一样,人们可以随时接水,并且不限量,按照自己家的用水量,付费给自来水厂就可以;在用户看来,水的资源是无限的。

广义上讲,云计算是与IT、软件、互联网相关的一种服务,通过网络以按需、易扩展的方式提供所需要的服务。云计算把许多计算资源集合起来,通过软件实现自动化管理,只需要很少的人参与,就能快速提供资源。也就是说,计算能力作为一种商品,可以在互联网上流通,就像水、电、煤气一样,可以方便地取用,且价格较为低廉。这种服务可以是与IT和软件、互联网相关的,也可以是其他领域的。

总之,云计算不是一种全新的网络技术,而是一种全新的网络应用概念。云计算的核心思想就是以互联网为中心,在网站上提供快速且安全的计算与数据存储服务,云计算上的每一个用户都可以使用网络中的庞大计算资源与数据中心。

云计算是继计算机、互联网之后的一种革新,是信息时代的一个巨大飞跃,未来的时代可能是云计算的时代。虽然目前有关云计算的定义有很多,但总体上来说,云计算的基本含义是一致的,即云计算具有很强的扩展性和必要性,可以为用户提供全新的体验,云计算可以将很多的计算资源协调在一起。因此,用户通过网络就可以获取到几乎不受时间和空间限制的大量资源。

(2) 云计算的服务模式。

云计算的服务模式由3部分组成,包括基础设施即服务(Infrastructure as a Service,IaaS)、平台即服务(Platform as a Service,PaaS)和软件即服务(Software as a Service,SaaS),如图1.13所示。传统模式与云计算服务模式层次结构如图1.14所示。

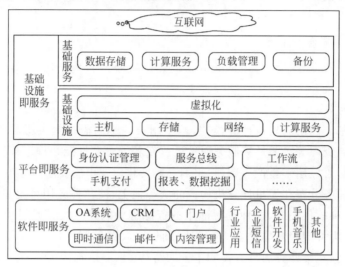

图1.13 云计算的服务模式

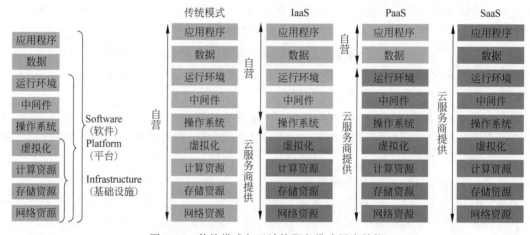

图1.14 传统模式与云计算服务模式层次结构

① 基础设施即服务。什么是基础设施呢?服务器、硬盘、网络带宽、交换机等物理设备都是基础设施。云计算服务提供商购买服务器、硬盘、网络设施等,搭建基础服务设施。人们便可以在云平台根据需求购买相应的计算能力、内存空间、磁盘空间、网络带宽,搭建自己的云计算平台。这类云计算服务提供商典型的代表是阿里云、腾讯云、华为云等。

优点:能够根据业务需求灵活配置资源,扩展、伸缩方便。

缺点:开发、维护需要较多人力,专业性要求较高。

② 平台即服务。什么是平台呢?可以将平台理解成中间件。这类云计算厂商在基础设施上进行开发,搭建操作系统,提供一套完整的应用解决方案,开发大多数所需中间件服务(如 MySQL

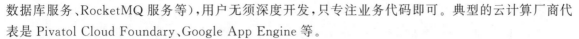

数据库服务、RocketMQ 服务等),用户无须深度开发,只专注业务代码即可。典型的云计算厂商代表是 Pivatol Cloud Foundary、Google App Engine 等。

优点:用户无须开发中间件,所需即所用,能够快速使用。部署快速,减少人力投入。

缺点:应用开发时的灵活性、通用性较低,过度依赖平台。

③ 软件即服务。Saas 是大多数人每天都能接触到的,如办公自动化(Office Automation,OA)系统、腾讯公众号平台。SaaS 可直接通过互联网为用户提供软件和应用程序等服务,用户可通过租赁的方式获取安装在厂商或者服务供应商那里的软件。虽然这些服务是用于商业或者娱乐的,但是它们也属于云计算,一般面向的对象是普通用户,常见的服务模式是提供给用户一组账号和密码。

优点:所见即所得,无须开发。

缺点:需定制,无法快速满足个性化需求。

IaaS 主要对应基础设施,可实现底层资源虚拟化以及实际云应用平台部署,完成网络架构由规划架构到最终物理实现的过程。PaaS 基于 IaaS 技术和平台,部署终端用户使用的软件或应用程序,提供对外服务的接口或者服务产品,最终实现对整个平台的管理和平台的可伸缩化;SaaS 基于现成的 PaaS,提供终端用户的最终接触产品,完成现有资源的对外服务以及服务的租赁化。

(3)云计算的部署类型。

云计算的部署类型分为公有云、私有云、社区云和混合云,其特点和应用场景如图 1.15 所示。

图 1.15　云计算部署类型的特点与应用场景

① 公有云。在这种部署类型下,应用程序、资源和其他服务,都由云服务供应商来提供给用户。这些服务多半是免费的,部分按使用量来收费。这种部署类型只能使用互联网来访问和使用。同时,这种部署类型在私人信息和数据保护方面也比较有保障。这种部署类型通常可以提供可扩展的云服务并能高效设置。

② 私有云。这种部署类型专门为某一个企业服务。不管是企业自己管理还是第三方管理,不管是企业自己负责还是第三方托管,只要使用的方式没有问题,就能为企业带来很显著的成效。不过这种部署类型所要面临的是,纠正、检查等安全问题需企业自己负责,出了问题也只能自己承担后果。此外,整套系统也需要自己购买、建设和管理。这种云计算部署类型可产生正面效益。从模式的名称也可看出,它可以为所有者提供具备充分优势和功能的服务。

③ 社区云。公有云和私有云都有自己的缺点与不足,折中的一种云就是社区云,顾名思义,就是由一个社区,而不是一家企业所拥有的云平台。社区云一般隶属于某个企业集团、机构联盟或行业协会,一般服务于同一个集团、联盟或协会。社区云是由几个组织共享的云端基础设施,它们支持特定的社群,有共同的关切事项,例如,使命任务、安全需求、策略与法规遵循考量等。管理者可以是组织本身,也可以是第三方;管理位置可能在组织内部,也可能在组织外部。凡是属于该群体组织的成员都可以使用该社区云。为了管理方便,社区云一般由一家机构进行运维,但也可以由多家机构共同组成一个云平台运维团队来进行管理。

④ 混合云。混合云是两种或两种以上的云计算部署类型的混合体,如公有云和私有云混合。它们相互独立,但在云的内部又相互结合,可以发挥出多种云计算部署类型各自的优势。它们通过标准的或专有的技术组合起来,具有可移植数据和应用程序的特性。

4. 云计算的主要特点

云计算是基于互联网的相关服务的增加、使用和交付模式,通常涉及通过互联网来提供动态易扩展且经常是虚拟化的资源。云是网络、互联网的一种比喻说法。过去在图中往往用云来表示电信网,后来也用来表示互联网和底层基础设施的抽象。因此,云计算甚至可以每秒运算约十万亿次,拥有这么强大的计算能力可以模拟核爆炸、预测气候变化和市场发展趋势。用户通过计算机、笔记本电脑、手机等方式接入数据中心,按自己的需求进行运算,云计算技术具有如下特点。

(1) 快速弹性伸缩。

快速弹性伸缩是云计算的特点之一,也通常被认为是吸引用户"拥抱"云计算的核心理由之一。云用户可以根据自己的需要,自动透明地扩展 IT 资源。如用户为了应对热点事件的突发大流量,临时自助购买大量的虚拟资源进行扩容。而当热点事件"降温"后,访问流量趋于下降时,用户又可以将这些新增加的虚拟资源释放,这种行为就属于典型的快速弹性伸缩。具有大量 IT 资源的云提供者可以提供极大范围的弹性伸缩。快速弹性伸缩包括多种类型,除了人为手动扩容或减容,云计算还支持根据预定的策略进行自动扩容或减容。伸缩可以是增加或减少服务器数量,也可以是对单台服务器进行资源的增加或减少。在云计算中,快速弹性伸缩对用户来说,最大的好处是在保证业务或者应用稳定运行的前提下节省成本。企业在创立初期需求量较少时,可以购买少量的资源;随着企业规模的扩大,可以逐步增加资源方面的投资;或者,可在特殊时期将所有资源集中提供给重点业务使用;如果资源还不够,可以及时申请增加新的资源,渡过特殊时期后,再将新增加的资源释放,无论是哪种情景,对用户来说都是很方便的。

(2) 资源池化。

资源池化是实现按需自助服务的前提之一,通过资源池化不但可以把同类商品放在一起,而且能将商品的单位进行细化。稍大规模的超市一般会将场地划分为果蔬区、生鲜区、日常用品区等多个区域,以方便客户快速地找到自己所需的商品,但这种形式不是资源池化,只能算是资源归类。那么什么算是资源池化呢?资源池化除了将同类的资源转换为资源池的形式外,还需要将所有的资源分解到较小的单位。使用资源池化的方式,就需要打破物理硬盘的数量"个"这个单位,将所有的硬盘的容量合并起来,聚集到一个"池子"里,分配时可以以较小的单位,如"GB"作为单位进行分配,用户需要多少就申请多少。资源池化还有一个作用就是可以屏蔽不同资源的差异性。包含机械硬盘和固态硬盘的存储资源被池化后,用户申请一定数量的存储空间,具体对应的是机械硬盘还是固态硬盘,或者两者都有,用户是看不出来的。而在云计算中,可以被池化的资源包括计算、存储和网络等资源。其中,计算资源包括 CPU 和内存,如果对 CPU 进行池化,用户看到的 CPU 最小单位是一个虚拟的核,而不再体现 CPU 的厂商是 Intel 公司或者是 AMD 公司这类物理属性。

（3）按需自助服务。

说到按需自助服务,可能人们最先想到的就是超市。每个顾客在超市里都可以按照自己的需求挑选需要的商品,如果是同类商品,可以自己通过查看说明、价格、品牌等商品信息来确定是否购买或购买哪一款商品。按需自助服务是云计算的特点之一,用户可以根据自己的需要选择其中的一种模式,选择模式后,一般又会有细分的不同配置可供选择,用户可以根据自己的需求购买自己需要的服务。整个过程一般是自助完成的,除非遇到问题需要咨询,否则不需要第三方介入,如华为公有云的弹性云服务器规格中就有许多不同配置的云服务器实例可供选择。按需自助服务的前提是了解自己的需求,并知道哪款产品能够解决这个需求,这就要求使用云计算的用户具备相关的专业知识。不具备这方面知识和能力而想使用云服务的用户可咨询云服务提供商或求助相关专业服务机构。

（4）服务可计量可计费。

计量不是计费,尽管计量是计费的基础,在云计算提供的服务中,大部分服务都需要付费使用,但也有服务是免费的,如弹性伸缩可以作为一个免费的服务为用户开通。计量是利用技术和其他手段实现单位统一和量值准确、可靠的测量。可以说,云计算中的服务都是可计量的,有的根据时间,有的根据资源配额,还有的根据流量。计算服务可以帮助用户准确地根据自己的业务进行自动控制和优化资源配置。在云计算系统中,一般有一个计费管理系统,专门用于收集和处理使用数据,它涉及云服务提供商的结算和云用户的计费。计费管理系统允许制定不同的定价规则,还可以针对每个云用户或每个 IT 资源自定义定价模型。计费可以选择使用前支付或使用后支付,后一种支付类型又分为预定义限值和无限制使用。如果设定了限值,它们通常以配额形式出现,超出配额时,计费管理系统可以拒绝云用户的进一步使用请求。假设某用户存储的配额是 2TB,一旦用户在云计算系统中的存储容量达到 2TB,新的存储请求将被拒绝。用户可以根据需求购买相应数量的服务,并可以很清晰地看到自己购买服务的使用情况。对于合约用户,通常在合约中规定使用产品类型、服务质量要求、单位时间的费用或每个服务请求的费用,如华为弹性云服务器实例的计价标准,给出了不同配置的虚拟机服务器实例的计价标准是按月收费的。

（5）泛在接入。

泛在接入是指广泛的网络接入,云计算的另一个特点是所有的云必须依赖网络连接。可以说,网络是云计算的基础支撑,尤其是互联网,云时刻离不开互联网。互联网提供了对 IT 资源远程的、随时随地的访问,网络接入是云计算自带的属性,可以把云计算看成"互联网＋计算"。虽然大部分云的访问都通过互联网,但云用户也可以选择使用私有的专用线路来访问云。云用户与云服务提供商之间网络连接的服务水平取决于为他们提供网络接入服务的因特网服务提供商,在当今社会,互联网几乎可以覆盖全球各个角落,人们可以通过各种数字终端,如手机、计算机等连接互联网,并通过互联网连入云,使用云服务。所以,广泛的网络接入是云计算的一个重要特点,这个网络可以是有线网络,也可以是无线网络。总之,离开了网络,就不会有云计算。

（6）支持异构基础资源。

云计算可以构建在不同的基础平台之上,即可以有效兼容各种不同种类的硬件和软件基础资源。硬件基础资源,主要包括网络环境下的三大类设备,即计算（服务器）、存储（存储设备）和网络

（交换机、路由器等设备）；软件基础资源,则包括单机操作系统、中间件、数据库等。

（7）支持异构多业务体系。

在云计算平台上,可以同时运行多个不同类型的业务。异构表示该业务不是同一的,不是已有的或事先定义好的,而应该是用户可以自己创建并定义的服务。

（8）支持海量信息处理。

云计算在底层需要面对各类众多的基础软硬件资源；在上层需要能够同时支持各类众多的异构的业务；而具体到某一业务,往往也需要面对大量的用户。由此,云计算必然需要面对海量信息交互,需要有高效、稳定的海量数据通信/存储系统作支撑。

（9）高可靠性与可用性。

云计算技术主要是通过冗余方式进行数据处理服务。在大量计算机机组存在的情况下,系统中所出现的错误会越来越多,而通过采取冗余方式则能够降低错误出现的概率,同时保证了数据的可靠性。云计算技术具有很高的可用性,在存储和计算能力上,云计算技术相比以往的计算机技术具有更高的服务质量,同时在节点检测上也能做到智能检测,在排除问题的同时不会对系统造成任何影响。

（10）经济性与多样性服务。

云计算平台的构建费用与超级计算机的构建费用相比要低很多,但是在性能上基本持平,这使得开发成本能够得到极大的节约。用户在选择上将具有更大的空间,通过缴纳不同的费用来获取不同层次的服务。云计算本质上是一种数字化服务,同时这种服务较以往的计算机服务更有便捷性,用户在不清楚云计算技术机制的情况下,就能够得到相应的服务。云计算平台能够为用户提供良好的编程模型,用户可以根据自己的需要进行程序制作,这样便为用户提供了巨大的便利性,同时也节约了相应的开发资源。

5. 云计算与虚拟化的关系

云计算是中间件、分布式计算(网格计算)、并行计算、效用计算、网络存储、虚拟化和负载均衡等网络技术发展、融合的产物。

虚拟化技术不一定必须与云计算相关,如 CPU 虚拟化技术、虚拟内存等也属于虚拟化技术,但与云计算无关,如图 1.16 所示。

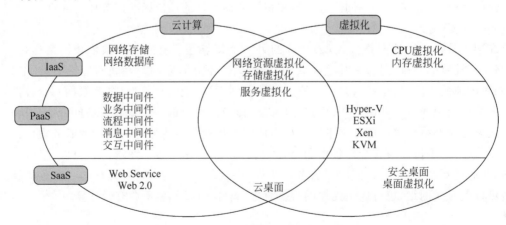

图 1.16　云计算与虚拟化的关系

（1）虚拟化技术的特征。

虚拟化技术将一台计算机虚拟为多台逻辑计算机,在一台计算机上同时运行多个逻辑计算机,每个逻辑计算机可运行不同的操作系统,并且应用程序都可以在相互独立的空间内运行而互不影响,从而显著提高计算机的工作效率。虚拟化使用软件的方法重新定义划分IT资源,可以实现IT资源的动态分配、灵活调度、跨域共享,提高IT资源利用率,使IT资源能够真正成为社会基础设施,服务于各行各业中灵活多变的应用需求。

① 更高的资源利用率。虚拟化技术可实现物理资源和资源池的动态共享,提高资源利用率,特别是针对那些平均需求资源远低于需要为其提供专用资源的不同负载。

② 降低管理成本。虚拟化技术可通过以下途径提高工作人员的效率:减少必须进行管理的物理资源的数量;降低物理资源的复杂性;通过实现自动化、获得更好的信息和实现集中管理来简化公共管理任务;实现负载管理自动化。另外,虚拟化技术还可以支持在多个平台上使用公共的工具。

③ 提高使用灵活性。通过虚拟化技术可实现动态的资源部署和重配置,满足不断变化的业务需求。

④ 提高安全性。虚拟化技术可实现较简单的共享机制无法实现的隔离和划分,也可实现对数据和服务进行可控和安全的访问。

⑤ 更高的可用性。

虚拟化技术可在不影响用户的情况下对物理资源进行删除、升级或改变。

⑥ 更高的可扩展性。根据不同的产品,资源分区和汇聚可实现比个体物理资源更少或更多的虚拟资源,这意味着用户可以在不改变物理资源配置的情况下进行大规模调整。

⑦ 提供互操作性和兼容性。互操作性又称互用性,是指不同的计算机系统、网络、操作系统和应用程序一起工作并共享信息的能力,虚拟资源可提供底层物理资源无法提供的对各种接口和协议的兼容性。

⑧ 改进资源供应。与个体物理资源单位相比,虚拟化技术能够以更小的单位进行资源分配。

（2）云计算的特征。

① 按需自动服务。消费者不需要或很少需要云服务提供商的协助,就可以单方面按需获取云端的计算资源。例如,服务器、网络存储等资源是按需自动部署的,消费者不需要与服务供应商进行人工交互。

② 广泛的网络访问。消费者可以随时随地使用云终端设备接入网络并使用云端的计算资源。常见的云终端设备包括手机、平板电脑、笔记本电脑、掌上电脑和台式计算机等。

③ 资源池化。云端计算资源需要被池化,以便通过多租户形式共享给多个消费者。只有将资源池化才能根据消费者的需求动态分配或再分配各种物理的和虚拟的资源。消费者通常不知道自己正在使用的计算资源的确切位置,但是在自助申请时可以指定大概的区域范围(如在哪个国家、哪个省或者哪个数据中心)。

④ 快速弹性。消费者能方便、快捷地按需获取和释放计算资源,也就是说,需要时能快速获取资源从而提高计算能力,不需要时能迅速释放资源,以便降低计算能力,从而减少资源的使用费用。对于消费者来说,云端的计算资源是无限的,可以随时申请并获取任何数量的计算资源。但是一定要消除一个误解,那就是实际的云计算系统不一定是投资巨大的工程,不一定需要成千上万台计算机,不一定具备超大规模的运算能力。其实一台计算机就可以组建一个最小的云端,云

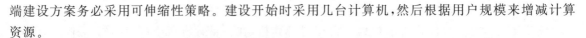

端建设方案务必采用可伸缩性策略。建设开始时采用几台计算机,然后根据用户规模来增减计算资源。

⑤ 按需按量可计费。消费者使用云端计算资源是要付费的,付费的计量方法有很多,如根据某类资源(如存储资源、CPU、网络带宽等)的使用量和使用时间计费,也可以按照使用次数来计费。但不管如何计费,对消费者来说,价码要清楚,计量方法要明确,而云服务提供商需要监视和控制资源的使用情况,并及时输出各种资源的使用报表,做到供需双方的费用结算清楚、明白。

6. 云计算中的虚拟化技术

在云计算环境中,计算服务通过应用程序接口(Application Programming Interface,API)服务器来控制虚拟机管理程序。它具备一个抽象层,可以在部署时选择一种虚拟化技术创建虚拟机,向用户提供云服务,可用的虚拟化技术如下。

(1) KVM。

基于内核的虚拟机(Kernel-based Virtual Machine,KVM)是通用的开放虚拟化技术,也是OpenStack 用户使用较多的虚拟化技术,它支持 OpenStack 的所有特性。

(2) Xen。

Xen 是部署快速、安全、开源的虚拟化软件技术,可使多个具有同样的操作系统或不同操作系统的虚拟机运行在同一主机上。Xen 技术主要包括服务器虚拟化平台(XenServer)、云基础架构(Xen Cloud Platform,XCP)、管理 XenServer 和 XCP 的 API 程序(XenAPI)、基于 Libvert 的 Xen。OpenStack 通过 XenAPI 支持 XenServer 和 XCP 这两种虚拟化技术,不过在红帽企业级 Linux(Red Hat Enterprise Linux,RHEL)等平台上,OpenStack 使用的是基于 Libvert 的 Xen。

(3) 容器。

容器是在单一 Linux 主机上提供多个隔离的 Linux 环境的操作系统级虚拟化技术。不像基于虚拟管理程序的传统虚拟化技术,容器并不需要运行专用的客户机操作系统,目前的容器有以下两种技术。

① Linux 容器(Linux Container,LXC),提供了在单一可控主机上支持多个相互隔离的服务器容器同时执行的机制。

② Docker,一个开源的应用容器引擎,让开发者可以把应用以及依赖包打包到一个可移植的容器中,然后将其发布到任何流行的 Linux 平台上。Docker 也可以实现虚拟化,容器完全使用沙盒机制,二者之间不会有任何接口。

Docker 的目的是尽可能减少容器中运行的程序,减少到只运行单个程序,并且通过 Docker 来管理这个程序。LXC 可以快速兼容所有应用程序和工具,以及任意对其进行管理和编制层次,来替代虚拟机。

虚拟化管理程序提供更好的进程隔离能力,呈现一个完全的系统。LXC/Docker 除了一些基本隔离功能,并未提供足够的虚拟化管理功能,缺乏必要的安全机制,基于容器的方案无法运行与主机内核不同的其他内核,也无法运行一个与主机完全不同的操作系统。目前,OpenStack 社区对容器的驱动支持还不如虚拟化管理程序,在 OpenStack 项目中,LXC 属于计算服务项目 Nova,通过调用 Libvirt 来实现,Docker 驱动是一种新加入虚拟化管理程序的驱动,目前无法替代虚拟化管理程序。

(4) Hyper-V。

Hyper-V 是微软公司推出的企业级虚拟化解决方案,Hyper-V 的设计借鉴了 Xen,其管理程序采用微内核的架构,兼顾了安全性和性能要求。Hyper-V 作为一种免费的虚拟化方案,在 OpenStack 中得到了支持。

（5）ESXi。

VMware 公司提供业界领先且可靠的服务器虚拟化平台和软件定义计算产品。其 ESXi 虚拟化平台用于创建和运行虚拟机及虚拟设备,在 OpenStack 中也得到了支持。但是如果没有 vCenter 和企业级许可,它的一些 API 的使用会受到限制。

（6）Baremetal 与 Ironic。

有些云平台除了提供虚拟化和虚拟机服务,还提供传统的主机服务。在 OpenStack 中可以将 Baremetal 与其他部署虚拟化管理程序的节点通过不同的计算池(可用区域)一起管理。Baremetal 是计算服务的后端驱动,与 Libvirt 驱动、VMware 驱动类似,只不过它是用来管理没有虚拟化的硬件的,主要通过预启动执行环境(Preboot Execution Environment,PXE)和智能平台管理接口 (Intelligent Platform Management Interface,IPMI)进行控制管理。

现在 Baremetal 已经由 Ironic 所替代,Nova 是 OpenStack 中计算机服务项目,Nova 管理的是虚拟机的生命周期,而 Ironic 管理的是主机的生命周期。Ironic 提供了一系列管理主机的 API,可以对具有"裸"操作系统的主机进行管理,从主机上架安装操作系统到主机下架维修,可以像管理虚拟机一样管理主机。创建一个 Nova 计算物理节点,只需告诉 Ironic,然后自动地从镜像模板中加载操作系统到 nova-computer 即可。Ironic 解决主机的添加、删除、电源管理、操作系统部署等问题,目标是成为主机管理的成熟解决方案,让 OpenStack 可以在软件层面解决云计算问题,也让供应商可以为自己的服务器开发 Ironic 插件。

7. 云计算的优势

任何技术的使用及创新都是为了满足某一部分人群的应用需求。云计算也不例外,它逐渐渗透到人们生活、生产的各个领域,为人们带来便利和效益。云计算的优势主要有以下几个方面。

（1）数据可以随时随地访问。

云计算带来了更大的灵活性和移动性,使用云可以让企业随时随地通过任何设备即时访问他们的资源;可以轻松实现存储、下载、恢复或处理数据,从而节省大量的时间和精力。

（2）提高适应能力,灵活扩展 IT 需求。

IT 系统的容量大多数情况下和企业需求不相符。如果企业按需求的峰值来配置 IT 设备,平时就会有闲置,造成投资浪费。如果企业按平均需求来配置 IT 设备,需求高峰时就不够用。但使用云服务,企业可以拥有更灵活的选择,可以随时增加、减少或释放所申请使用的设备资源。

（3）节省成本。

通过云计算,企业可以最大限度地减少或完全消减初始投资,因为他们不需要自行建设数据中心或搭建软件/硬件平台,也不需要雇佣专业人员进行开发、运营和维护。通常使用云计算服务比自行购买软件/硬件搭建所需的系统要便宜得多。

（4）统一管理平台。

企业可能同时运行着不同类型的平台和设备。在云服务平台中,应用程序和硬件平台不直接关联,从而消除了同一应用程序的多个版本的需要,使用同一平台进行统一管理。

8. 云计算的生态系统

云计算的生态系统主要涉及网络、硬件、软件、服务、应用和云安全 6 个方面,如图 1.17 所示。

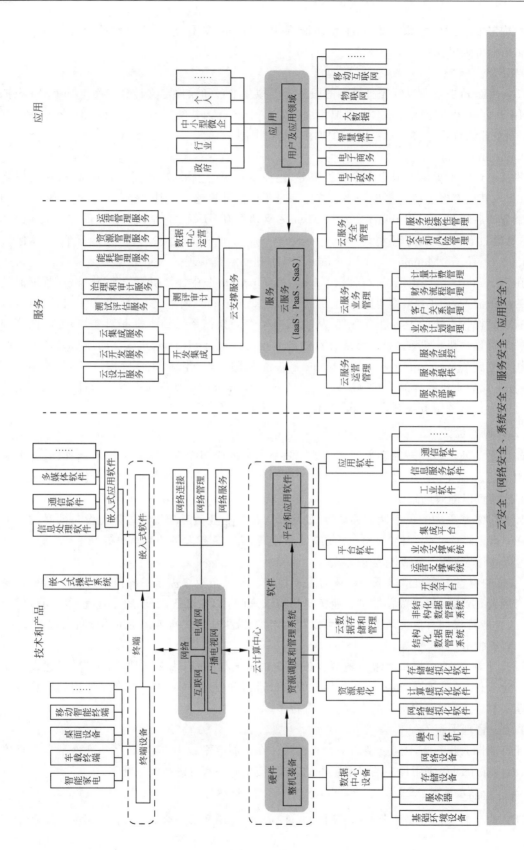

图 1.17 云计算的生态系统

（1）网络。云计算具有泛在网络访问特性,用户无论通过电信网、互联网还是广播电视网,都能够使用云服务,以及网络连接的终端设备和嵌入式软件等。

（2）硬件。云计算相关硬件包括基础环境设备、服务器、存储设备、网络设备、融合一体机等数据中心成套装备以及提供和使用云服务的终端设备。

（3）软件。云计算相关软件主要包括资源调度和管理系统、平台软件和应用软件等。

（4）服务。服务包括云服务和面向云计算系统建设应用的云支撑服务。

（5）应用。云计算的应用领域非常广泛,涵盖工作和生活的各个方面。典型的应用包括电子政务、电子商务、智慧城市、大数据、物联网、移动互联网等。

（6）云安全。云安全涉及服务可用性、数据机密性和完整性、隐私保护、物理安全、恶意攻击防范等诸多方面,是影响云计算发展的关键因素之一。云安全领域主要包括网络安全、系统安全、服务安全以及应用安全。

1.2.5　虚拟化集群

集群是一种把一组计算机组合起来作为一个整体向用户提供资源的方式。在虚拟化集群中可以提供计算资源、存储资源和网络资源,只有包含这些资源,该集群才是完整的。

1. 负载均衡

负载均衡是一种集群技术,它将特定的业务（网络服务、网络流量等）分担给多台网络设备（包括服务器、防火墙等）或多条链路,从而提高了业务处理的能力,保证了业务的高可靠性,负载均衡具有以下特点。

（1）高可靠性。单个甚至多个设备或链路发生故障也不会导致业务中断,提高了整个系统的可靠性。

（2）可扩展性。负载均衡技术可以方便地增加集群中设备或链路的数量,在不降低业务质量的前提下满足不断增长的业务需求。

（3）高性能。负载均衡技术将业务较均衡地分布到多台设备上,提高了整个系统的性能。

（4）可管理性。大量的管理工作都集中在应用负载均衡技术的设备上,设备集群或链路群只需要常规的配置和维护即可。

（5）透明性。对用户而言,集群等同于一个可靠性高、性能好的设备或链路,用户感知不到也不必关心具体的网络结构,增加或减少设备或链路均不会影响正常的业务。

2. 高可用性

高可用性实现的基本原理是使用集群技术,克服单台物理主机的局限性,最终达到业务不中断或者中断时间减少的效果。在虚拟机中的高可用性只保证计算层面,具体来说,虚拟化层面的高可用性是整个虚拟机系统层面的高可用性,即当一个计算节点出现故障时,在集群中的另外一个节点能快速自动地启动并进行替代。

虚拟化集群一般会使用共享存储,虚拟机由配置文件和数据盘组成,而数据盘是保存在共享存储上的,配置文件则保存在计算节点上。当计算节点出现故障时,虚拟化管理系统会根据记录的虚拟机配置信息在其他节点重建出现故障的虚拟机。

3. 易扩容性

在传统非虚拟化的环境中,所有的业务都部署在物理机上。有可能在系统建设的初期,业务量不是很大,所以为物理机配置的硬件资源是比较低的,随着业务量的增加,原先的硬件无法满足需求,只能不停地升级硬件。例如,将原先的一路 CPU 升级为两路,将 512GB 的内存升级为 1024GB,这种扩容方式称为纵向扩容(Scale-Up)。然而,物理机所能承担的硬件是有上限的,如果业务量持续增加,最后只能更换服务器,停机扩容是必然的。

在虚拟化中,将所有的资源进行池化,承载业务虚拟机的资源全部来自这个资源池。当上面的业务持续增加时,可以不需要升级单台服务器的硬件资源,只需要增加资源池中的资源即可。具体在实施时,只需要增加服务器的数量即可,这种扩容方式称为水平扩容(Scale-Out)。集群支持水平扩容,所以相对传统的非虚拟化,扩容更容易。

1.2.6 企业级虚拟化解决方案

目前新兴的云计算领域竞争非常激烈,相对传统的虚拟化也不逊色。虚拟化市场竞争充分,如 VMware、Microsoft、Red Hat、Citrix 等公司的虚拟化产品不断发展,各有优势。

1. VMware 虚拟化产品

作为业界领袖,VMware 公司从服务器虚拟化产品做起,现已形成完整的产品线,提供丰富的虚拟化与云计算解决方案,包括服务器、存储、网络、应用程序、桌面、安全等虚拟化技术,以及软件定义数据中心和云平台。下面列举相关的主要虚拟化产品。

(1) 服务器虚拟化平台 VMware vSphere。

VMware vSphere 是业界领先且最可靠的虚拟化平台。vSphere 将应用程序和操作系统从底层硬件分离出来,从而简化了 IT 操作。用户现有的应用程序可以看到专有资源,而用户的服务器则可以作为资源池进行管理。因此,用户的业务将在简化但恢复能力极强的 IT 环境中运行。

借助业界领先的虚拟化平台 vSphere 构建云计算基础架构,提供最高级别的可用性和响应能力。虚拟化平台 vSphere 使用户能够自信地运行关键业务应用程序,更快地对其业务做出响应。

Sphere 通过服务器虚拟化整合数据中心硬件并实现业务连续性,将单个数据中心转换为包括 CPU、存储和网络资源的聚合计算基础架构,将基础架构作为一个统一的运行环境来管理,并提供工具来管理该环境的数据中心。

vSphere 的两个核心组件是 ESXi 和 vCenter Server。ESXi 虚拟化平台用于创建和运行虚拟机和虚拟设备,虚拟化管理程序体系结构提供强健的、经过生产验证的高性能虚拟化层,允许多个虚拟机共享硬件资源,性能可以达到甚至在某些情况下超过本机吞吐量。vCenter Server 服务用于管理网络和池主机资源连接的多个主机,通过内置的物理机到虚拟机转换和使用虚拟机模板进行快速部署,可为所有虚拟机和 vSphere 主机提供集中化管理和性能监控。

(2) 网络虚拟化平台 VMware NSX。

VMware NSX 是提供虚拟机网络操作模式的网络虚拟化平台。与虚拟机的计算模式相似,虚拟网络以编程的方式进行调配与管理,与底层硬件无关。NSX 可以在软件中重现整个网络模型,使任何网络拓扑(从简单的网络到复杂的多层网络)都可以在数秒内创建和调配。它支持一系列逻辑网络元素和服务,例如,逻辑交换机、路由器、防火墙、负载平衡器、VPN 和工作负载安全性。用户可以通过这些功能的自定义组合来创建隔离的虚拟网络。

(3) 存储虚拟化产品 VMware vSAN。

VMware vSAN 是一种软件定义存储技术,将虚拟化技术无缝扩展到存储领域,从而形成一个与现有工具组合、软件解决方案和硬件平台兼容的超融合架构（Hyper Convergence Infrastructure，HCI）解决方案。借助 HCI 安全解决方案，vSAN 能进一步降低风险，保护静态数据，同时提供简单的管理和独立硬件的存储解决方案。vSAN 是用于软件定义的数据中心构造块，它可以汇总主机群集的本地或直接连接容量设备，并创建 vSAN 群集的所有主机之间共享的单个存储池。与 NSX 结合使用时，基于 vSAN 的 SDDC 产品体系可以将本地存储和管理服务延伸至不同的公共云，从而确保一致性的体验。使用基于服务器的存储为虚拟机创建极其简单的共享存储，从而实现恢复能力较强的高性能横向扩展体系结构，大大降低总体拥有成本。

（4）VMware 云计算。

① VMware 云计算解决方案。

VMware 云技术解决方案可以提高 IT 效益、敏捷性和可靠性，并可帮助 IT 推动创新。VMware 可满足 IT 构建、运营、管理云计算并为之提供人员配备的一切需求，同时持续量化其影响。VMware 可帮助客户发展技术基础、组织模式、运营流程和财务措施，建立云计算基础架构和云计算运营模式，从云计算中获得最大的收益。VMware 云计算解决方案可最大限度地发挥出云计算的潜力。

- 交付新的 IT 服务，快速推动业务增长。更快速地创建和部署可提供业务竞争优势的服务。
- 将 IT 转变为创新源泉。释放 IT 资源，将其重新投入可实现业务目标的服务。
- 确保 IT 的效率、敏捷性和可靠性。为第 1 层应用交付企业级 SLA，保护不同云计算环境中的业务。

② VMware 云计算基础架构。

- 自动资源调配和部署。组合可重用组件中的新应用，仅用几分钟即可部署，无须花费数周的时间。
- 自动化运营管理。使用专用的工具有效地运行用户的云计算，以优化性能、确保安全性，并在用户尚未看到问题之前修复潜在的问题。
- 可用性、灾难恢复和合规性。交付要求严苛的 SLA、保护用户的数据，并验证策略和法规的遵从性。
- IT 成本的可视性。智能地规划容量、优化资源分配，并发展完整的 IT 计费模型。
- 充分的可扩展性。自定义用户的环境、集成第三方解决方案，并与基于 VMware 的公有云服务实现互操作。

③ VMware 云计算运营。

- 按需服务。实施全新的自助服务模式，以降低 IT 成本、提高敏捷性。
- 自动调配和部署。改进请求执行、应用开发和部署流程，以获取新发现的效益。
- 事件和问题管理。利用自动化和基于策略的管理来消除容易出错的手动流程，在出现问题之前主动管理系统。
- 安全性、合规性及风险管理。通过确保按照企业级标准在云计算环境中保护系统来保护业务安全。
- IT 财务管理。转换到新的财务模式，实现财务透明，并将 IT 服务成本直接与需求和使用量进行关联。

（5）VMware 私有云。

利用 VMware 私有云解决方案在提高数据中心效率和敏捷性的同时增强安全性和控制力。

通过内置的安全性和基于角色的访问控制,在共享基础架构上整合数据中心并部署工作负载。使用客户扩展功能、API和开放的跨云标准,在不同的基础架构池之间迁移工作负载并集成现有的管理系统。按需交付云计算基础架构,以便终端用户能够以最大的敏捷性使用虚拟资源。

基于VMware的私有云解决方案的私有云可为企业提供以下三个独特的功能。

① 通过安全高效的方法使用共享基础架构,以应对高度频繁的请求。

② 通过标准化、可移动、可扩展的方法跨多个云部署工作负载,而无须手动配置。

③ 敏捷访问共享基础架构,以便能够按需调配工作负载。

作为虚拟化领域久经考验的领导者,VMware正在制定相应的发展路线图来利用私有云交付前所未有的高效、敏捷性和可扩展性。VMware正在与业界领导者合作,帮助企业利用现有投资来获得云计算的优势而不损害控制力。

VMware私有云解决方案将多个集群之间的基础架构资源池化为基于策略的虚拟数据中心。虚拟数据中心是跨越一组虚拟化物理资源的预定义资源容器,可进行相应构造以提供特定服务级别或满足特定业务需求。这些富有弹性的分层虚拟数据中心无须重复配置即可将资源调配给IT服务。通过在逻辑上将基础架构容量池化为虚拟数据中心,IT组织可以借助基础架构交付与支持基础架构的底层硬件之间的完全抽象来更高效地管理资源。

(6) 个性化虚拟桌面VMware View。

VMWare View以托管服务的形式从专为交付整个桌面而构建的虚拟化平台上交付丰富的个性化虚拟桌面,而不仅是应用程序以实现简化桌面管理。通过VMware View,用户可以将虚拟桌面整合到数据中心的服务器中,并独立管理操作系统、应用程序和用户数据,从而在获得更高业务灵活性的同时,使最终用户能够通过各种网络条件获得灵活的高性能桌面体验。

利用VMware View简化桌面和应用程序管理,同时加强安全性和控制力。为终端用户提供跨会话和设备的个性化、高逼真体验。实现传统PC难以企及的更高桌面服务可用性和敏捷性,同时将桌面的总体拥有成本减少多达50%。终端用户可以享受到新的工作效率级别和从更多设备及位置访问桌面的自由,同时为IT提供更强的策略控制。

VMware View的特点是:利用VMware View为桌面和应用程序带来云计算的敏捷性和可用性。它还可以通过以集中化的服务形式交付和管理桌面、应用程序和数据,从而加强对它们的控制。与传统PC不同,View桌面并不与物理计算机绑定。相反,它们驻留在云中,并且终端用户可以在需要时访问他们的View桌面。VMware View可以在各种网络条件下为全世界的终端用户提供最丰富、最灵活和自适应的体验。

(7) 虚拟化桌面和应用平台VMware Horizon Suite。

Horizon Suite可以认为就是由原有的View、Mirage再加上全新的Horizon Workspace整合起来的套件。它将VMware以往的相关产品VMware View与Mirage,与新开发的整合管理界面Horizon Workspace整合在了一起,因此相应的产品名称也发生了改变,View与Mirage的前缀都变成了Horizon。

它借助跨所有设备安全地交付和管理强大的终端用户计算的技术和能力,帮助IT部门克服这些限制。VMware Horizon Suite将帮助用户加快从PC时代向多设备时代的转型。VMware Horizon Suite把VMware行业领先的桌面虚拟化解决方案和技术融入单个统一解决方案。

从总体上来看,VMware最新发布的Horizon Suite套件既简化了终端用户计算,同时在不损害IT安全及控制力的情况下,实现了员工的移动性,确保终端用户可以在任何设备上访问其数据、应用及桌面。

2. 微软 Hyper-V

Hyper-V 是微软推出的企业级虚拟化解决方案,Hyper-V 的设计借鉴了 Xen,管理程序采用微内核的架构,兼顾了安全性和性能的要求,如图 1.18 所示。Hyper-V 底层的 Hypervisor 运行在最高的特权级别下,微软将其称为 Ring 1,而虚拟机的 OS 内核和驱动运行在 Ring 0,应用程序运行在 Ring 3 下,这种架构就不需要采用复杂的二进制特权指令翻译技术,可以进一步提高安全性。Hyper-V 只有"硬件－Hyper-V－虚拟机"三层,本身非常小巧,代码简单,且不包含任何第三方驱动。Hyper-V 的优势是与 Windows 服务器集成,在开发、测试与培训领域应用较多。Hyper-V 设计的目的是为广泛的用户提供更为熟悉以及成本效益更高的虚拟化基础设施软件,这样可以降低运作成本、提高硬件利用率、优化基础设施并提高服务器的可用性。

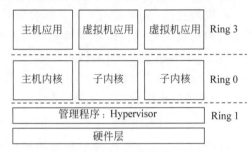

图 1.18　微软 Hyper-V 管理程序架构

3. Linux KVM

作为 Linux 领域的代表厂商,Red Hat 于 2008 年收购 Qumranet 公司获得 KVM。KVM 是与 Xen 类似的一个开源项目。KVM 的虚拟化需要硬件支持(如 Intel VT 技术或者 AMD V 技术),是基于硬件的完全虚拟化。而 Xen 早期则是基于软件模拟的 Para-Virtualization,新版本则是基于硬件支持的完全虚拟化。但 Xen 本身有自己的进程调度器、存储管理模块等,所以代码较为庞大。广为流传的商业系统虚拟化软件 VMware ESX 系列是基于软件模拟的 Full-Virtualization。

KVM 是一种基于 Linux x86 硬件平台的开源全虚拟化解决方案,也是主流的 Linux 虚拟化解决方案。Linux 内核的 KVM 模块主要负责虚拟机的创建,虚拟内存的分配,VCPU 寄存器的读写以及 VCPU 的运行。提供硬件仿真的 QEMU,用于模拟虚拟机的用户空间组件,提供 I/O 设备模型和访问外设的途径。KVM 充分利用了 CPU 的硬件辅助虚拟化,并重用了 Linux 内核的诸多功能,使得 KVM 本身非常小。KVM 最大的优势是开源,受到开源云计算平台的广泛支持。

4. Citrix 虚拟化产品

Citrix 即美国思杰公司,是一家致力于云计算虚拟化、虚拟桌面和远程接入技术领域的高科技企业,具有完整的产品生产线。

Citrix 公司主要有四大产品:服务器虚拟化 XenServer、应用虚拟化 XenApp、桌面虚拟化 XenDesktop 和云平台虚拟化 CloudPlatform。

XenServer 是针对可高效地管理 Windows 和 Linux 虚拟服务器而设计的,实现经济、高效的服务器整合和业务连续性。XenServer 是一种全面而易于管理的服务虚拟化平台,基于强大的 Xen Hypervisor 程序之上。

XenApp 是一种按需应用交付的解决方案,允许在数据中心对任何 Windows 应用进行虚拟化、集中保存和管理,然后随时随地通过任何设备按需交付给用户。

XenDesktop是一套桌面虚拟化解决方案,可将Windows桌面和应用转变为一种按需服务,向任何地点、使用任何设备的任何用户交付。XenClient支持在移动和离线的状态下轻松使用虚拟桌面。

CloudPlatform是面向企业和服务提供商的基础云计算架构。

Xen对硬件兼容性非常广泛,Linux支持的它都支持。目前,Citrix具有完整的产品线,在桌面和应用虚拟化领域中表现比较突出。

1.2.7　典型虚拟化厂家及产品

从架构上来看,各种虚拟化技术没有明显的性能差距,稳定性也基本一致。因此在进行虚拟化技术选择时,不应局限于某一种虚拟化技术,而应该有一套综合管理平台来实现对各种虚拟化技术的兼容并蓄,实现不同技术架构的统一管理及跨技术架构的资源调度,最终达到云计算可运营的目的。并且近几年随着虚拟化技术的快速发展,虚拟化技术已经走出局域网,延伸到了整个广域网。几大厂商的代理商也越来越重视客户对虚拟化解决方案需求的分析,因此也不局限于仅与一家厂商代理虚拟化产品。国内典型的虚拟化厂家及产品介绍如下。

1. 华为FusionCompute

FusionCompute是云操作系统基础软件,主要由虚拟化基础平台和云基础服务平台组成,主要负责硬件资源的虚拟化,以及对虚拟资源、业务资源、用户资源的集中管理。它采用虚拟计算、虚拟存储、虚拟网络等技术,完成计算资源、存储资源、网络资源的虚拟化;同时通过统一的接口,对这些虚拟资源进行集中调度和管理,从而降低业务的运行成本,保证系统的安全性和可靠性,协助运营商和企业客户构建安全、绿色、节能的云数据中心。FusionCompute采用虚拟化管理软件,将计算、存储和网络资源划分为多个虚拟机资源,为用户提供高性能、可运营、可管理的虚拟机。支持虚拟机资源按需分配,支持QoS策略保障虚拟机资源分配。

(1) 大容量大集群,支持多种硬件设备。

FusionCompute具有业界最大容量,单个逻辑计算集群可以支持128个物理主机,最大可支持3200个物理主机。它支持基于x86硬件平台的服务器和兼容业界主流存储设备,可供运营商和企业灵活选择硬件平台;同时通过IT资源调度、热管理、能耗管理等一体化集中管理,大大降低了维护成本。

(2) 跨域自动化调度,保障客户服务水平。

FusionCompute支持跨域资源管理,实现全网资源的集中化统一管理,同时支持自定义的资源管理SLA(Service-Level Agreement)策略、故障判断标准及恢复策略。分权分域根据不同的地域、角色和权限等,系统提供完善的分权分域管理功能。不同地区分支机构的用户可以被授权只能管理本地资源。跨域调度利用弹性IP功能,支持在三层网络下实现跨不同网络域的虚拟机资源调度。自动检测服务器或业务的负载情况,对资源进行智能调度,均衡各服务器及业务系统负载,保证系统良好的用户体验和业务系统的最佳响应。

(3) 丰富的运维管理,精细化计费。

FusionCompute提供多种运营工具,实现业务的可控、可管,提高整个系统运营的效率;并对不同的业务类型进行精确计费,帮助客户实现精细运营。支持"黑匣子"快速故障定位。系统通过获取异常日志和程序堆栈,缩短问题定位时间,快速解决异常问题。支持自动化健康检查。系统通过自动化的健康状态检查,及时发现故障并预警,确保虚拟机可运营管理。支持全 Web 化的界面。通过 Web 浏览器对所有硬件资源、虚拟资源、用户业务发放等进行监控管理。按 IT 资源(CPU、内存、存储)用量计费、按时间计费。

2. 华三 H3C CAS

H3C CAS 为 H3C 基于 KVM 开发的云管理平台,主要用于计算虚拟化。KVM 只实现基本的虚拟化功能,H3C 在原生的虚拟化功能基础上加上了虚拟机集群资源管理、资源监控、高可靠性等特性。H3C CAS 虚拟化软件是面向数据中心自主研发的企业级虚拟化软件,提供强大的虚拟化功能和资源池管理能力,能有效整合数据中心 IT 基础设施资源,通过简单易用的管理界面降低IT 管理的复杂度,为用户提供成本更低、可靠性更高、维护更简单的基础架构,使数据中心从传统架构向云架构平滑演进。

(1)系统资源管理。

H3C CAS 可以将物理机和虚拟机都组织到集群中进行统一的管理,同时可以监控集群下的主机,一旦发生故障,可以将物理机上的虚拟机迁移到其他的机器上,保证了高可用性。同时,CAS 平台还可以自动化地监测每台物理机的业务负载,当某台物理机上的资源不够时,可以自动将虚拟机迁移到其他物理机上。

(2)高可靠性。

高可靠性指的是当服务器发生故障时,受影响的虚拟机将在集群中留有备用容量的其他主机上自动重启。

(3)集群高可用性。

集群高可用性(High Availability,HA)是双机集群系统的简称,提高可用性集群,是保证业务连续性的有效解决方案,一般有两个或两个以上的节点,且分为活动节点及备用节点。所有的物理主机都连到共享存储上,可以把主机合并为集群。一旦某台主机发生故障,通过集群 HA 可以进行虚拟机的迁移。

3. 中兴 iECS

中兴虚拟化软件平台 ZXCloud iECS 以 Xen 虚拟化技术作为虚拟化引擎,集成中兴电信级服务器操作系统、虚拟化管理套件、工具套件。为云计算解决方案提供全面的虚拟化能力支持。ZXCloud iECS 支持主流操作系统 Linux、Windows、Solaris 等;支持 x86、ARM、PowerPC 等多种架构的 CPU;支持 Inter VT 和 AMD-V 等硬件虚拟化技术;可提供高可用集群、在线迁移、动态负载均衡、动态资源调整及节能管理等功能。ZXCloud iECS 包含资源虚拟化模块、系统安全模块、资源监控模块、负载均衡模块、能耗管理模块、虚拟机模块、虚拟机调度模块及资源统计模块等。

4. 深信服服务器虚拟化

深信服服务器虚拟化技术基于 KVM 技术,将服务器的物理硬件资源抽象成逻辑资源,让一台服务器变成几台甚至上百台相互隔离的虚拟服务器,不再受限于物理硬件上的界限,而是让 CPU、内存、磁盘、I/O 等硬件变成可以动态管理的资源池,从而实现服务器整合,提高资源利用率,简化系统管理,提高系统安全性,让 IT 对业务的变化更具适应力,保障业务连续快速运行。

深信服提供的超融合业务承载解决方案,通过分布式架构充分保障业务的稳定性,通过业界先进的智能分层技术提供高性能数据读写的能力,通过统一资源管理与应用优化技术实现运维无忧,为用户提供敏捷高效、安全可靠的业务承载平台。

5. ZStack

ZStack 是一款开源的 IaaS 产品,提供社区版与商业版,这也是很多社区提供服务的主要形式。除了基本的虚拟化外,ZStack 也提供了私有云的相关功能,包括多租户、虚拟私有云(Virtual Private Cloud,VPC)、负载均衡等。ZStack 在为用户提供所需功能的同时,由于其轻量与高效的架构,因而具备非常高的并发性能及可扩展性,能够达到数万物理节点的管控。

ZStack 与阿里云合作,共同提供混合云,能够在包括灾备、迁移、服务等场景中实现管理层面、数据层面完全打通的模式,可以为用户提供更灵活的 IT 基础设施方案。

1.2.8 虚拟化的优势与发展

在信息技术日新月异的今天,虚拟化技术之所以得到企业及个人的青睐,主要是因为虚拟化技术的功能特点有利于解决来自于资源配置、业务管理等方面的难题。

1. 虚拟化的优势

虚拟化具有物理系统所没有的独特优势,具体表现在以下几个方面。

(1) 提高利用效率。

将一台物理机的资源分配给多台虚拟机,有效利用闲置资源。通过将基础架构进行资源池化,打破一个应用一台物理机的限制,大幅提升了资源的利用率。

(2) 便于隔离应用。

简化数据中心管理,构建软件定义数据中心,数据中心经常使用一台服务器一个应用的模式。而通过服务器虚拟化提供的应用隔离功能,只需要几台物理服务器就可以建立足够多的虚拟服务器来解决这个问题。

(3) 节约总体成本。

使用虚拟化技术将物理机变成虚拟机,减少了物理机的数量,大大削减了采购计算机的数量,同时相应地使用的空间和能耗都变小了,从而降低了 IT 总成本。

(4) 高可用性。

大多数服务器虚拟化平台都能够提供一系列物理服务器无法提供的高级功能,如实时迁移、存储迁移、容错、高可用性,还有分布式资源管理,用来保持业务延续和增加正常运行的时间,最大限度地减少或避免停机。

(5) 灵活性和适应性。

通过动态资源配置提高 IT 对业务的灵活适应力,支持异构操作系统的整合,支持老旧应用的持续运行,减少迁移成本。

(6) 灾难恢复能力。

硬件抽象功能使得对硬件的需求不再锁定在某一厂商,在灾难恢复时就不需要寻找同样的硬件配置环境;物理服务器数量减少,在灾难恢复时需要的工作会少很多;多数企业级的服务器虚拟化平台会提供发生灾难时帮助自动恢复的软件。

(7) 提高管理效率。

使用基本虚拟化平台的高效管理工具,一个管理员可以轻松管理大量服务器的系统运行环

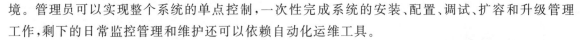

境。管理员可以实现整个系统的单点控制,一次性完成系统的安装、配置、调试、扩容和升级管理工作,剩下的日常监控管理和维护还可以依赖自动化运维工具。

(8) 高可靠性。

可以通过借助双机集群和容错系统,提升关键业务应用系统的可靠性。与双机集群相比,容错系统可以提供更高的可靠性,管理比较简单,故障排查非常方便。

2. 虚拟化的发展

虚拟化技术正逐渐在企业管理与业务运营中发挥重要的作用,不仅能够实现服务器与数据中心的快速部署与迁移,还能体现出其透明行为管理的特点。例如,商业的虚拟化软件,就是利用虚拟化技术实现资源复用和资源自动化管理的。该解决方案可以进行快速业务部署,灵活地为企业分配 IT 资源,同时实现资源的统一管理与跨域管理,将企业从传统的人工运维管理模式逐渐转变为自动化运维模式。

虚拟化技术的重要地位使其发展成为业界关注的焦点。在技术发展层面,虚拟化技术正面临着平台开放化、连接协议标准化、客户端硬件化及公有云私有化四大趋势。平台开放化是指将封闭架构的基础平台,通过虚拟化管理使多家厂家的虚拟机在开放平台下共存,不同厂商可以在平台上实现丰富的应用;连接协议标准化旨在解决目前多种连接协议(VMware 的 PcoIP,Citrix 的 ICA、HDX 等)在公有桌面云的情况下出现的终端兼容性复杂化问题,从而解决终端和云平台之间的兼容性问题,优化产业链结构;客户端硬件化是针对桌面虚拟化和应用虚拟化技术的客户多媒体体验缺少硬件支持的情况,逐渐完善终端芯片技术,将虚拟化技术落地于移动终端上;公有云私有化的发展趋势是通过技术将企业的 IT 架构变成叠加在公有云基础上的"私有云",在不牺牲公有云便利性的基础上,保证私有云对企业数据安全性的支持。目前,以上趋势已在许多企业的虚拟化解决方案中得到体现。

在硬件层面,主要从以下几个方面看虚拟化的发展趋势。首先,IT 市场有竞争力的虚拟化解决方案正逐步趋于成熟,使得仍没有采用虚拟化技术的企业有了切实的选择;其次,可供选择的解决方案提供商逐渐增多,因此更多的企业在考虑成本和潜在锁定问题时开始采取"第二供货源"的策略,异构虚拟化管理正逐渐成为企业虚拟化管理的兴趣所在;再次,市场需求使得定价模式不断变化,从原先的完全基于处理器物理性能来定价,逐渐转变为给予虚拟资源更多关注,定价模式从另一个角度体现出了虚拟化的发展趋势。另外,云服务提供商为给它们的解决方案提供入口,在制定自己的标准、接受企业使用的虚拟化软件及构建兼容性软件中做出最优的选择。在虚拟化技术不断革新的大趋势下,考虑到不同的垂直应用行业,许多虚拟化解决方案提供商已经提出了不同的针对行业的解决方案:一是面向运营商、高等院校、能源电力和石油化工的服务器虚拟化,主要以提高资源利用率,简化系统管理,实现服务器整合为目的;二是桌面虚拟化,主要面向金融及保险行业、工业制造和行政机构,帮助客户在无须安装操作系统和应用软件的基础上,就能在虚拟系统中完成各种应用工作;三是应用虚拟化、存储虚拟化和网络虚拟化的全面整合,面向一些涉及工业制造和绘图设计的行业用户,益处在于,许多场景下,用户只需一两个应用软件,而不用虚拟化整个桌面。

在虚拟化技术飞速发展的今天,如何把握虚拟化市场趋势,在了解市场格局与客户需求的情况下寻找最优的虚拟化解决方案,已成为企业资源管理配置的重中之重。

1.3 项目实施

1.3.1 物理服务器虚拟化安装与配置

物理服务器的配置与普通计算机的配置有所不同,通常情况下,物理服务器都会有一个控制管理平台,以华为服务器 2288H V5 为例,其默认的管理端口 IP 地址是 192.168.2.100/24,默认的账号是 root,密码是 Huawei12♯$。

1. 物理服务器控制台管理

物理服务器控制台的管理 IP 地址、账户、密码都可以进行修改。这里以华为服务器 2288H V5 为例进行讲解,其管理 IP 地址为 10.255.2.200。

(1) 在浏览器(建议为谷歌浏览器)地址栏中输入管理 IP 地址 10.255.2.200,如图 1.19 所示。输入用户名和密码,单击"登录"按钮,进入服务器控制台管理界面,如图 1.20 所示。

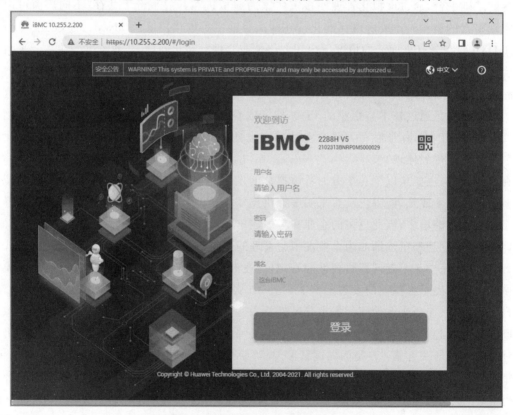

图 1.19　服务器控制台登录页面

(2) 在服务器控制台管理界面选择"系统管理"菜单,如图 1.21 所示,可以进行系统信息、性能监控、存储管理、电源 & 功率、风扇 & 散热、BIOS 配置等相关操作。选择"维护诊断"菜单,如图 1.22 所示,可以进行告警 & 事件、告警上报、FDM PFAE、录像截屏、系统日志、iBMC 日志、工作记录等相关操作。

图 1.20　服务器控制台管理界面

图 1.21　"系统管理"菜单

（3）在服务器控制台管理界面选择"用户 & 安全"菜单，如图 1.23 所示，可以进行本地用户、LDAP、Kerberos、双因素认证、在线用户、安全配置等相关操作。选择"服务管理"菜单，如图 1.24 所示，可以进行端口服务、Web 服务、虚拟控制台、虚拟媒体、VNC、SNMP 等相关操作。

（4）在服务器控制台管理界面选择"iBMC 管理"菜单，如图 1.25 所示，可以进行网络配置、时区 & NTP、固件升级、配置更新、语言管理、许可证管理、iBMA 管理等相关操作。在服务器控制台管理界面右上角单击 图标，如图 1.26 所示，可以进行下电、强制下电、强制重启、强制下电再上电等相关操作。

（5）在服务器控制台管理界面选择"首页"菜单，拖动右侧滚动条，在"虚拟控制台"区域单击"启动虚拟控制台"按钮，选择"HTML5 集成远程控制台（独占）"选项，如图 1.27 所示，可以进入相应的服务器操作系统，如图 1.28 所示。

图 1.22 "维护诊断"菜单

图 1.23 "用户 & 安全"菜单

图 1.24 "服务管理"菜单

图 1.25 "iBMC 管理"菜单

图 1.26 "强制重启"菜单

图 1.27 启动虚拟控制台

图 1.28　服务器操作系统界面

2. 服务器虚拟化驱动器管理

初始安装物理服务器时,需要对服务器基本输入/输出系统(Basic Input/Output System, BIOS)进行相应的设置。

(1) 在服务器控制台管理界面或是在服务器操作系统界面工具栏中选择"强制重启"选项,会重新启动服务器,弹出服务器强制重启"确认"对话框,如图 1.29 所示,单击"确定"按钮,服务器重新启动,如图 1.30 所示。

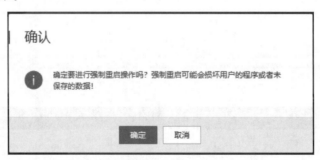

图 1.29　强制重启"确认"对话框

(2) 在服务器重新启动过程中会出现相应的提示信息,按 Del 键,在进入 BIOS 设置窗口之前会弹出"输入密码"窗口,如图 1.31 所示,输入相应的密码,弹出"密码确认"对话框,如图 1.32 所示。

(3) 在"密码确认"对话框中单击 Ok 按钮,进入 BIOS 设置窗口,如图 1.33 所示,选择 Device Manager 选项,弹出 Device Manager 窗口,如图 1.34 所示。(注:在 BIOS 操作中,可以使用 F1 键查看帮助,Esc 键用于退出(即返回上一级操作),回车键用于选择相应选项,光标键用于选择上下左右选项)

(4) 在 Device Manager 窗口中选择 AVAGO＜SAS3508＞Configuration Utility-07.14.06.02 选项,弹出 AVAGO＜SAS3508＞Configuration Utility-07.14.06.02 窗口,如图 1.35 所示,选择 Main Menu 选项,弹出 Main Menu 窗口,如图 1.36 所示。

```
Loading EFI driver. It may take several minutes.

BIOS Version : 8.02

BIOS Release Date : 04/14/2021

Processor Type : Intel(R) Xeon(R) Silver 4210 CPU @ 2.20GHz

Total memory size : 262144 MB

iBMC Version : 6.18

iBMC IPV4 : 10.255.2.200
get iBMC IPv6 fail!

After installing OS, remember to install drivers and upgrade firmware!


EFI Hard Drive 1 : Windows Boot Manager
EFI DVD-ROM    1 : EFI USB Device (Virtual DVD-ROM VM 1.1.0)
EFI PXE        1 : EFI PXE 0 for IPv4 (D4-46-49-78-14-BA)
EFI PXE        2 : EFI PXE 1 for IPv4 (D4-46-49-78-14-BC)



Press Del go to Setup Utility
Press F11 go to Boot Manager
Press F12 go to PXE
Press F3 go to Boot Manager on Remote Keyboard
Press F4 go to Setup Utility on Remote Keyboard
Press F6 go to SP Boot
Del is pressed. Go to Setup Utility.
```

图 1.30 服务器重新启动窗口

图 1.31 "输入密码"窗口

图 1.32 "密码确认"对话框

（5）在 Main Menu 窗口中选择 Configuration Management 选项，弹出 Configuration Management 窗口，如图 1.37 所示，选择 View Drive Group Properties 选项，弹出 View Drive Group Properties 窗口，如图 1.38 所示，可以查看当前磁盘分区情况。

（6）在 View Drive Group Properties 窗口中按 Esc 键（返回上一级操作），返回 Configuration Management 窗口，选择 Clear Configuration 选项，弹出 Warning 窗口，如图 1.39 所示，选择 Confirm 选项，按回车键将 Disabled 变为 Enabled 状态，如图 1.40 所示，可以查看当前磁盘分区情况。

（7）在 Warning 窗口中选择 Yes 选项，弹出 Success 窗口，如图 1.41 所示。选择 OK 选项，按回车键返回 Configuration Management 窗口，如图 1.42 所示。

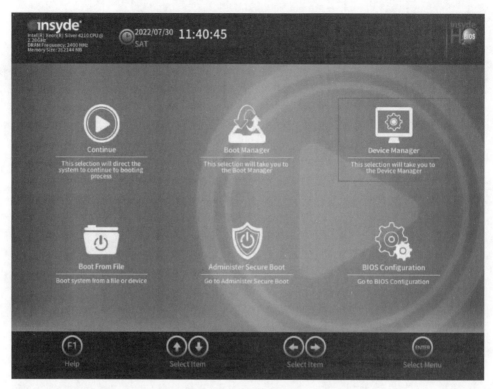

图 1.33　BIOS 设置窗口

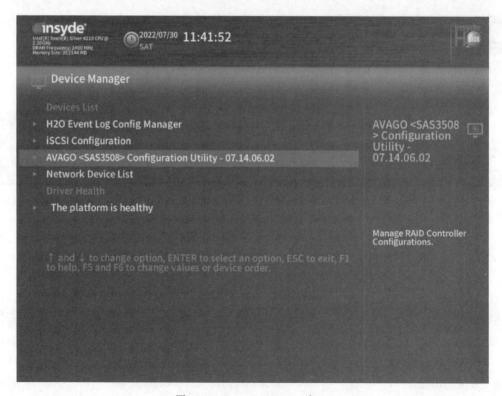

图 1.34　Device Manager 窗口

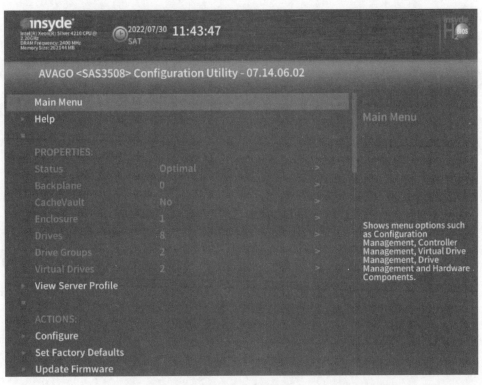

图 1.35　AVAGO < SAS3508 > Configuration Utility 窗口

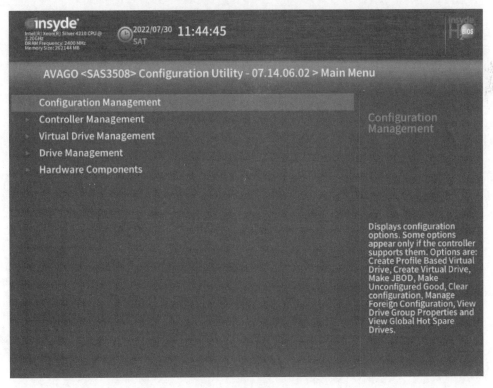

图 1.36　Main Menu 窗口

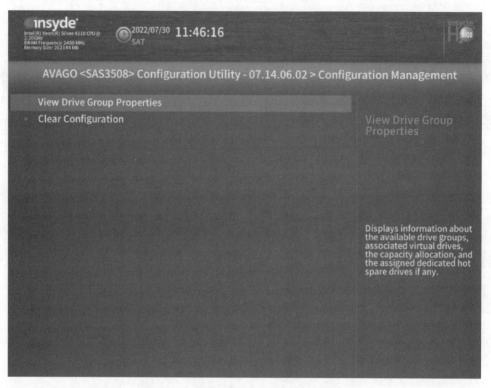

图 1.37 Configuration Management 窗口

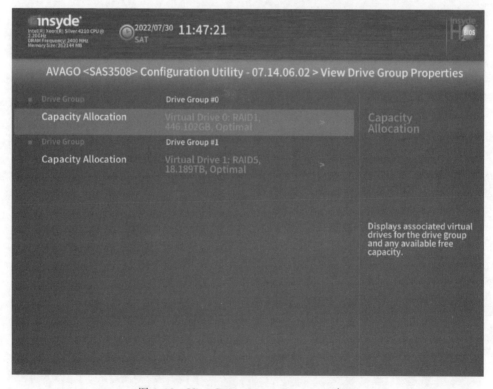

图 1.38 View Drive Group Properties 窗口

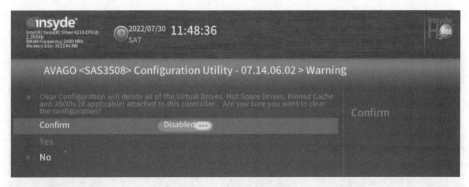

图 1.39　Warning 窗口

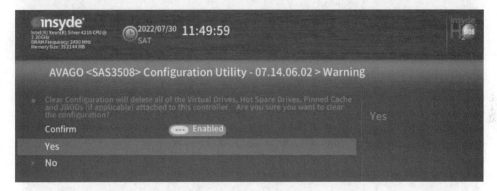

图 1.40　Confirm 选项

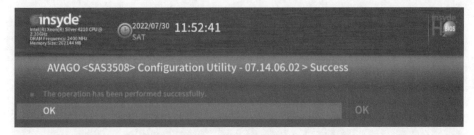

图 1.41　Success 窗口

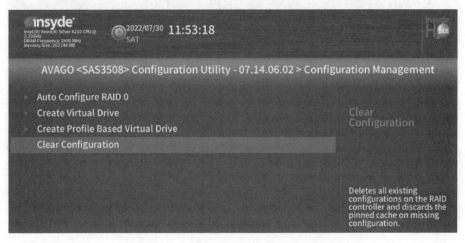

图 1.42　Configuration Management 窗口

（8）在 Configuration Management 窗口中选择 Create Virtual Drive 选项，弹出 Create Virtual Drive 窗口，如图 1.43 所示。选择 Select RAID Level 选项，弹出 Select RAID Level 窗口，如图 1.44 所示。

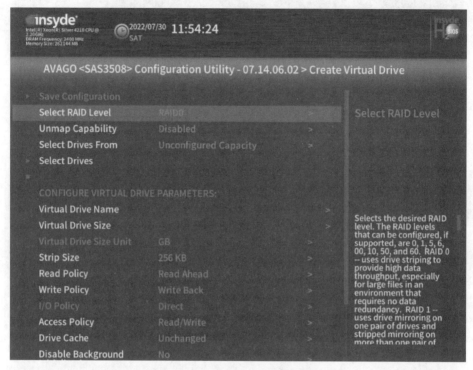

图 1.43　Create Virtual Drive 窗口

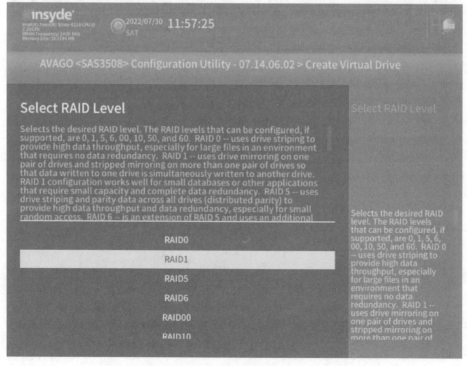

图 1.44　Select RAID Level 窗口

（9）在 Select RAID Level 窗口中选择 RAID1 选项，返回 Create Virtual Drive 窗口，选择 Select Drives 选项，弹出 Select Drives 窗口，如图 1.45 所示。选择上面两个 SSD 固态磁盘作磁盘 RAID1（注：此磁盘分区将作为系统盘 C:\），将磁盘的 Disabled 变为 Enabled 状态，如图 1.46 所示。

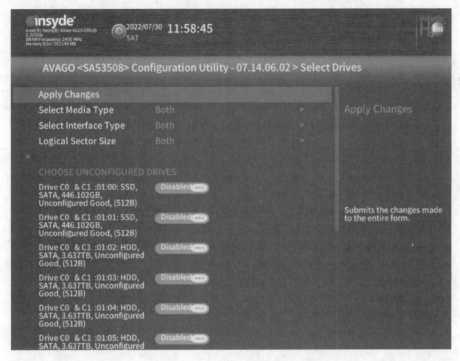

图 1.45　Select Drives 窗口

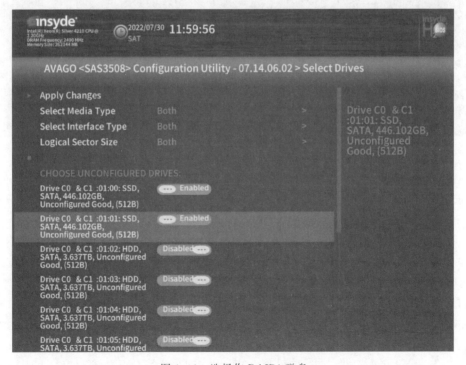

图 1.46　选择作 RAID1 磁盘

(10) 在 Select Drives 窗口中选择 Apply Changes 选项,弹出 Success 窗口,如图 1.47 所示。单击 OK 按钮,返回 Create Virtual Drive 窗口,如图 1.48 所示。

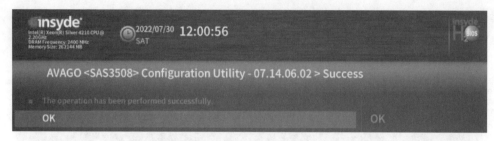

图 1.47　Success 窗口

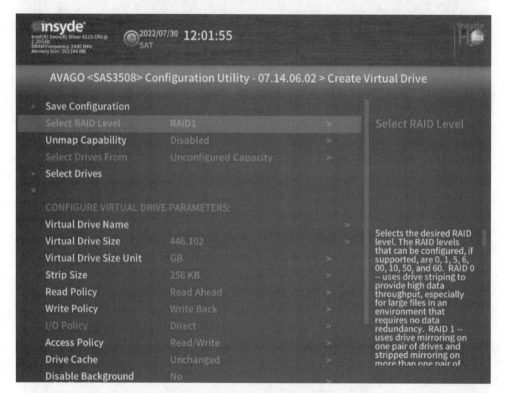

图 1.48　Create Virtual Drive 窗口

(11) 在 Create Virtual Drive 窗口中选择 Save Configuration 选项,弹出 Warning 窗口。选择 Confirm 选项,将 Disabled 变为 Enabled 状态,选择 Yes 选项,弹出 Success 窗口,单击 OK 按钮,返回 Create Virtual Drive 窗口,完成磁盘 RAID1 保存操作。

(12) 将剩余的磁盘作为数据存储盘,磁盘 RAID5 的操作与磁盘 RAID1 的操作类似,在 Create Virtual Drive 窗口中选择 Select RAID Level 选项,弹出 Select RAID Level 窗口,选择 RAID5 选项,如图 1.49 所示,返回 Create Virtual Drive 窗口,选择 Select Drives 选项,弹出 Select Drives 窗口,选择 Check All 选项,将剩余磁盘的 Disabled 变为 Enabled 状态,如图 1.50 所示。

(13) 在 Select Drives 窗口中选择 Apply Changes 选项,弹出 Success 窗口,单击 OK 按钮,返回 Create Virtual Drive 窗口,选择 Save Configuration 选项,弹出 Warning 窗口,选择 Confirm 选项,将 Disabled 变为 Enabled 状态,选择 Yes 选项,弹出 Success 窗口,单击 OK 按钮,弹出 Create Virtual Drive

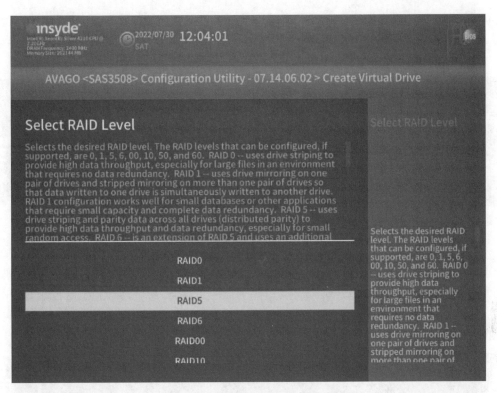

图 1.49　Select RAID Level 窗口

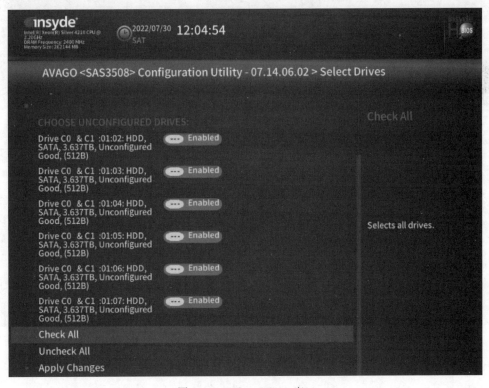

图 1.50　Select Drives 窗口

窗口,如图 1.51 所示,提示虚拟磁盘已经全部创建成功。至此,物理服务器虚拟化分区管理设置已全部完成,按 Esc 键,返回 Configuration Management 窗口,持续按 Esc 键,最后退出 BIOS 管理界面。

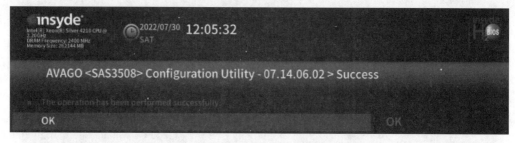

图 1.51　虚拟磁盘创建完成

3. 服务器 BIOS 配置管理

服务器 BIOS 管理设置操作如下。

(1) 进入服务器 BIOS 管理界面,选择 BIOS Configuration 选项,如图 1.52 所示,弹出 BIOS Configuration 窗口,选择 Security→Manage Supervisor Password 选项,如图 1.53 所示,可以设置进入 BIOS 的管理密码。

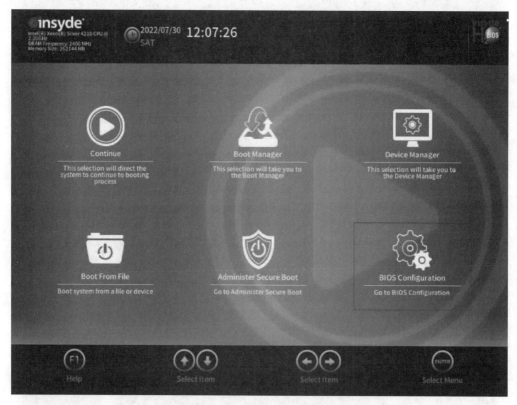

图 1.52　BIOS Configuration 选项

(2) 根据提示信息输入 Manage Supervisor Password 的旧密码和新密码,如图 1.54 所示,选择 Boot→Boot Sequence 选项,如图 1.55 所示,可以设置系统启动引导顺序。

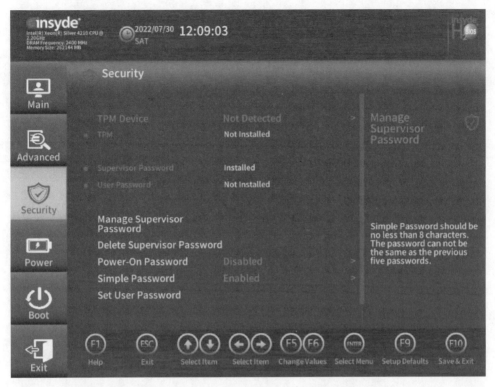

图 1.53　Manage Supervisor Password 选项

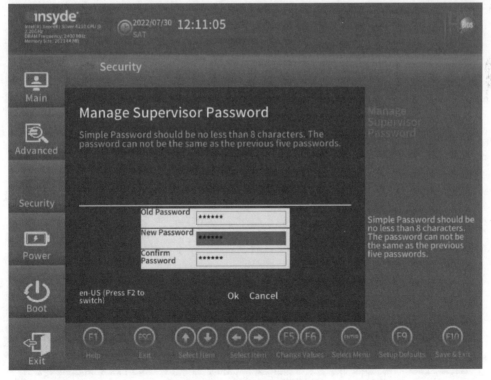

图 1.54　设置 BIOS 密码

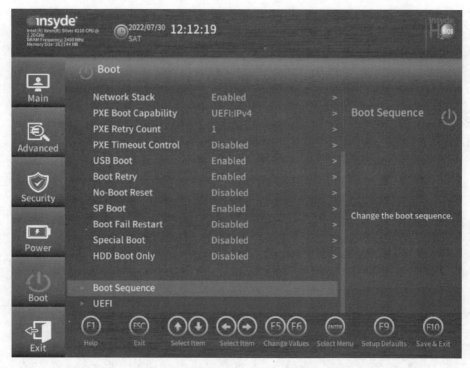

图 1.55　Boot Sequence 选项

（3）在 Boot Sequence 窗口中使用 F5 键或 F6 键改变系统启动引导顺序,如图 1.56 所示,选择 Exit→Save Changes & Exit 选项,如图 1.57 所示,或使用 F10 键保存退出。

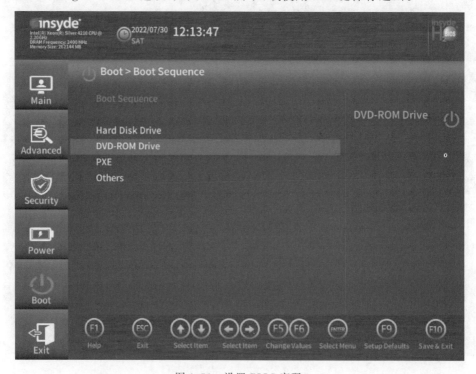

图 1.56　设置 BIOS 密码

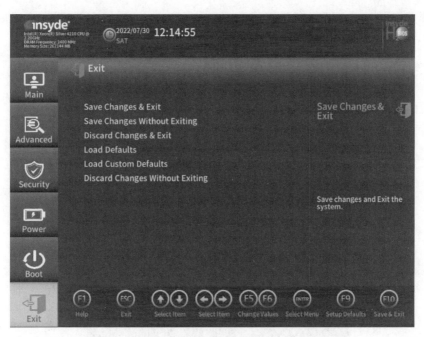

图 1.57 保存退出

1.3.2 Windows Server 2019 操作系统安装

在物理服务器上安装 Windows Server 2019 操作系统,其安装过程如下。

(1)完成物理服务器虚拟化驱动器管理,下载需要安装操作系统的镜像文件,将镜像文件保存在本地磁盘中,单击物理服务控制台工具栏中的虚拟光驱 CD/DVD 图标 ◎,查找本地镜像文件,如操作系统的镜像文件为 datacenter_windows_server_2019_x64_dvd_c1ffb46c.iso,单击"连接"按钮,如图 1.58 所示。单击控制台工具栏中的 CD/DVD 图标 ◎,选择"强制重启"选项,如图 1.59所示。

图 1.58 连接镜像文件

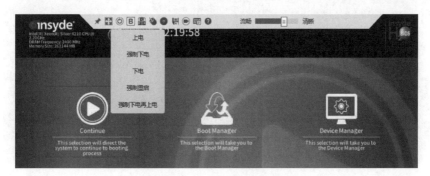

图 1.59 服务器强制重启

（2）物理服务器重启后，会有相应的提示信息，按 F11 键，可以选择系统的启动顺序，如图 1.60 所示，输入密码确认，进入 Boot Manager 窗口，如图 1.61 所示。

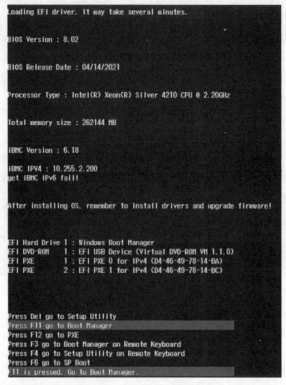

图 1.60　提示信息

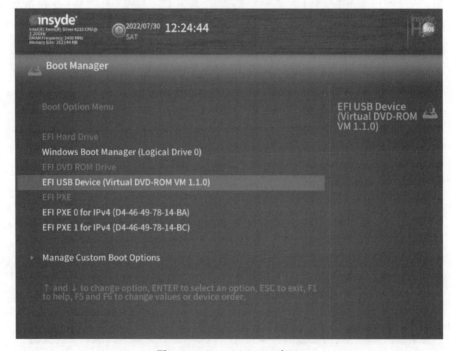

图 1.61　Boot Manager 窗口

（3）在 Boot Manager 窗口中选择虚拟光驱 EFI USB Device(Virtual DVD-ROM VM 1.1.0)选项，按回车键，提示按任意键从 CD 或 DVD 进行安装，如图 1.62 所示(注：可以先进行 BIOS 设置，将光驱启动作为系统第一引导项)。按任意键进行操作系统安装，进入 Windows Boot Manager 窗口，如图 1.63 所示。

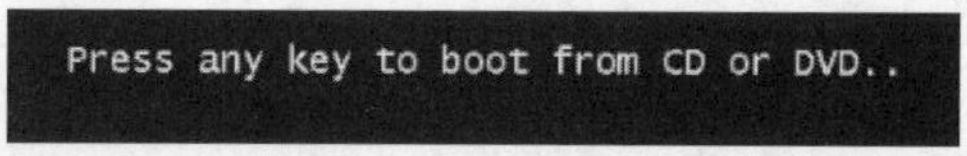

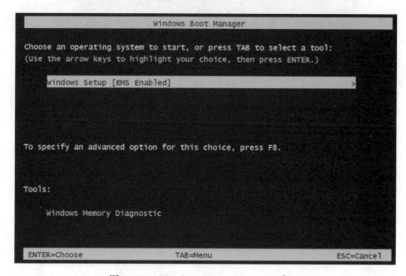

图 1.62　提示按任意键从 CD 或 DVD 进行安装

图 1.63　Windows Boot Manager 窗口

（4）在 Windows Boot Manager 窗口中选择 Windows Setup [EMS Enabled]选项，按回车键，弹出"Windows 安装程序"窗口，如图 1.64 所示。单击"下一步"按钮，弹出"Windows Server 2019 安装"窗口，如图 1.65 所示。

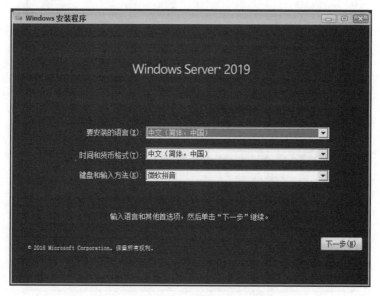

图 1.64　"Windows 安装程序"窗口

图 1.65 "Windows Server 2019 安装"窗口

(5) 在"Windows Server 2019 安装"窗口中单击"现在安装"按钮,弹出"激活 Windows"对话框,如图 1.66 所示。输入产品密钥,单击"下一步"按钮,弹出"选择要安装的操作系统"对话框,如图 1.67 所示。

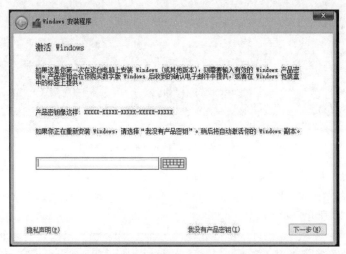

图 1.66 "激活 Windows"对话框

图 1.67 "选择要安装的操作系统"对话框

（6）在"选择要安装的操作系统"对话框中选择要安装的版本，单击"下一步"按钮，弹出"适用的声明和许可条款"对话框，如图 1.68 所示。勾选"我接受许可条款"复选框，单击"下一步"按钮，弹出"你想执行哪种类型的安装"对话框，如图 1.69 所示。

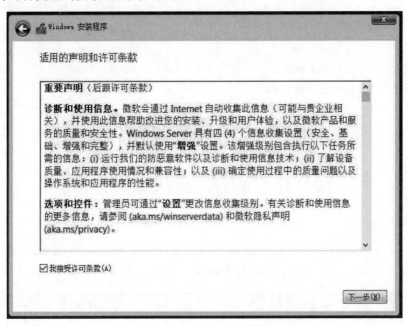

图 1.68　"适用的声明和许可条款"对话框

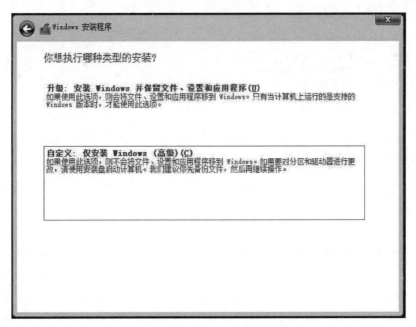

图 1.69　"你想执行哪种类型的安装"对话框

（7）在"你想执行哪种类型的安装"对话框中选择"自定义：仅安装 Windows 高级"选项，弹出"你想将 Windows 安装在哪里"对话框，如图 1.70 所示。选择相应的分区，单击"下一步"按钮，弹出"正在安装 Windows"对话框，如图 1.71 所示。

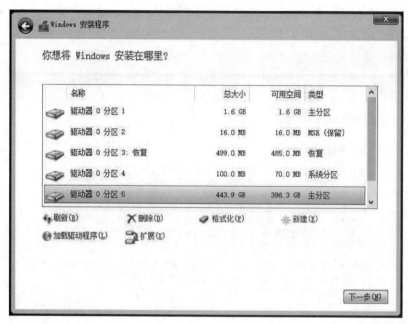

图 1.70 "你想将 Windows 安装在哪里"对话框

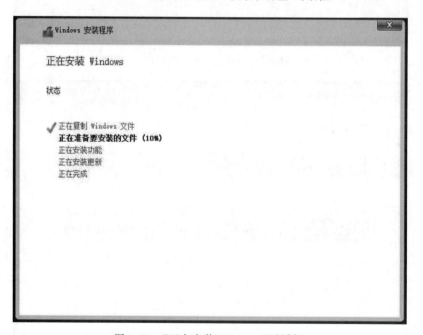

图 1.71 "正在安装 Windows"对话框

(8)操作系统安装完成后,系统自动重新启动,弹出"自定义设置"窗口,如图 1.72 所示。设置用户名为 Administrator,输入管理员的密码,单击"完成"按钮,弹出"Windows 登录"窗口,如图 1.73 所示。

(9)在"Windows 登录"窗口中将鼠标光标放到服务器控制台的最上方,系统会自动出现控制台工具栏,单击 图标,选择 Ctrl+Alt+Del,弹出"Administrator 登录"窗口,如图 1.74 所示。输入管理员密码,按回车键登录 Windows Server 2019 操作系统桌面,如图 1.75 所示。

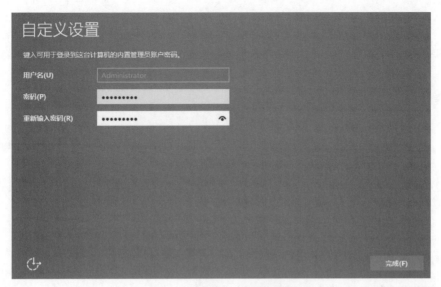

图 1.72 "自定义设置"窗口

图 1.73 "Windows 登录"窗口

图 1.74 "Administrator 登录"窗口

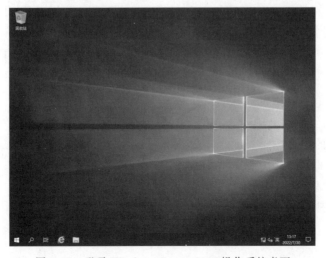

图 1.75 登录 Windows Server 2019 操作系统桌面

课后习题

1. 选择题

(1) ESXi 产品属于哪家公司? (　　)

　　A. 微软公司　　　　　B. Citrix 公司　　　　C. VMware 公司　　　D. Red Hat 公司

(2) XenServer 产品属于哪家公司? (　　)

　　A. 微软公司　　　　　B. Citrix 公司　　　　C. VMware 公司　　　D. Red Hat 公司

(3) Hyper-V 产品属于哪家公司? (　　)

　　A. 微软公司　　　　　B. Citrix 公司　　　　C. VMware 公司　　　D. Red Hat 公司

(4) KVM 产品属于哪家公司? (　　)

　　A. 微软公司　　　　　B. Citrix 公司　　　　C. VMware 公司　　　D. Red Hat 公司

(5) 在虚拟机文件中,< VMname >.vmx 文件属于(　　)。

　　A. 系统配置文件　　B. 虚拟机内存文件　　C. 虚拟磁盘文件　　D. 虚拟机状态文件

(6) 在虚拟机文件中,< VMname >.vmdk 文件属于(　　)。

　　A. 系统配置文件　　B. 虚拟机内存文件　　C. 虚拟磁盘文件　　D. 虚拟机状态文件

(7) 在虚拟机文件中,< VMname >.vmem 文件属于(　　)。

　　A. 系统配置文件　　B. 虚拟机内存文件　　C. 虚拟磁盘文件　　D. 虚拟机状态文件

(8) 云计算服务模式不包括(　　)。

　　A. IaaS　　　　　　　B. PaaS　　　　　　　C. SaaS　　　　　　　D. LaaS

(9) PaaS 是指(　　)。

　　A. 基础设施即服务　B. 平台即服务　　　　C. 软件即服务　　　　D. 安全即服务

(10) 【多选】虚拟化分类包括(　　)。

　　A. 资源虚拟化　　　B. 应用程序虚拟化　C. 存储虚拟化　　　　D. 网络虚拟化

(11) 【多选】从服务方式角度可以把云计算分为(　　)3 类。

　　A. 公有云　　　　　　B. 私有云　　　　　　C. 金融云　　　　　　D. 混合云

(12) 【多选】云计算的生态系统主要涉及(　　)。

　　A. 硬件　　　　　　　B. 软件　　　　　　　C. 服务　　　　　　　D. 网络

2. 简答题

(1) 简述虚拟化定义及其分类。

(2) 简述虚拟机的主要特点及其应用。

(3) 简述云计算的定义。

(4) 简述云计算的服务模式及其部署类型。

(5) 简述企业级虚拟化解决方案。

(6) 简述典型虚拟化厂家及产品。

项目2

VMware虚拟机配置与管理

学习目标

- 理解 VMware Workstation、虚拟网络组件、虚拟网络结构以及虚拟网络模式等相关理论知识。
- 掌握 VMware Workstation 安装、虚拟主机 CentOS 7 安装、系统克隆与快照管理、SecureCRT 与 SecureFX 配置管理、配置和维护虚拟磁盘等相关知识与技能。
- 掌握虚拟机与主机系统之间传输文件以及 VMware Tools 安装配置等相关知识与技能。

2.1 项目陈述

　　VMware Workstation(中文名"威睿工作站")是 VMware 公司一款功能强大的桌面虚拟化软件产品,提供用户可在单一的桌面上同时运行不同的操作系统,以及进行开发、测试、部署新的应用程序的最佳解决方案,旨在提供行业内最稳定及最安全的桌面虚拟化平台。VMware Workstation 可在一部实体机器上模拟完整的网络环境,以及可便于携带的虚拟机器,其更好的灵活性与先进的技术胜过了市面上其他的虚拟计算机软件。对于企业的 IT 开发人员和系统管理员而言,VMware 在虚拟网络、实时快照、拖曳共享文件夹等方面的特点使它成为必不可少的工具。作为开发测试平台,它提供最广泛的操作系统支持,甚至可以构建跨平台的云级应用,测试不同的操作系统和浏览器兼容性。本项目主要内容包括 VMware Workstation 概述、虚拟网络组件、虚拟网络结构以及虚拟网络模式等相关理论知识,项目实践部分讲解了 VMware Workstation 安装、虚拟主机 CentOS 7 安装、系统克隆与快照管理、SecureCRT 与 SecureFX 配置管理、配置和维护虚拟磁盘、虚拟机与主机系统之间传输文件以及 VMware Tools 安装配置等相关知识与技能。

2.2 必备知识

2.2.1 VMware Workstation 概述

VMware Workstation 允许操作系统(Operating System,OS)和应用程序(Application)在

一台虚拟机内部运行。虚拟机是独立运行主机操作系统的离散环境。在 VMware Workstation 中,用户可以在一个窗口中加载一台虚拟机,它可以运行自己的操作系统和应用程序。用户可以在运行于桌面上的多台虚拟机之间切换,通过一个网络共享虚拟机(如一个公司局域网),挂起和恢复虚拟机以及退出虚拟机,这一切不会影响用户的主机操作和任何操作系统或者其他正在运行的应用程序。

VMware Workstation 的开发商为 VMware,中文名"威睿"。VMware Workstation 就是以开发商 VMware 为开头名称,Workstation 的含义为"工作站",因此 VMware Workstation 中文名称为"威睿工作站"。VMware 成立于 1998 年,为 EMC 公司的子公司,总部设在美国加利福尼亚州帕罗奥多市,是全球桌面到数据中心虚拟化解决方案的领导厂商。全球虚拟化和云基础架构领导厂商,全球第一大虚拟机软件厂商。多年来,VMware 开发的 VMware Workstation 产品一直受到全球广大用户的认可,它的产品可以使用户在一台机器上同时运行两个或更多个 Windows、DOS、Linux、Mac 系统。与"多启动"系统相比,VMware 采用了完全不同的概念。多启动系统在一个时刻只能运行一个系统,在系统切换时需要重新启动机器。VMware 是真正在主系统的平台上"同时"运行多个操作系统,就像标准 Windows 应用程序那样切换。而且每个操作系统用户都可以进行虚拟的分区、配置而不影响真实硬盘的数据,用户甚至可以通过网卡将几台虚拟机用网卡连接为一个局域网,极其方便。

1. VMware Workstation 的优点与缺点

VMware Workstation 的优点与缺点如下。
(1) 计算机虚拟能力、性能与物理机隔离效果非常优秀。
(2) 功能非常全面,倾向于计算机专业人员使用。
(3) 操作界面简单明了,适于各种计算机领域的用户使用。
(4) 体积庞大,安装耗时较久。
(5) 使用时占用物理机资源较多。

2. VMware Workstation 虚拟化提高 IT 效率和可靠性

业务增长总是要求 IT 基础设施不断扩展,经常需要增加服务器以支持新应用,而这会导致许多服务器无法得到充分利用,进而使网络管理成本增加,灵活性和可靠性降低。

虚拟化可以减少服务器数量的增加,简化服务器管理,同时明显提高服务器利用率、网络灵活性和可靠性。将多种应用整合到少量企业级服务器上即可实现这一目标。

通过整合及虚拟化,数百台服务器可以减少至数十台。10%甚至更低的服务器利用率将提高到 60%或更高。IT 基础设施的灵活性、可靠性和效率也得到了改进。

3. VMware Workstation 安装的系统要求

VMware Workstation 可以创建完全隔离、安全的虚拟机来封装操作系统及其应用。VMware 虚拟化层将物理硬件资源映射到虚拟机的资源,每个虚拟机都有自己的 CPU、内存、磁盘和 I/O 设备,完全等同于一台标准的 x86 计算机。VMware Workstation 安装在主机操作系统上,并通过继承主机的设备支持来提供广泛的硬件支持。能够在标准 PC 上运行的任何应用都可以在 VMware Workstation 上虚拟机中运行。

VMware Workstation 产品涵盖 Windows、Linux 和 Mac 操作系统,其中,Mac 版本称为 VMware Fusion。VMware Workstation 版本升级到 12.0 时,改称为 VMware Workstation Pro,

现在市场上最新版本为 VMware Workstation 16.2.0。下面将以 VMware Workstation 16 Pro 版本为例进行讲解。

VMware Workstation 安装的系统要求如下。

(1) 硬件要求。

① 至少 2GB 内存,建议 4GB。

② 1.3GHz 或更快的核心速度。

③ 64 位 x86 Intel Core 2 双核处理器或同等级别的处理器,ADM Athlon 64 FX 双核处理器或同等级别的处理器。

(2) 主机操作系统。

Windows 版本的 VMware Workstation 16 Pro 要求主机上运行 64 位操作系统,支持 Windows 7~Windows 11、Windows Server 2008~Windows Server 2022。

(3) 客户操作系统。

支持 200 多种客户操作系统,包括 32 位的 Windows 和 Linux 系统。

2.2.2 VMware Workstation 虚拟网络组件

VMware Workstation 可在一台物理计算机上组建若干虚拟网络,模拟完整的网络环境,非常便于测试网络应用。建议学习和实验需要搭建多种网络环境时,使用 VMware Workstation 对组建虚拟网络进行测试。

与物理网络一样,要组建虚拟网络,也必须有相应的网络组件,在 VMware Workstation 安装过程中,已在主机系统中安装了用于所有网络连接配置的软件,在 VMware 虚拟网络中,各种虚拟网络组件由此软件来充当。

1. 虚拟交换机

如同物理网络交换机一样,虚拟交换机用于连接各种网络设备或计算机。在 Windows 主机系统中,VMware Workstation 最多可创建 20 个虚拟交换机,一个虚拟交换机对应一个虚拟网络。虚拟交换机又称为虚拟网络,其名称为 VMnet0、VMnet1、VMnet2,以此类推。VMware Workstation 预置的虚拟交换机映射到特定的网络。

2. 虚拟机虚拟网卡

创建虚拟机时自动为虚拟机创建虚拟网卡(虚拟适配器),一个虚拟机最多可以安装 10 个虚拟网卡,连接到不同的虚拟交换机。

3. 主机虚拟网卡

VMware Workstation 主机除了可以安装多个物理网卡外,最多也可以安装 20 个虚拟网卡(虚拟适配器)。主机虚拟网卡连接到虚拟交换机以加入虚拟网络,实现主机与虚拟机之间的通信。主机虚拟网卡与虚拟交换机是一一对应的关系,添加虚拟网络(虚拟交换机)时,在主机系统中自动安装相应的虚拟网卡。

4. 虚拟网桥

通过虚拟网桥,可以将 VMware 虚拟机连接到 VMware 主机所在的局域网中。这是一种桥接模式,直接将虚拟机连接到主机的物理网卡上。默认情况下,名为 VMnet0 的虚拟网络支持虚拟网桥,虚拟网桥不会在主机中创建虚拟网卡。

5. 虚拟 NAT 设备

虚拟 NAT 设备用于实现虚拟网络中的虚拟机共享主机的一个 IP 地址(主机虚拟网卡上的 IP 地址),以连接到主机外部网络(Internet)。NAT 还支持端口转发,让外部网络用户也能通过 NAT 访问虚拟网络内部资源。VMware 的虚拟网络 VMnet8 支持 NAT 模式。

6. 虚拟 DHCP 服务器

对于非网桥连接方式的虚拟机,可通过虚拟 DHCP 服务器自动为它们分配 IP 地址。

2.2.3　VMware Workstation 虚拟网络结构

通过使用各种 VMware Workstation 虚拟网络组件,可以在一台计算机上建立满足不同需求的虚拟网络环境。

1. 虚拟网络结构

一台 Windows 计算机最多可创建 20 个虚拟网络,每个虚拟网络以虚拟交换机为核心。主机通过物理网卡(桥接模式)或虚拟网卡连接到虚拟交换机,虚拟机通过虚拟网卡连接到虚拟交换机,这样就组成了虚拟网络,从而实现主机与虚拟机、虚拟机与虚拟机之间的网络通信。VMware Workstation 虚拟网络结构如图 2.1 所示,图中反映了各个虚拟网络组件之间的关系。

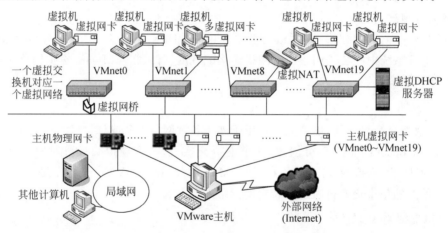

图 2.1　VMware Workstation 虚拟网络结构

在 Windows 主机上,一个虚拟网络可以连接的虚拟设备的数量不受限制,主机和虚拟主机都可连接到多个虚拟网络,每个虚拟网络有自己的 IP 地址范围。

为便于标识虚拟网络,VMware Workstation 将它们统一命名为 VMnet0～VMnet19。每个虚拟交换机对应一个虚拟网络,实际上是通过主机配置对应的虚拟网卡来实现的,这三者的名称都是相同的。虚拟机上的虚拟网卡要连接到某个虚拟网络,也要将其网络连接指向相应的虚拟网络名称。例如,要组建一个虚拟网络 VMnet5,会在主机上添加一个对应于 VMnet5 的虚拟网卡,并确保该虚拟网卡连接到网络 VMnet5,然后在虚拟机上将虚拟网卡的网络连接指向 VMnet5。

默认情况下,有 3 个虚拟网络由 VMware Workstation 进行特殊配置,它们分别对应 3 种标准的 VMware Workstation 虚拟网络模式,即桥接模式、NAT 模式和仅主机(Host-only)模式。默认桥接模式网络名称为 VMnet0,NAT 模式网络名称为 VMnet8,仅主机模式网络名称为 VMnet1。这 3 种网络在 VMware Workstation 安装时自动创建。VMnet2～VMnet7、VMnet9～VMnet19 用于自定义虚拟网络。

2. 虚拟网络基本配置

采用 VMware Workstation 虚拟组网技术,可以灵活地创建各种类型的网络,其组网基本流程如下。

（1）规划网络结构,确定选择哪种组网模式。

（2）在 VMware Workstation 主机上设置虚拟网络,配置相应的虚拟网卡。

（3）根据需要在 VMware Workstation 主机上配置虚拟 DHCP 服务器、虚拟 NAT 设备,及 IP 子网地址范围。

（4）在 VMware Workstation 虚拟机上配置虚拟网卡,使其连接到相应的虚拟网络。

（5）根据需要为 VMware Workstation 主机配置 TCP/IP。

3. 在 VMware Workstation 主机上设置虚拟网络

在一台 Windows 计算机上最多可创建 20 个虚拟网络,在为虚拟机配置网络连接之前,应根据需要在主机上对虚拟网络进行配置,这需要使用虚拟网络编辑器。

在 VMware Workstation 主界面中从"编辑"菜单中选择"虚拟网络编辑器"选项,弹出"虚拟网络编辑器"对话框,如图 2.2 所示。上部区域显示当前已经创建的虚拟网络列表,默认已经创建了 3 个虚拟网络:VMnet0、VMnet1 和 VMnet8。

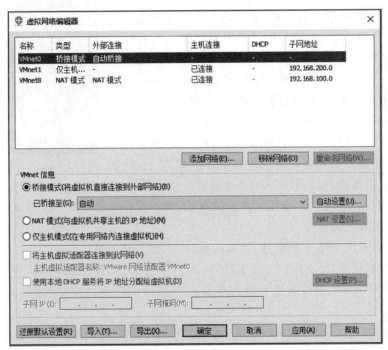

图 2.2　"虚拟网络编辑器"对话框

实际上,每个虚拟网络都与主机上的物理网卡(桥接模式)或虚拟网卡存在对应映射关系,添加虚拟网络的同时在主机上创建对应名称的虚拟网卡。用户可以查看主机的网络连接,如图 2.3

所示。虚拟网络 VMnetl 和 VMnet8 分别与主机上的虚拟网卡 VMnetl 和 VMnet8 连接,VMnet0 没有直接显示,它通过物理网卡进行桥接。默认的主机虚拟网卡名称有特殊前缀,如 VMware Virtual Ethernet Adapter for VMnet1。

图 2.3   查看主机的网络连接

在虚拟网络编辑器中可以添加或删除虚拟网络,或者修改现有虚拟网络配置,如为虚拟网络配置子网(包括子网地址和子网掩码)、DHCP 或 NAT。

这里以添加一个虚拟网络为例。在虚拟网络编辑器中单击"添加网络"按钮,弹出相应的对话框,如图 2.4 所示,从下拉列表中选择要添加的网络名称(如选择 VMnet2),单击"确定"按钮,将该虚拟网络添加到虚拟网络编辑器的虚拟网络列表中,如图 2.5 所示。再单击"确定"或"应用"按钮,完成虚拟网络的添加,并自动在主机中添加相应的虚拟网卡。如果要删除虚拟网络,主机中对应的虚拟网卡会被自动删除。

在虚拟网络编辑器中从列表中选择一个虚拟网络,可以在下部区域中对其进行配置,单击"确定"或"应用"按钮使配置生效。这里将新添加的虚拟网络设置为仅主机模式,选中"将主机虚拟适配器连接到此网络"复选框,表示将该虚拟网

图 2.4   "添加虚拟网络"对话框

络与虚拟网卡关联起来。在"子网 IP"和"子网掩码"文本框中为该虚拟网络设置 IP 地址范围,一般可根据需要修改其默认设置。

虚拟网络支持虚拟 DHCP 服务器,为虚拟机自动分配 IP 地址。选中"使用本地 DHCP 服务将 IP 地址分配给虚拟机"复选框以启用 DHCP,然后单击"DHCP 设置"按钮,弹出"DHCP 设置"对话框,如图 2.6 所示,从中可配置和管理该虚拟网络的 DHCP,包括可分配的 IP 地址范围和租期。

对于 NAT 模式的虚拟网络,可以设置 NAT,实现虚拟网络中的虚拟机共享主机的一个 IP 地址连接到主机外部网络。只允许有一个虚拟网络采用 NAT 模式,默认是 VMnet8。如果要将其他虚拟网络设置为 NAT 模式,需要先将 VMnet8 改为其他模式。以 VMnet8 为例,单击"NAT 设置"按钮,弹出"NAT 设置"对话框,如图 2.7 所示,配置和管理该虚拟网络的 NAT,其中最重要的是"网关",用于设置所选网络的网关 IP 地址,虚拟机通过该 IP 地址访问外部网络。

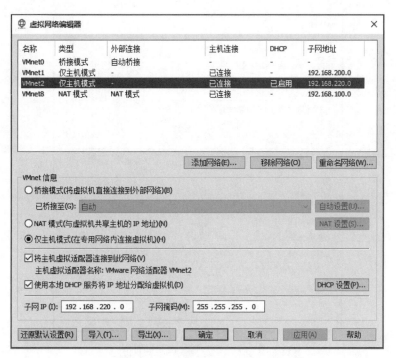

图 2.5　新添加的虚拟网络

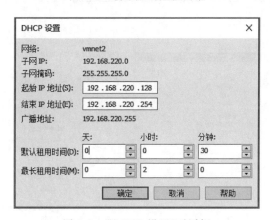

图 2.6　"DHCP 设置"对话框

4. 在 VMware Workstation 虚拟机上设置虚拟网卡

通常在创建 VMware Workstation 虚拟机之后,进入虚拟网络设置界面以进一步设置虚拟网卡的属性。在 VMware Workstation 主界面中选中某个虚拟机,从"虚拟机"菜单中选择"设置"选项,弹出"虚拟机设置"对话框,如图 2.8 所示,在"硬件"选项卡中可以进行内存、处理器、硬盘、CD/DVD(STAT)、网络适配器、USB 控制器、声卡、打印机、显示器等相关设置。如果要增加更多的虚拟网卡,在"虚拟机设置"对话框中单击"添加"按钮,根据提示选择"网络适配器"硬件类型,然后设置网络连接类型。选择"选项"选项卡,如图 2.9 所示,可以进行常规、电源、共享文件夹、快照、自动保护、客户机隔离、访问控制、VMware Tools、VNC 连接、Unity、设备视图、自动登录、高级等相应设置。

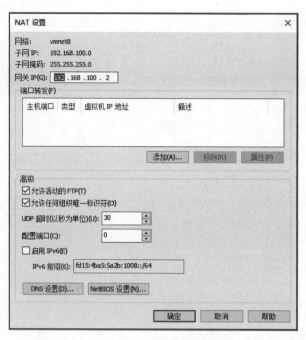

图 2.7　"NAT 设置"对话框

图 2.8　"硬件"选项卡

图2.9　"选项"选项卡

2.2.4　VMware Workstation 虚拟网络模式

VMware Workstation 虚拟网络模式,包括桥接模式、NAT 模式和仅主机(Host-only)模式3种。

1. 桥接模式

基于桥接模式的 VMware Workstation 虚拟网络结构如图2.10所示。主机将虚拟网络(默认为 VMnet0)自动桥接到物理网卡,通过网桥实现网络互联,从而将虚拟网络并入主机所在网络。VMware 虚拟机通过虚拟网卡(默认为 VMnet0)连接到该虚拟网络(VMnet0),经网桥连接到主机所在网络。

虚拟机与主机在该网络中的地位相同,被当作一台独立的物理计算机对待。虚拟机可与主机相互通信,透明地使用主机所在局域网中的任何可用服务,包括共享上网。它还可与主机所在网络上的其他计算机相互通信,虚拟机上的资源也可被主机所在网络中的任何主机访问。

如果主机位于以太网中,则这是一种最容易让虚拟机访问主机所在网络的组网模式。采用这种模式组网,一般要进行如下设置。

(1) 在主机上设置桥接。

安装 VMware Workstation 时已经自动安装虚拟网桥。默认情况下,主机自动将 VMnet0 虚拟网络桥接到第1个可用的物理网卡。一个物理网卡只能桥接一个虚拟网络。如果主机上有多

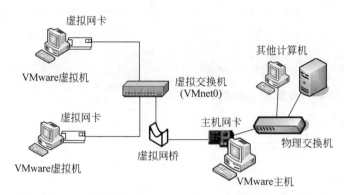

图 2.10　基于桥接模式的 VMware Workstation 虚拟网络结构

个物理以太网卡,那么也可以自定义其他网桥以连接其他物理网卡。

从"桥接到"下拉列表中选择要桥接的物理网卡。默认选择的是"自动"选项,单击"自动设置"按钮可以进一步指定自动桥接的物理网卡(默认是第 1 块网卡)。

(2) 在虚拟机上设置虚拟网卡的网络连接模式。

将网络连接模式设置为桥接模式,如果要连接到其他桥接模式的虚拟网络,可选择"自定义:特定虚拟网络"单选按钮,并从列表中选择虚拟网络名称。

(3) 为虚拟机配置 TCP/IP。

此类虚拟机是主机所在以太网的一个节点,必须与主机位于同一个 IP 子网。如果网络中部署了 DHCP 服务器,可以设置虚拟机自动获取 IP 地址及其他选项,否则需要手工设置 TCP/IP。

2. NAT 模式

使用 NAT 模式,就是让虚拟机借助 NAT 功能通过主机所在的网络来访问外网。基于 NAT 模式的 VMware Workstation 虚拟网络结构如图 2.11 所示。选择这种模式,VMware 可以身兼虚拟交换机、虚拟 NAT 设备和 DHCP 服务器 3 种角色。默认情况下,VMware 虚拟机通过网卡 VMnet8 连接到虚拟交换机 VMnet8,虚拟网络通过虚拟 NAT 设备共享 VMware 主机上的虚拟网卡 VMnet8,连接到主机所连接的外部网络(Internet)。

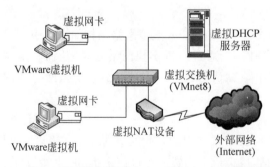

图 2.11　基于 NAT 模式的 VMware Workstation 虚拟网络结构

主机上会配置一个独立的专用网络(虚拟网络 VMnet8),主机作为 VMnet8 的 NAT 网关,在虚拟网络 VMnet8 与主机所连接的网络之间转发数据。可以将虚拟网卡 VMnet8 看作连接到专用网络的网卡,将主机上的物理网卡看作连接到外网的网卡,而虚拟机本身则相当于运行在专用网络上的计算机。VMware NAT 设备可在一个或多个虚拟机与外部网络之间传送网络数据,能识别针对每个虚拟机的传入数据包,并将其发送到正确的目的地。这是一种让虚拟机单向访问主机、外网或本地网络资源的简单方法,但是网络中的其他计算机不能访问虚拟机,而且效率比较低。如果希望在虚拟机中不用进行任何手工配置就能直接访问 Internet,建议采用 NAT 模式。另外,主机系统通过非以太网适配器连接网络时,NAT 将非常有用。采用这种模式组网,一般要进行以下设置。

(1) 在主机上设置 DHCP 和 NAT。

首先为虚拟网络选择 NAT 模式,然后配置使用虚拟 DHCP 服务器和 NAT 设备。虚拟机可通过虚拟 DHCP 服务器从该虚拟网络获取一个 IP 地址,也可以不使用虚拟 DHCP 服务器。

默认为 NAT 模式虚拟网络启用了 NAT 服务。NAT 设置的网关一定要与虚拟网络位于同一子网,一般采用默认值即可。也可以将 NAT 模式虚拟网络的 IP 子网设置为主机所在物理网络的 IP 子网。例如,主机物理网卡的 IP 地址为 192.168.100.100/24,可将虚拟网络 IP 的子网设置为 192.168.100.0,将子网掩码设置为 255.255.255.0(注意:不要与物理子网的 IP 地址发生冲突)。

(2) 在虚拟机上设置虚拟网卡的网络连接模式。

使用新建虚拟机向导创建虚拟机时,默认使用 NAT 模式。

如果要修改连接模式,将网络连接模式设置为 NAT 模式。如果选择"自定义:特定虚拟网络"单选按钮,要从列表中选择 NAT 模式虚拟网络的名称。

(3) 为虚拟机配置 TCP/IP。

主机与虚拟主机之间建立了一个专用网络。默认情况下,虚拟机通过虚拟 DHCP 服务器获得 IP 地址,还有默认网关、DNS 服务器等,这些都可以在主机上通过设置 NAT 参数来实现。

如果没有启用虚拟 DHCP 服务器,则需要手动设置虚拟机的 IP 地址、子网掩码、默认网关与 DNS 服务器。默认网关设置为在 NAT 设置中指定的网关。

3. 仅主机(Host-only)模式

基于仅主机(Host-only)模式的 VMware Workstation 虚拟网络结构,如图 2.12 所示。选择这种模式,VMware Workstation 身兼虚拟交换机和 DHCP 服务器两种角色。默认情况下,虚拟机通过网卡 VMnet1 连接到虚拟交换机 VMnet1,主机上的虚拟网卡 VMnet1 连接到虚拟交换机 VMnet1。

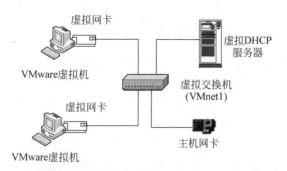

图 2.12　基于仅主机模式的 VMware Workstation 虚拟网络结构

虚拟机与主机一起组成一个专用的虚拟网络,但主机所在以太网中的其他主机不能与虚拟机进行网络通信。虚拟机对外只能访问到主机,主机与虚拟机之间以及虚拟机之间都可以相互通信。在默认配置中,这种模式的虚拟机无法连接 Internet。如果主机系统上安装了合适的路由或代理软件,则仍然可以在主机虚拟网卡和物理网卡之间建立连接,从而将虚拟机连接到外部网络。

这种模式适合建立一个完全独立于主机所在网络的虚拟网络,以便进行各种网络实验。采用这种模式组网,一般要进行以下设置。

(1) 在主机上设置子网 IP 和 DHCP。

首先为虚拟网络选择仅主机模式,然后根据需要更改子网 IP 设置。这种模式的网络可使用虚拟 DHCP 服务器为网络中的虚拟机(包括主机对应的虚拟网卡)自动分配 IP 地址。可以在主机上建立多个仅主机模式的虚拟网络。

(2) 在虚拟机上设置虚拟网卡的网络连接模式。

将网络连接模式设置为仅主机模式。如果选择"自定义:特定虚拟网络"单选按钮,要从列表中选择一个仅主机模式虚拟网络的名称。

(3) 为虚拟机配置 TCP/IP。

默认情况下,虚拟机通过虚拟 DHCP 服务器获得 IP 地址,也可手工设置 IP 地址。如果要接入 Internet,需要通过主机上的网络共享来实现。

如果要设计一个更复杂的网络,就要进行自定义配置。这分为两种情况:一种是在上述标准模式组网的基础上进行调整更改;另一种是自定义一个或多个虚拟网络。在主机上安装多个物理网卡,在虚拟机上安装多个虚拟网卡,可以创建非常复杂的虚拟网络。虚拟网络可以连接到一个或多个外部网络,也可以在主机系统中完整独立地运行。

服务器虚拟化部署实战中要涉及多台高配置物理服务器、网络存储和核心交换机,只有少数用户有进行全物理设备实验的环境,多数用户即使拥有 SAN 存储、网络核心交换机和多台服务器的环境,直接用来做实验的机会也不会太多。更多的情形是,使用虚拟化技术组建一个虚拟的实验室以完成实验和测试工作。虚拟实验室的好处有很多,如便于操控,适合重复实验、比较实验和模拟故障,配置环境更改便捷等。在学习和实验过程中,原则上能用虚拟环境的尽量使用虚拟环境,待熟练掌握相关理论和技能之后再到物理环境中实际操作。

2.3 项目实施

2.3.1 VMware Workstation 安装

本书选用 VMware Workstation 16 Pro 软件,VMware Workstation 是一款功能强大的桌面虚拟化软件,可以在单一桌面上同时运行不同操作系统,并完成开发、调试、部署等。

(1) 下载 VMware-workstation-full-16.1.2-17966106 软件安装包,双击安装文件,弹出 VMware 安装主界面,如图 2.13 所示。单击"下一步"按钮,弹出"最终用户许可协议"窗口,如图 2.14 所示。

(2) 在"最终用户许可协议"窗口中勾选"我接受许可协议中的条款"复选框,如图 2.15 所示,单击"下一步"按钮,弹出"自定义安装"窗口,如图 2.16 所示。

(3) 在"自定义安装"窗口中勾选两个复选框,单击"下一步"按钮,弹出"用户体验设置"窗口,如图 2.17 所示,单击"下一步"按钮,弹出"快捷方式"窗口,如图 2.18 所示。

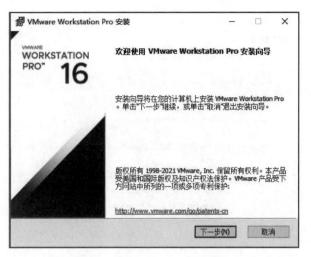

图 2.13　VMware 安装主界面

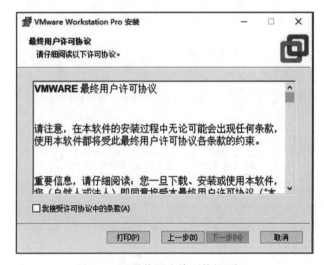

图 2.14　"最终用户许可协议"窗口

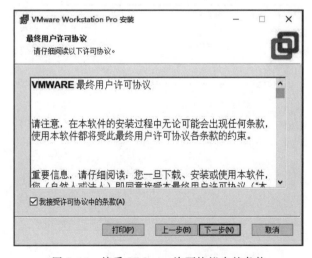

图 2.15　接受 VMware 许可协议中的条款

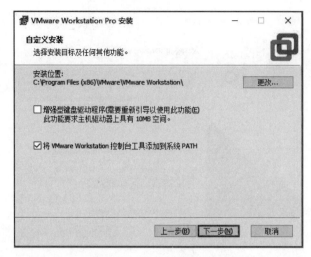

图 2.16　"自定义安装"窗口

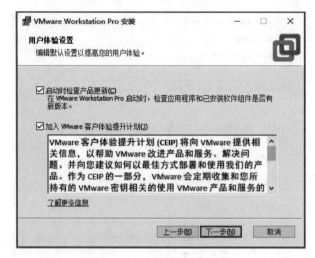

图 2.17　"用户体验设置"窗口

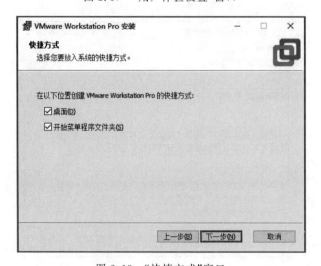

图 2.18　"快捷方式"窗口

（4）在"快捷方式"窗口中保留默认设置，单击"下一步"按钮，弹出"已准备好安装 VMware Workstation Pro"窗口，如图 2.19 所示，单击"安装"按钮，弹出"正在安装 VMware Workstation Pro"窗口，如图 2.20 所示。

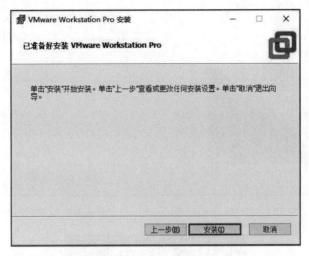

图 2.19 "已准备好安装 VMware Workstation Pro"窗口

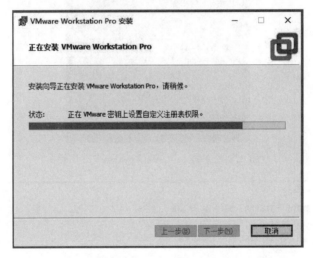

图 2.20 "正在安装 VMware Workstation Pro"窗口

（5）单击"完成"按钮，完成安装，弹出"VMware Workstation Pro 安装向导已完成"界面，如图 2.21 所示。

2.3.2 虚拟主机 CentOS 7 安装

在虚拟机中安装 CentOS 7 操作系统，其安装过程如下。

（1）从 CentOS 官网下载 Linux 发行版的 CentOS 安装包，本书使用的下载文件为 CentOS-7-x86_64-DVD-1810.iso，当前版本为 7.6.1810。

（2）双击桌面上的 VMware Workstation Pro 图标，如图 2.22 所示，打开软件。

（3）启动后会弹出 VMware Workstation 界面，如图 2.23 所示。

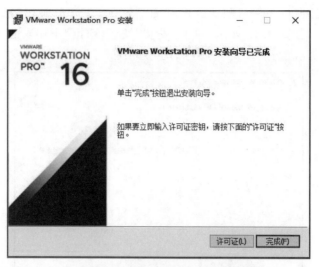

图 2.21 "VMware Workstation Pro 安装向导已完成"界面

图 2.22 VMware Workstation Pro 图标

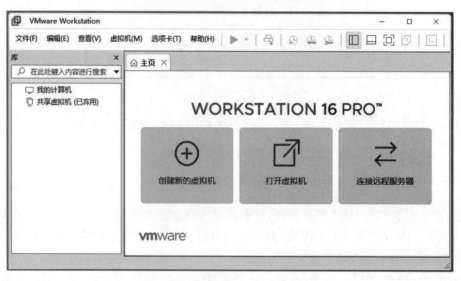

图 2.23 VMware Workstation 界面

（4）使用新建虚拟机向导安装虚拟机，默认选中"典型（推荐）"单选按钮，单击"下一步"按钮，如图2.24所示。

图2.24 新建虚拟机向导

（5）安装客户机操作系统，可以选中"安装程序光盘"或选中"安装程序光盘映像文件（iso）"单选按钮，并浏览选中相应的ISO文件，也可以选中"稍后安装操作系统"单选按钮。本次选中"稍后安装操作系统"单选按钮，并单击"下一步"按钮，如图2.25所示。

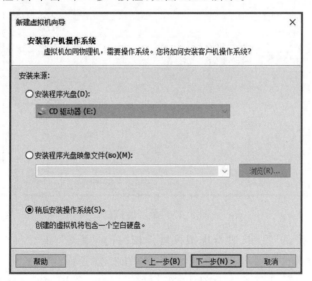

图2.25 安装客户机操作系统

（6）选择客户机操作系统，创建的虚拟机将包含一个空白硬盘，单击"下一步"按钮，如图2.26所示。

（7）命名虚拟机，选择系统文件安装位置，单击"下一步"按钮，如图2.27所示。

（8）指定磁盘容量，并单击"下一步"按钮，如图2.28所示。

（9）已准备好创建虚拟机，如图2.29所示。

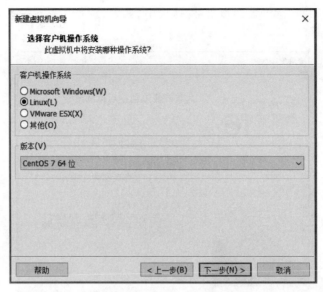

图 2.26　选择客户机操作系统

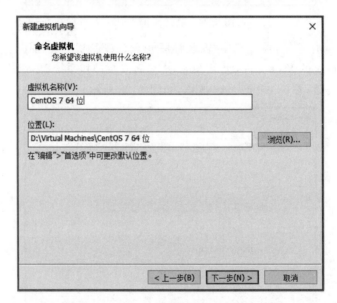

图 2.27　命名虚拟机

（10）单击"自定义硬件"按钮，进行虚拟机硬件相关信息配置，如图 2.30 所示。

（11）单击"关闭"按钮，虚拟机初步配置完成，如图 2.31 所示。

（12）进行虚拟机设置，选择 CD/DVD(IDE)选项，选中"使用 ISO 映像文件"单选按钮，单击"浏览"按钮，选择 ISO 镜像文件 CentOS-7-x86_64-DVD-1810.iso，单击"确定"按钮，如图 2.32所示。

（13）安装 CentOS，如图 2.33 所示。

（14）设置语言，选择"中文"→"简体中文（中国）"选项，如图 2.34 所示，单击"继续"按钮。

（15）进行安装信息摘要的配置，如图 2.35 所示，可以进行"安装位置"配置，自定义分区，也可以进行"网络和主机名配置"，单击"保存"按钮，返回安装信息摘要的配置界面。

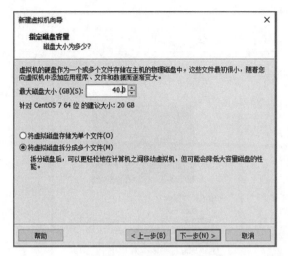

图 2.28　指定磁盘容量

图 2.29　已准备好创建虚拟机

图 2.30　虚拟机硬件相关信息配置

图 2.31　虚拟机初步配置完成

图 2.32　选择 ISO 镜像文件

图 2.33　安装 CentOS

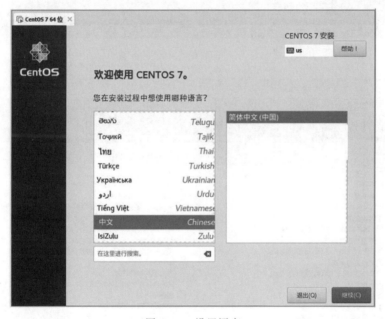

图 2.34　设置语言

（16）进行软件选择的配置，可以安装桌面化 CentOS。可以选择安装 GNOME 桌面，并选择相关环境的附加选项，如图 2.36 所示。

（17）单击"完成"按钮，返回 CentOS 7 安装界面，继续进行安装，配置用户设置，如图 2.37 所示。

（18）安装 CentOS 7 的时间稍长，请耐心等待。可以选择"ROOT 密码"选项进行 ROOT 密码设置，设置完成后单击"完成"按钮返回安装界面，如图 2.38 所示。

（19）CentOS 7 安装完成，如图 2.39 所示。

图 2.35　安装信息摘要的配置

图 2.36　软件选择的配置

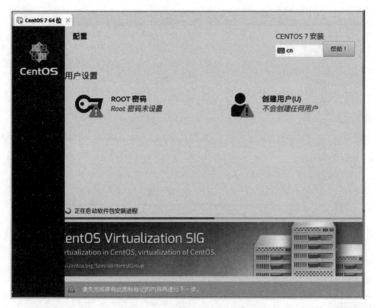

图 2.37　配置用户设置

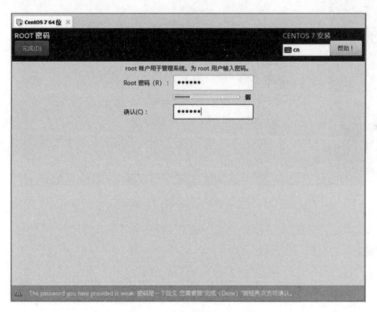

图 2.38　ROOT 密码设置

（20）单击"重启"按钮，系统重启后进入系统可以进行系统初始设置，如图 2.40 所示。

（21）单击"退出"按钮，弹出 CentOS 7 Linux EULA 许可协议界面，选中"我同意许可协议"复选框，如图 2.41 所示。

（22）单击"完成"按钮，弹出初始设置界面，选择"汉语"选项，如图 2.42 所示。

（23）单击"前进"按钮，弹出时区界面，在查找地址栏中输入"上海"，选择"上海，上海，中国"选项，如图 2.43 所示，单击"前进"按钮，弹出"在线账号"界面，如图 2.44 所示。

（24）单击"跳过"按钮，弹出"准备好了"界面，如图 2.45 所示。

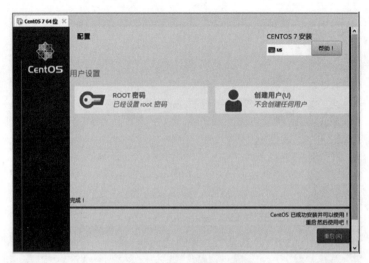

图 2.39　CentOS 7 安装完成

图 2.40　系统初始设置

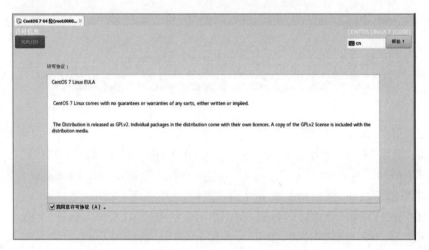

图 2.41　CentOS 7 Linux EULA 许可协议界面

图 2.42　初始设置界面

图 2.43　时区界面

图 2.44　在线账号界面

图 2.45　"准备好了"界面

2.3.3 系统克隆与快照管理

人们经常用虚拟机做各种实验,初学者免不了误操作导致系统崩溃、无法启动,或者在做集群时,通常需要使用多台服务器进行测试,如搭建 MySQL 服务、Redis 服务、Tomcat、Nginx 等。搭建一台服务器费时费力,一旦系统崩溃、无法启动,需要重新安装操作系统或部署多台服务器时,将会浪费很多时间。那么如何进行操作呢? 系统克隆可以很好地解决这个问题。

1. 系统克隆

在虚拟机安装好原始的操作系统后,进行系统克隆,多克隆出几份并备用,方便日后多台机器进行实验测试,这样就可以避免重新安装操作系统,方便快捷。

(1) 打开 VMware 虚拟机主窗口,关闭虚拟机中的操作系统,选择要克隆的操作系统,选择"虚拟机"→"管理"→"克隆"选项,如图 2.46 所示。

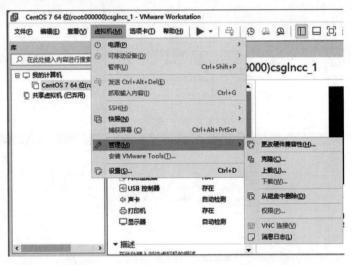

图 2.46　系统克隆

(2) 弹出克隆虚拟机向导界面,如图 2.47 所示。单击"下一步"按钮,弹出选择克隆源界面,如图 2.48 所示,可以选中"虚拟机中的当前状态"或"现有快照(仅限关闭的虚拟机)"单选按钮。

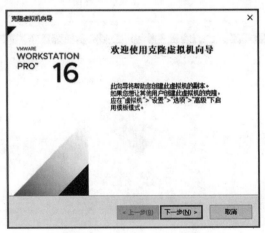

图 2.47　克隆虚拟机向导界面

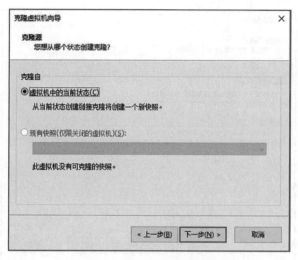

图 2.48　选择克隆源界面

（3）单击"下一步"按钮，弹出选择克隆类型界面，如图 2.49 所示。选择克隆方法，可以选中"创建链接克隆"单选按钮，也可以选中"创建完整克隆"单选按钮。

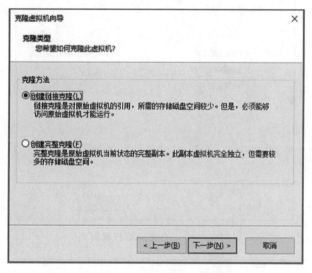

图 2.49　选择克隆类型界面

（4）单击"下一步"按钮，打开新虚拟机名称界面，如图 2.50 所示，为虚拟机命名并进行安装位置的设置。

（5）单击"完成"按钮，弹出正在克隆虚拟机界面，如图 2.51 所示。单击"关闭"按钮，返回VMware 虚拟机主窗口，系统克隆完成，如图 2.52 所示。

2. 快照管理

VMware 快照是 VMware Workstation 的一个特色功能，当用户创建一个虚拟机快照时，它会创建一个特定的文件 delta。delta 文件是在 VMware 虚拟机磁盘格式（Virtual Machine Disk Format，VMDK）文件上的变更位图，因此，它不能比 VMDK 还大。每为虚拟机创建一个快照，都会创建一个 delta 文件，当快照被删除或在快照管理中被恢复时，文件将自动被删除。

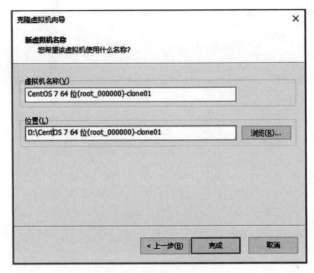

图 2.50　新虚拟机名称界面

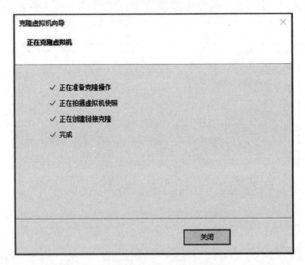

图 2.51　正在克隆虚拟机界面

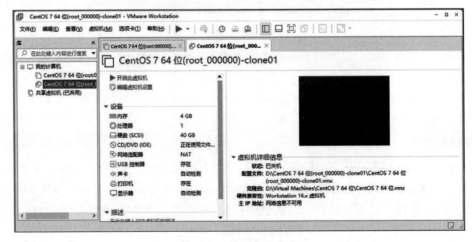

图 2.52　系统克隆完成

可以把虚拟机某个时间点的内存、磁盘文件等的状态保存为一个快照文件。通过这个快照文件，用户可以在以后的任何时间来恢复虚拟机创建快照时的状态。日后系统出现问题时，可以从快照中进行恢复。

（1）打开 VMware 虚拟机主窗口，启动虚拟机中的系统，选择要快照保存备份的内容，选择"虚拟机"→"快照"→"拍摄快照"选项，如图 2.53 所示。命名快照名称，如图 2.54 所示。

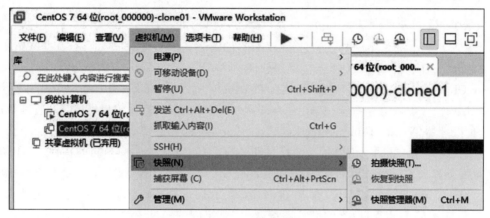

图 2.53　拍摄快照

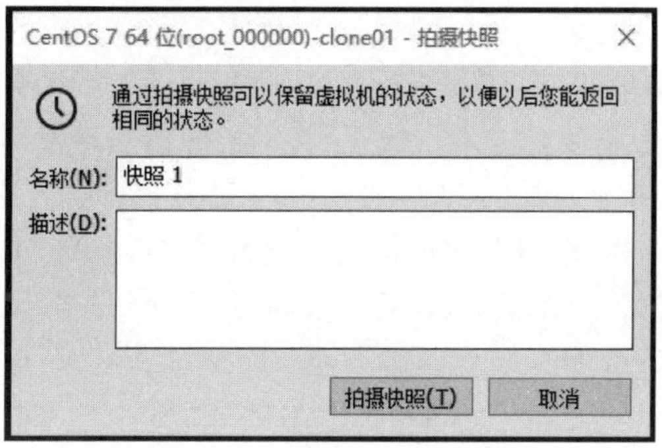

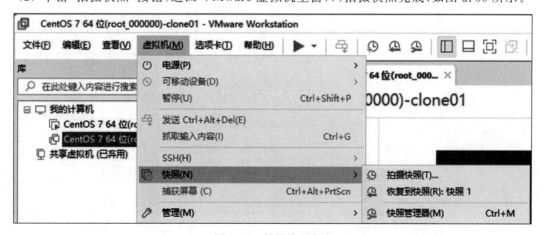

图 2.54　命名快照名称

（2）单击"拍摄快照"按钮，返回 VMware 虚拟机主窗口，拍摄快照完成，如图 2.55 所示。

图 2.55　拍摄快照完成

2.3.4　SecureCRT 与 SecureFX 配置管理

SecureCRT(Combined Rlogin and Telnet,CRT)和 SecureFX(FTP、SFTP 和 FTP over SSH2,FX)都是由 VanDyke Software 公司出品的安全外壳(Secure Shell,SSH)传输工具。SecureCRT 可以进行远程连接,SecureFX 可以进行远程可视化文件传输。

1. SecureCRT 远程连接管理 Linux 操作系统

SecureCRT 是一款支持 SSH(SSH1 和 SSH2)的终端仿真程序,简单地说,其是 Windows 操作系统中登录 UNIX 或 Linux 服务器主机的软件。

SecureCRT 支持 SSH,同时支持 Telnet 和 Rlogin 协议。SecureCRT 是一款用于连接运行 Windows、UNIX 和虚拟内存系统(Virtual Memory System,VMS)等的理想工具;通过使用内含的向量通信处理器(Vector Communication Processor,VCP),命令行程序可以进行加密文件的传输;有 CRTTelnet 客户机的所有特点,包括自动注册、对不同主机保持不同的特性、打印功能、颜色设置、可变屏幕尺寸、用户定义的键位图和优良的 VT100、VT102、VT220,以及全新微小的整合(All New Small Integration,ANSI)竞争,能在命令行中运行或在浏览器中运行。其他特点包括文本编辑、易于使用的工具条、用户的键位图编辑器、可定制的 ANSI 颜色等。SecureCRT 的 SSH 协议支持数据加密标准(Data Encryption Standard,DES)、3DES、RC4 密码,以及密码与 RSA(Rivest Shamir Adleman)鉴别。

在 SecureCRT 中配置本地端口转发,涉及本机、跳板机、目标服务器,因为本机与目标服务器不能直接进行 ping 操作,所以需要配置端口转发,将本机的请求转发到目标服务器。

(1) 为了方便操作,使用 SecureCRT 连接 Linux 服务器,选择相应的虚拟机操作系统。在 VMware 虚拟机主窗口中,选择"编辑"→"虚拟网络编辑器"选项,如图 2.56 所示。

(2) 在"虚拟网络编辑器"对话框中,选择 VMnet8 选项,设置 NAT 模式的子网 IP 地址为 192.168.100.0,如图 2.57 所示。

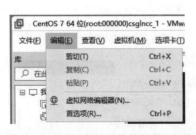

图 2.56　选择"虚拟网络编辑器"选项

图 2.57　设置 NAT 模式的子网 IP 地址

（3）在"虚拟网络编辑器"对话框中，单击"NAT设置"按钮，弹出"NAT设置"对话框，设置网关IP地址，如图2.58所示。

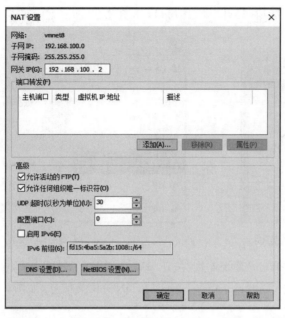

图2.58　设置网关IP地址

（4）选择"控制面板"→"网络和Internet"→"网络连接"选项，查看VMware Network Adapter VMnet8连接，如图2.59所示。

（5）选择VMnet8的IP地址，如图2.60所示。

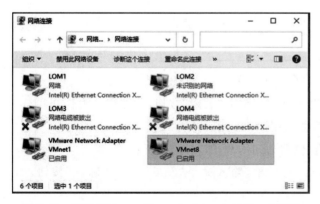

图2.59　查看VMware Network Adapter VMnet8连接　　图2.60　选择VMnet8的IP地址

（6）进入 Linux 操作系统桌面，单击桌面右上角的"启动"按钮 ，选择"有线连接 已关闭"选项，设置网络有线连接，如图 2.61 所示。

（7）选择"有线设置"选项，打开"设置"窗口，如图 2.62 所示。

图 2.61 设置网络有线连接

图 2.62 "设置"窗口

（8）在"设置"窗口中单击"有线连接"按钮 ，选择 IPv4 选项卡，设置 IPv4 信息，如 IP 地址、子网掩码、网关、域名服务(Domain Name Service，DNS)相关信息，如图 2.63 所示。

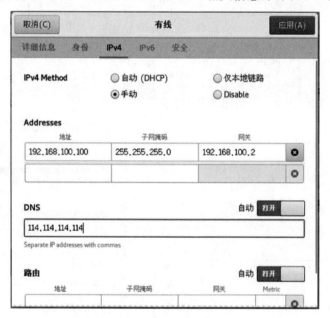

图 2.63 设置 IPv4 信息

（9）设置完成后，单击"应用"按钮，返回"设置"窗口，单击"关闭"按钮，使按钮变为打开状态。单击"有线连接"按钮 ，查看网络配置详细信息，如图 2.64 所示。

（10）在 Linux 操作系统中，使用 Firefox 浏览器访问网站，如图 2.65 所示。

（11）使用 Windows＋R 组合键打开"运行"对话框，输入命令"cmd"，单击"确定"按钮，如图 2.66 所示。

（12）使用 ping 命令访问网络主机 192.168.100.100，测试网络连通性，如图 2.67 所示。

图 2.64 查看网络配置详细信息

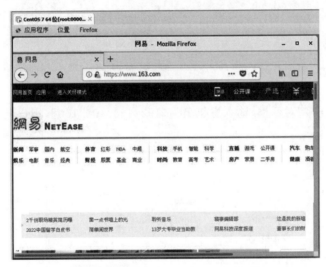

图 2.65 使用 Firefox 浏览器访问网站

图 2.66 "运行"对话框

图 2.67 访问网络主机

（13）下载并安装 SecureCRT 工具软件，如图 2.68 所示。

图 2.68　安装 SecureCRT 工具软件

（14）打开 SecureCRT 工具软件，单击工具栏中的 图标，如图 2.69 所示。

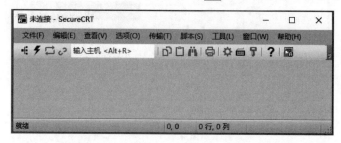

图 2.69　打开 SecureCRT 工具软件

（15）打开"快速连接"对话框，输入主机名为"192.168.100.100"，用户名为"root"，进行连接，如图 2.70 所示。

图 2.70　SecureCRT 的"快速连接"对话框

（16）打开"新建主机密钥"对话框，提示相关信息，如图 2.71 所示。

（17）单击"接受并保存"按钮，打开"输入 Secure Shell 密码"对话框，输入用户名和密码，如图 2.72 所示。

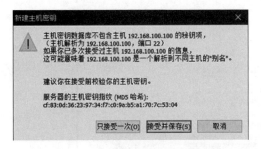

图 2.71　"新建主机密钥"对话框

图 2.72　SecureCRT 的"输入 Secure Shell 密码"对话框

（18）单击"确定"按钮，出现如图 2.73 所示结果，表示已经成功连接网络主机 192.168.100.100。

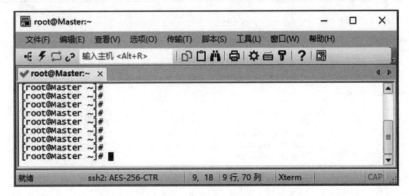

图 2.73　成功连接网络主机

2. SecureFX 远程连接文件传送配置

SecureFX 支持 3 种文件传送协议：文件传送协议（File Transfer Protocol，FTP）、安全文件传送协议（Secure File Transfer Protocol，SFTP）和 FTP over SSH2。无论用户连接的是哪种操作系统的服务器，它都能提供安全的传送服务。它主要用于 Linux 操作系统，如 Red Hat、Ubuntu 的客户端文件传送，用户可以选择利用 SFTP 通过加密的 SSH2 实现安全传送，也可以利用 FTP 进行标准传送。该客户端具有 Explorer 风格的界面，易于使用，同时提供强大的自动化功能，可以实现自动化的安全文件传送。

SecureFX 可以更加有效地实现文件的安全传送，用户可以使用其新的拖放功能直接将文件拖放至 Windows Explorer 或其他程序中，也可以充分利用 SecureFX 的自动化特性，实现无须人为干扰的文件自动传送。新版 SecureFX 采用了一个密码库，符合 FIPS 140-2 加密要求，改进了 X.509 证书的认证能力，可以轻松开启多个会话，提高了 SSH 代理的功能。

总的来说，SecureCRT 是在 Windows 操作系统中登录 UNIX 或 Linux 服务器主机的软件，SecureFX 是一款 FTP 软件，可实现 Windows 和 UNIX 或 Linux 操作系统的文件互动。

（1）下载并安装 SecureFX 工具软件，如图 2.74 所示。

（2）打开 SecureFX 工具软件，单击工具栏中的 图标，如图 2.75 所示。

（3）打开"快速连接"对话框，输入主机名为"192.168.100.100"，用户名为"root"，进行连接，如图 2.76 所示。

（4）在"输入 Secure Shell 密码"对话框中，输入用户名和密码，进行登录，如图 2.77 所示。

图 2.74　安装 SecureFX 工具软件

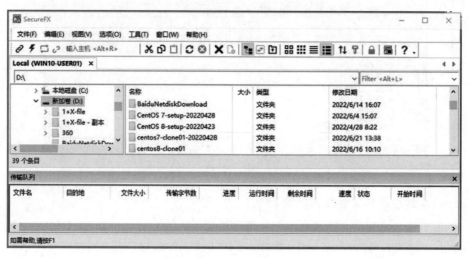

图 2.75　打开 SecureFX 工具软件

图 2.76　SecureFX 的"快速连接"对话框

图 2.77　输入用户名和密码

（5）单击"确定"按钮,弹出 SecureFX 主界面,中间部分显示乱码,如图 2.78 所示。

（6）在 SecureFX 主界面中,选择"选项"→"会话选项"选项,如图 2.79 所示。

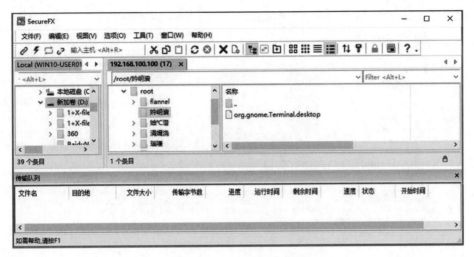

图 2.78 SecureFX 主界面

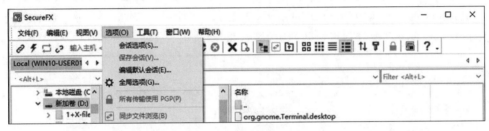

图 2.79 选择"会话选项"选项

（7）在"会话选项"对话框中，选择"外观"选项，在"字符编码"下拉列表中选择 UTF-8 选项，如图 2.80 所示。

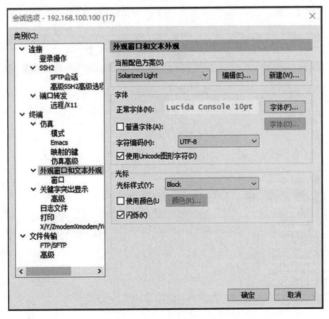

图 2.80 设置会话选项

（8）配置完成后，再次显示/boot目录配置结果，如图2.81所示。

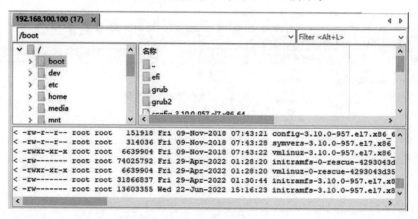

图2.81　显示配置结果

（9）将Windows 10操作系统中F盘下的文件abc.txt，传送到Linux操作系统中的/mnt/aaa目录下。在Linux操作系统中的/mnt/目录下，新建aaa文件夹。选中aaa文件夹，同时选择F盘下的文件abc.txt，并将其拖放到传送队列中，如图2.82所示。

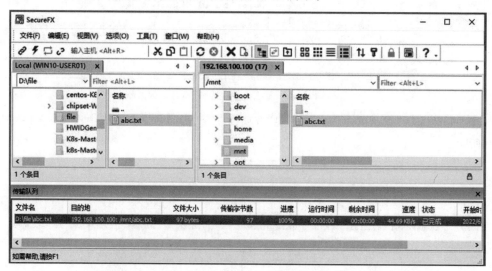

图2.82　使用SecureFX传送文件

（10）使用ls命令，查看网络主机192.168.100.100目录/mnt/aaa的传送结果，如图2.83所示。

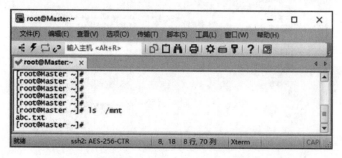

图2.83　查看网络主机目录/mnt/aaa的传送结果

2.3.5　配置和维护虚拟磁盘

硬盘是计算机最重要的硬件之一,虚拟硬盘是虚拟化的关键,虚拟硬盘为虚拟机提供存储空间。在虚拟机中,虚拟硬盘的功能相当于物理硬盘,被虚拟机当作物理硬盘使用。虚拟硬盘由一个或一组文件构成,在虚拟机操作系统中显示为物理磁盘。这些文件可以存储在主机系统或远程计算机上。每个虚拟机从其相应的虚拟磁盘文件启动并加载到内存中。随着虚拟机的运行,虚拟磁盘文件可通过更新来反映数据或状态改变。

新建虚拟机向导可创建具有一个硬盘的虚拟机。用户可以向虚拟机中添加硬盘,从虚拟机中移除硬盘,以及更改现有虚拟硬盘的设置,这里介绍为虚拟机创建一个新的虚拟硬盘。

(1) 打开虚拟机软件,选择"虚拟机"→"设置"选项,如图 2.84 所示。

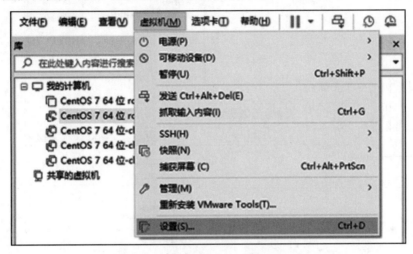

图 2.84　选择"虚拟机"→"设置"选项

(2) 弹出"虚拟机设置"对话框,如图 2.85 所示。

(3) 单击"添加"按钮,弹出"添加硬件向导"对话框,如图 2.86 所示。

(4) 在硬件类型界面中,选择"硬盘"选项,单击"下一步"按钮,进入选择磁盘类型界面,如图 2.87 所示。

(5) 选中"SCSI(推荐)"单选按钮,单击"下一步"按钮,进入选择磁盘界面,如图 2.88 所示。

(6) 选中"创建新虚拟磁盘"单选按钮,单击"下一步"按钮,进入指定磁盘容量界面,如图 2.89 所示。

(7) 设置最大磁盘大小,单击"下一步"按钮,进入指定磁盘文件界面,如图 2.90 所示。

(8) 单击"完成"按钮,完成在虚拟机中添加硬盘的工作,返回"虚拟机设置"对话框,可以看到刚刚添加的 20GB 的 SCSI 硬盘,如图 2.91 所示。

(9) 单击"确定"按钮,返回虚拟机主界面,重新启动 Linux 操作系统,再执行 fdisk -l 命令查看硬盘分区信息,如图 2.92 所示,可以看到新增加的硬盘/dev/sdb,系统识别到新的硬盘后,即可在该硬盘中建立新的分区。

图 2.85　"虚拟机设置"对话框

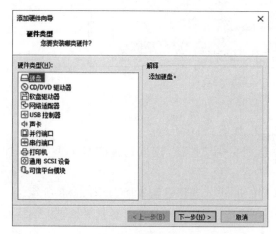

图 2.86　"添加硬件向导"对话框

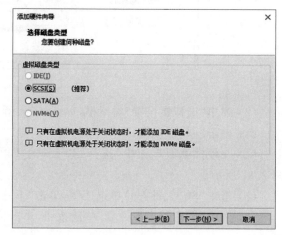

图 2.87　选择磁盘类型界面

2.3.6　在虚拟机与主机系统之间传输文件

在主机系统与虚拟机之间,以及不同虚拟机之间传输文件及文本有多种方法。

1. 使用拖放或复制粘贴功能

用户可以使用拖放功能在主机系统与虚拟机之间及不同虚拟机之间移动文件、文件夹、电子邮件附件、纯文本、带格式文本和图像。

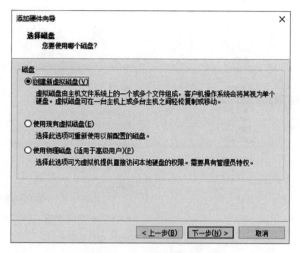

图 2.88　选择磁盘界面

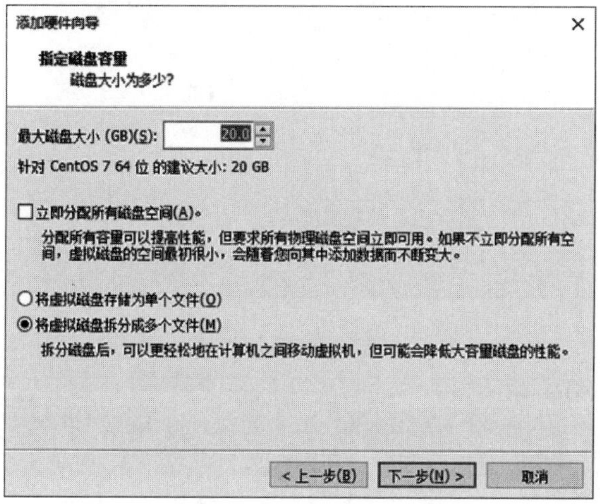

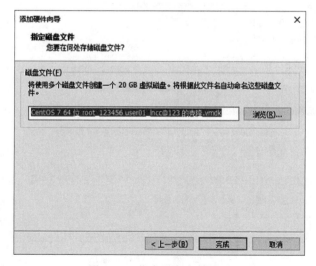

图 2.89　指定磁盘容量界面

图 2.90　指定磁盘文件界面

图 2.91 添加的 20GB 的 SCSI 硬盘

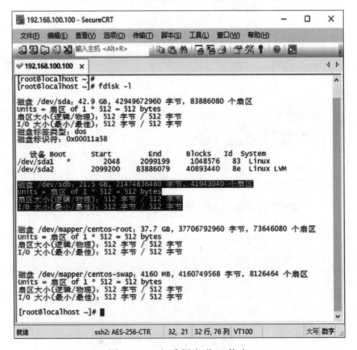

图 2.92 查看硬盘分区信息

用户可以在虚拟机之间以及虚拟机中运行的应用程序之间剪切、复制和粘贴文本。还可以在主机系统中运行的应用程序和虚拟机中运行的应用程序之间剪切、复制和粘贴图像、纯文本、带格式文本和电子邮件附件。

2. 将虚拟磁盘映射到主机系统

将虚拟磁盘映射到主机系统,即将主机文件系统中的虚拟磁盘映射为单独的映射驱动器,无须进入虚拟机就可以连接虚拟磁盘。前提是将使用该虚拟磁盘的虚拟机关机,虚拟磁盘文件未被压缩,且不具有只读权限。

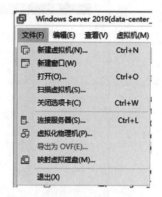

图 2.93　"映射虚拟磁盘"选项

(1) 在 VMware Workstation 界面中,从"文件"菜单中选择"映射虚拟磁盘"选项,如图 2.93 所示,弹出"映射或断开虚拟磁盘连接"对话框,如图 2.94 所示。

(2) 在"映射或断开虚拟磁盘连接"对话框中,单击"映射"按钮,弹出"映射虚拟磁盘"对话框,如图 2.95 所示,单击"浏览"按钮,选择虚拟磁盘文件,选择映射驱动器(Z:),单击"确定"按钮,返回"映射或断开虚拟磁盘连接"对话框,可以查看映射的虚拟磁盘,如图 2.96 所示。

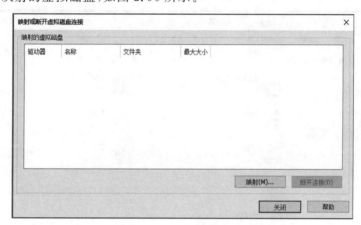

图 2.94　"映射或断开虚拟磁盘连接"对话框

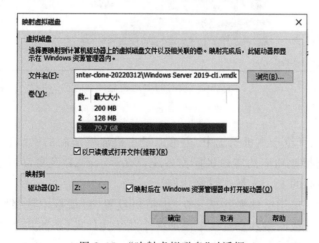

图 2.95　"映射虚拟磁盘"对话框

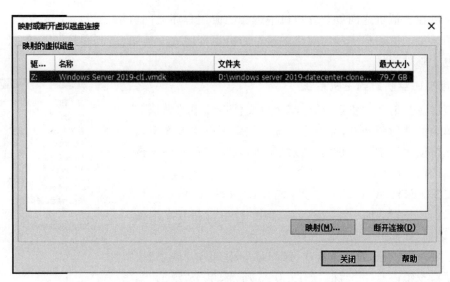

图 2.96　查看映射的虚拟磁盘

（3）此时查看主机的本地磁盘驱动器,可以看到映射的本地磁盘(Z:),如图 2.97 所示。

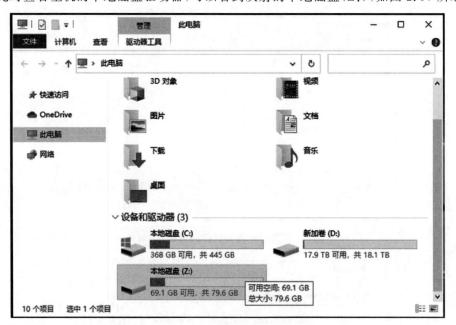

图 2.97　映射的本地磁盘(Z:)

3. 使用共享文件夹

共享文件夹的目录可位于主机系统中,也可以是主机能够访问的网络目录。要使用共享文件夹,虚拟机必须安装支持此功能的客户机操作系统,Windows XP 及更高版本的 Windows 操作系统,内核版本 2.6 或更高的 Linux 都支持该功能。

首先,配置虚拟机来启用文件夹共享。在"虚拟机设置"对话框中选择"共享文件夹"选项,然后启用它,并从主机系统或网络共享资源中添加一个共享文件夹(添加共享文件夹向导)。

然后,在该虚拟机中查看和访问共享文件夹。例如,在 Windows 客户机中可以像访问网络共享文件夹一样来访问它,注意,其通用命名规则(Universal Naming Convention,UNC)路径为\\VMware 主机\SharedFolders\共享文件夹名。

下面以虚拟机 Windows Server 2019 操作系统为例进行讲解,其操作步骤如下。

(1)启动虚拟机 Windows Server 2019 操作系统,选择 VMware 虚拟机的菜单"虚拟机"→"设置"选项,弹出"虚拟机设置"对话框,打开"选项"选项卡,如图 2.98 所示。

图 2.98　"虚拟机设置"对话框

(2)在"选项"选项卡中,在右侧"文件夹共享"区域中选择"总是启用"单选按钮,在"文件夹"区域中单击"添加"按钮,弹出"添加共享文件夹向导"对话框,如图 2.99 所示。

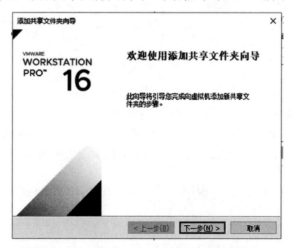

图 2.99　"添加共享文件夹向导"对话框

（3）在"添加共享文件夹向导"对话框中，单击"下一步"按钮，弹出"命名共享文件夹"对话框，如图 2.100 所示，单击"浏览"按钮，选择主机路径，输入共享文件夹的名称，再单击"下一步"按钮，弹出"指定共享文件夹属性"对话框，如图 2.101 所示。

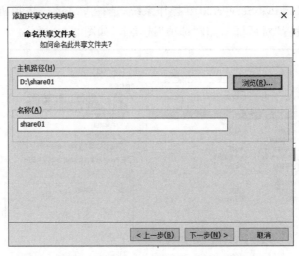

图 2.100 "命名共享文件夹"对话框

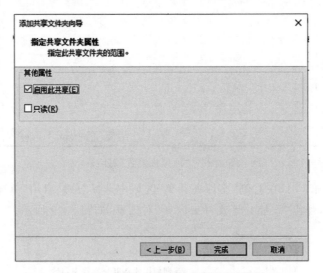

图 2.101 "指定共享文件夹属性"对话框

（4）在"指定共享文件夹属性"对话框中，在"其他属性"区域中，勾选"启用此共享"复选框，单击"完成"按钮，返回"虚拟机设置"对话框，如图 2.102 所示。

（5）此时，在虚拟机 Windows Server 2019 操作系统的本地磁盘管理器中的"网络"查看共享文件夹，或是通过 UNC 路径"\\vmware-host\Share Folders\share01"进行查看访问，如图 2.103 所示。

2.3.7 VMware Tools 安装配置

在虚拟机中安装 Windows Server 2019 操作系统完成时，Windows 并没有被激活，需要单独重新激活，此时需要使用激活工具进行注册激活，那么如何将激活工具传输到 Windows Server 2019

图 2.102　添加"文件夹共享"

图 2.103　查看"共享文件夹"

操作系统中呢？正常情况下，虚拟机中的操作系统主机是无法与普通主机进行数据传输的，那么使用什么方法可以让它们之间进行数据传输呢？可以通过以下两种方式，一种方式是通过上网，下载激活工具；另一种方式是通过安装 VMware Tools 工具，将激活工具复制到 Windows Server 2019 操作系统中进行激活。

1. 安装 VMware Tools 工具

（1）在虚拟机中选择相应的操作系统，单击鼠标右键，弹出右键菜单，如图 2.104 所示，选择

"安装 VMware Tools"选项,弹出"VMware Tools 安装程序"窗口,如图 2.105 所示。

图 2.104 虚拟机右键菜单

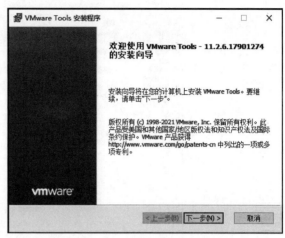

图 2.105 "VMware Tools 安装程序"窗口

(2) 在"VMware Tools 安装程序"窗口中,选择"典型安装"单选按钮,如图 2.106 所示,单击"下一步"按钮,弹出"已准备好安装 VMware Tools"窗口,如图 2.107 所示。

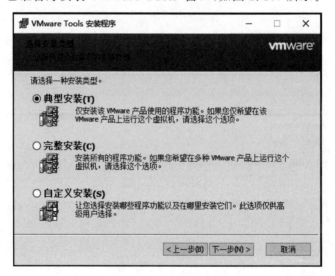

图 2.106 "选择安装类型"窗口

(3) 在"已准备好安装 VMware Tools"窗口中,单击"安装"按钮,弹出"VMware Tools 安装向导已完成"窗口,如图 2.108 所示。

2. 激活 Windows 操作系统

激活 Windows 操作系统,其操作过程如下。

(1) 在 Windows 操作系统桌面上,选择"此电脑"图标,单击鼠标右键,在弹出的快捷菜单中,选择"属性"选项,弹出"系统"窗口,在"Windows 激活"区域中,选择"更改产品密钥"选项,弹出"输入产品密钥"窗口,输入产品密钥,如图 2.109 所示,单击"下一步"按钮,弹出"激活 Windows"窗口,如图 2.110 所示,单击"激活"按钮,激活 Windows 操作系统,返回"系统"窗口,如图 2.111 所示。

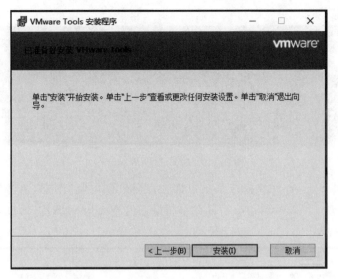

图 2.107　"已准备好安装 VMware Tools"窗口

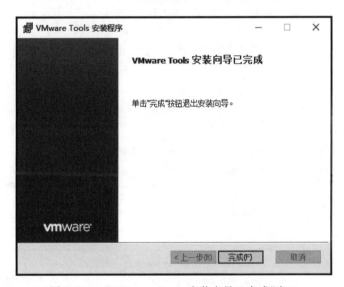

图 2.108　"VMware Tools 安装向导已完成"窗口

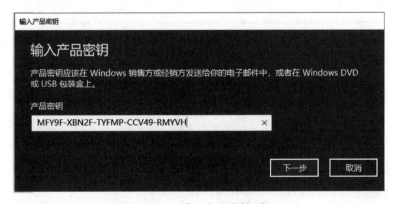

图 2.109　"输入产品密钥"窗口

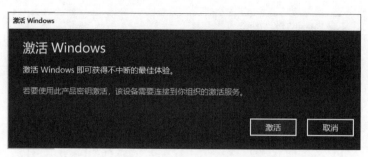

图 2.110 完成激活 Windows

(2) 在 Windows Server 2019 操作系统桌面上,选择"此电脑"图标,单击鼠标右键,弹出右键菜单,选择"属性"选项,查看 Windows 产品激活情况,在"Windows 激活"区域,可以查看 Windows 已激活,如图 2.111 所示。

图 2.111 查看 Windows 产品激活情况

课后习题

1. 选择题

(1) 下面不是 VMware Workstation 优点的是(   )。

    A. 计算机虚拟能力、性能与物理机隔离效果非常优秀

    B. 功能非常全面,倾向于计算机专业人员使用

    C. 操作界面简单明了,适用各种计算机领域的用户

    D. 使用时占用物理机资源较大

(2) VMware Workstation 安装系统的内存至少是(　　)。

    A. 1GB　　　　　　B. 2GB　　　　　　C. 4GB　　　　　　D. 8GB

(3) 一台 Windows 计算机最多可创建(　　)个虚拟网络。

    A. 4　　　　　　　B. 8　　　　　　　C. 16　　　　　　　D. 20

(4) 对于 NAT 模式的虚拟网络,可以设置 NAT,实现虚拟网络中的虚拟机共享主机的一个 IP 地址,连接到主机外部网络,只允许有一个虚拟网络采用 NAT 模式,默认的是(　　)。

    A. VMnet8　　　　B. VMnet2　　　　C. VMnet1　　　　D. VMnet0

(5) 【多选】VMware Workstation 虚拟网络模式包括(　　)。

    A. 桥接模式　　　　B. NAT 模式　　　　C. 路由模式　　　　D. 仅主机模式

2. 简答题

(1) 简述 VMware Workstation 虚拟网络组件。

(2) 简述 VMware Workstation 虚拟网络结构。

(3) 简述 VMware Workstation 虚拟网络模式。

项目3

桌面虚拟化技术

学习目标

- 掌握桌面虚拟化技术概述、云桌面基础知识、云桌面的基本架构以及远程桌面服务基础知识等相关理论知识。
- 掌握安装 RDS 服务器、发布应用程序的方法。
- 掌握客户端使用 RDWeb 访问 RDS 服务器、远程桌面管理服务器等相关知识与技能。

3.1 项目陈述

桌面虚拟化是指将计算机的桌面进行虚拟化,以达到桌面使用的安全性和灵活性。可以通过任何设备、在任何地点、任何时间访问在网络上属于个人的桌面系统。作为虚拟化的一种方式,由于所有的计算都放在服务器上,因此对终端设备的要求大大降低。云桌面的核心技术是桌面虚拟化,桌面虚拟化不是给每个用户都配置一台运行 Windows 的桌面 PC,而是在数据中心部署桌面虚拟化服务器来运行个人操作系统,通过特定的传输协议将用户在终端设备上键盘和鼠标的动作传输给服务器,并在服务器接收指令后将运行的屏幕变化传输回瘦终端设备。本章讲解桌面虚拟化技术概述、云桌面基础知识、云桌面的基本架构以及远程桌面服务基础知识等相关理论知识,项目实践部分讲解安装 RDS 服务器、发布应用程序、客户端使用 RDWeb 访问 RDS 服务器以及远程桌面管理服务器等相关知识与技能。

3.2 必备知识

3.2.1 桌面虚拟化技术概述

通过桌面虚拟化技术这种管理架构,用户可以获得改进的服务,并拥有充分的灵活性。例如,在办公室或出差时可以使用不同的客户端使用存放在数据中心的虚拟机展开工作,IT 管理人员通过虚拟化架构能够简化桌面管理,提高数据的安全性,降低运维成本。综上所述,桌面虚拟化的特性如下。

(1) 很多设备都可以成为桌面虚拟化的终端载体。

(2) 一致的用户体验。无论在任何地点,所接触到的用户接口是一致的,这才是真正的用户体验。

(3) 按需提供的应用。不是全部先装在虚拟机里面,而是使用时随时安装。

(4) 对不同类型的桌面虚拟化,能够100%地满足用户需求。

(5) 集成的方案,通过模块化的功能单元实现应用虚拟化,满足不同场景的用户需求。

(6) 开放的体系架构能够让用户自己去选择。从虚拟机的管理程序到维护系统,再到网络系统,用户可以自由选择。

用户对于类似虚拟桌面的体验并不陌生,其前身可以追溯到 Microsoft 在其操作系统产品中提供的终端服务和远程桌面,但是它们在实际应用中存在着不足。例如,之前的终端服务只能够对应用进行操作,而远程桌面则不支持桌面的共享。提供桌面虚拟化解决方案的主要厂商包括 Microsoft、VMware、Citrix。

根据云桌面不同的实现机制,从实现架构角度来说,目前主流云桌面技术可分为两类:虚拟桌面基础架构(Virtual Desktop Infrastructure,VDI)方式和虚拟操作系统架构(Virtual OS Infrastructure,VOI)方式。

1. 虚拟桌面基础架构

存储虚拟化技术是云存储的核心技术。通过存储虚拟化方法,把不同厂商、不同型号、不同通信技术、不同类型的存储设备互连起来,将系统中各种异构的存储设备映射为一个统一的存储资源池。存储虚拟化技术能够对存储资源进行统一分配管理,又可以屏蔽存储实体间的物理位置以及异构特性,实现了资源对用户的透明性,降低了构建、管理和维护资源的成本,从而提升云存储系统的资源利用率。虚拟桌面基础架构(VDI)是在数据中心通过虚拟化技术为用户准备好安装 Windows 或其他操作系统和应用程序的虚拟机。

用户从客户端设备使用桌面显示协议与远程虚拟机进行连接,每个用户独享一个远程虚机。所有桌面应用和运算均发生在服务器上,远程终端通过网络将鼠标、键盘信号传输给服务器,而服务器则通过网络将输出的信息传到终端的输出设备(通常只是输出屏幕信息),图形显示效率以及终端外设兼容性成为瓶颈。VDI 典型架构示意图如图3.1所示。

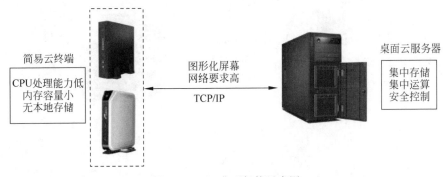

图 3.1 VDI 典型架构示意图

基于 VDI 的虚拟桌面解决方案的原理是在服务器侧为每个用户准备其专用的虚拟机并在其中部署用户所需的操作系统和各种应用,然后通过桌面显示协议将完整的虚拟机桌面交付给远程的用户。

VDI 桌面云解决方案采用"集中计算,分布显示"的原则,支持客户端桌面工作负载(操作系统、应用程序、用户数据)托管在数据中心的服务器上,用户通过支持远程桌面协议的客户端设备与虚拟桌面进行通信。每个用户都可以通过终端设备来访问个人桌面,从而大大改善桌面使用的灵活性。VDI 解决方案的基础是服务器虚拟化。服务器虚拟化主要有完全虚拟化和部分虚拟化两种方法:完全虚拟化能够为虚拟机中的操作系统提供一个与物理硬件完全相同的虚拟硬件环境;部分虚拟化则需要在修改操作系统后再将其部署进虚拟机中。

VDI 旨在为智能分布式计算带来出色的响应能力和定制化的用户体验,并通过基于服务器的模式提供管理和安全优势,它能够为整个桌面映像提供集中化的管理,VDI 的主要特点如下。

(1) 集中管理、集中运算。VDI 是目前主流部署方式,但对网络、服务器资源、存储资源压力较大,部署成本相对较高。

(2) 安全可控。数据集中存储,保证数据安全;丰富的外设重定向策略,使所有的外设使用均在管理员的控制之下,多重安全保证。

(3) 多种接入方式。具有云终端、计算机、智能手机等多种接入方式,随时随地接入,获得比笔记本更便捷的移动性。

(4) 降低运维成本。云终端的价格低廉,节电省耗,机身小巧,无须风扇散热,无噪声干扰,低辐射,绿色节能健康环保;集中统一化及灵活的管理模式,实现终端运维的简捷化,大大降低 IT 管理人员日常维护工作量。

2. 虚拟操作系统架构

虚拟操作系统架构(VOI),也称为物理 PC 虚拟化或虚拟终端管理。VOI 充分利用用户本地客户端,桌面操作系统和应用软件集中部署在云端,启动时云端以数据流的方式将操作系统和应用软件按需传送到客户端,并在客户端执行运算。

VOI 中计算发生在本地,桌面管理服务器仅作管理使用。桌面需要的应用收集到服务器来集中管理,在客户端需要时将系统环境调用到本地供其使用,充分利用客户端自身硬件的性能优势实现本地化运算,用户感受、图形显示效率以及外设兼容性均与本地 PC 一致,且对服务器要求极低。VOI 典型架构示意图,如图 3.2 所示。

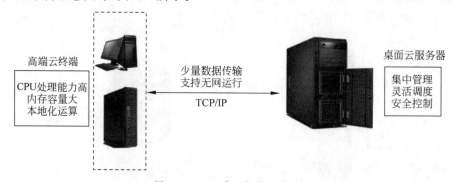

图 3.2　VOI 典型架构示意图

相对 VDI 的全部集中来说,VOI 是合理的集中。VDI 的处理能力与数据存储均在云端,而VOI 的处理能力在客户端,存储可以在云端,也可以在客户端。VOI 的主要特点如下。

(1) 集中管理、本地运算。完全利用本地计算机的性能,保障了终端系统及应用的运行速度;

能够良好地运行大型图形设计软件和高清影像等,对视频会议支持良好,全面兼容各种业务应用;提升用户的连续性,实现终端离线应用,即使断网终端也可继续使用,不会出现黑屏;单用户镜像异构桌面交付,可在单一用户镜像中支持多种桌面环境,为用户随需提供桌面环境。

(2) 灵活管理,安全保障。安装简易、维护方便、应用灵活,可以在线更新或添加新的应用,客户机无须关机,业务保持连续性;系统可实现终端系统的重启恢复,从根本上保障终端系统及应用的安全;丰富的终端安全管理功能,如应用程序控制、外设控制、资产管理等,保护终端安全;良好的信息安全管理,系统可实现终端数据的集中、统一存储,也可实现分散的本地存储;可利用系统的磁盘加密等功能防止终端数据外泄,保障终端数据安全。

(3) 降低运维成本。集中统一化及灵活的管理模式,实现终端运维的简捷化,大大降低了IT管理人员日常维护工作量;软件授权费用降低,不需要额外购买版权费用;不需要用户改变使用习惯,也无须对用户进行相关培训。

VDI与VOI在终端桌面交付、硬件等方面的对比情况,如表3.1所示。

表 3.1 VDI 与 VOI 对比

项 目	VDI	VOI
终端桌面交付	分配虚拟机作为远程桌面	分配虚拟系统镜像
硬件差异	无视	驱动分享、PNP 等技术
远程部署及使用	原生支持(速度慢)	盘网双待、全盘缓存
窄带环境下使用	原生支持	离线部署、全盘缓存
离线使用	不支持	盘网双待、全盘缓存
终端图形图像处理	不理想	完美支持
移动设备支持	支持	不支持
使用终端本地资源	不支持	完美支持
同时利用服务器资源及本地资源	不支持	不支持

VOI充分利用终端本地的计算能力,桌面操作系统和应用软件集中部署在云端,启动时云端以数据流的方式将操作系统和应用软件按需传送到客户端,并在客户端执行运算。VOI可获得和本地PC相同的使用效果,也改变了PC无序管理的状态,具有和VDI相同的管理能力和安全性。

VOI支持各种计算机外设以适应复杂的应用环境及未来的应用扩展,同时,对网络和服务器的依赖性大大降低,即使网络中断或服务器宕机,终端也可继续使用,数据可实现云端集中存储,也可终端本地加密存储,且终端应用数据不会因网络或服务端故障而丢失。VDI的大量使用给用户带来了便利性与安全性,VOI补足了高性能应用及网络状况不佳时的应用需求,并实现对原有PC的统一管理,所以最理想的方案是VDI+VOI融合,将两种主流桌面虚拟化技术结合。实现资源合理的集中、高性能桌面等场景使用VOI;占用网络带宽小、接入方式多样、接入终端配置低、硬件产品年代久、用户需要快速接入桌面等场景使用VDI。

总体来说,在VDI+VOI融合解决方案中,VOI补充了VDI所缺失的高计算能力、3D设计场景,VDI补充了VOI移动办公、弹性计算、高集中管控的场景,融合解决方案使得用户可以在任意终端、任意地点、任意时间接入使用云桌面,满足各行业用户移动办公需求。

3. 桌面云应用场景

任何行业都可以通过搭建桌面云平台来体验全新的办公模式,既可告别PC采购的高成本、能耗的居高不下,又可享受与PC同样流畅的体验。只要能看到办公计算机的地方,PC主机统统可

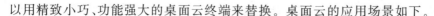

以用精致小巧、功能强大的桌面云终端来替换。桌面云的应用场景如下。

(1) 用于日常办公,成本更低、运维更少。

① 桌面云在办公室,噪声小、能耗低、故障少,多终端随时随地开展移动办公。

② 桌面云在会议室或者培训室,提供管理简便、绿色环保的工作环境。

③ 桌面云在工厂车间,IT 故障出现实时解决,打造高标准的数字化车间。

(2) 搭建教学云平台,统一管理教学桌面、快速切换课程内容。

① 桌面云用在多媒体教室,桌面移动化,备课、教学随时随地。

② 桌面云用在学生机房、电子阅览室,管理员运维工作更少,桌面环境切换更快。

(3) 用于办事服务大厅或营业厅,提升工作效率和服务质量。

桌面云用在柜台业务单一化的办事服务大厅或营业厅,可让工作人员共享同一套桌面或应用,满足快速办公需求。

(4) 实现多网隔离,轻松实现内网办公、互联网安全访问。

桌面云还能实现多网的物理隔离或者逻辑隔离,对于桌面安全性要求极高的组织单位非常适合。

3.2.2 云桌面基础知识

计算机桌面是指启动计算机并登录到操作系统后看到的主屏幕区域。就像我们实际工作台的桌面一样,它是用户工作的平面。用户可以将一些项目(如文件和文件夹)放在桌面上,并且随意排列它们。

云桌面也是一个显示在用户终端屏幕上的桌面,但云桌面不是由本地一台独立的计算机提供的,而是由网络中的服务器提供的。云桌面是一种将用户桌面操作系统与实际终端设备相分离的全新计算模式。它将原本运行在用户终端上的桌面操作系统和应用程序托管到服务器端运行,并由终端设备通过网络远程访问,而终端本身仅实现输入/输出与界面显示功能。通过桌面云可实现桌面操作系统的标准化和集中化管理。

在桌面云系统中,云桌面是由服务器提供的,所有的数据计算转移到服务器上,用户终端通过网络连接服务器获取云桌面并显示桌面内容,同时接受本地键盘、鼠标等外设的输入操作。桌面云系统中的服务器能同时为不同的终端提供不同类型的桌面(如 Windows 桌面、Linux 桌面等)。

桌面云是通过桌面的终端设备来访问云端的应用程序或者访问云端整个虚拟桌面的形式。桌面云的构建一般需要依托于桌面虚拟化技术。在 IBM 云计算智能商务桌面的介绍中,对于桌面云的定义是:"可以通过瘦客户端或者其他任何与网络相连的设备来访问跨平台的应用程序,以及整个用户桌面。"云桌面系统中的终端用户借助于客户端设备(或其他任何可以连接网络的移动设备),通过浏览器或者专用程序访问驻留在服务器的个人桌面,就可以获得和传统的本地计算机相同的用户体验。云桌面的实施可显著提高数据安全管理水平、降低软硬件管理和维护成本、降低终端能源消耗,是目前云计算产业链的重要发展方向。

1. 云桌面优势

据互联网数据中心(Internet Data Center,IDC)统计,近年来 PC 出货量持续下滑,流失的 PC 销量主要流向两个方向,个人市场流向了移动平板,企业市场流向了云桌面。相对来说,云桌面(瘦终端)的市场稳步增长,年复合增长率大于 7%。可以预见,云桌面会掀起未来 PC 行业的改革

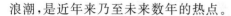

浪潮,是近年来乃至未来数年的热点。

与传统本地计算机桌面工作方式比较,基于桌面虚拟化技术的云桌面具有以下优势。

(1) 工作桌面集中维护和部署,桌面服务能力和工作效率提高。

(2) 业务数据远程隔离,有效保护数据安全。

(3) 多终端多操作系统的接入,方便用户使用。

云桌面和传统 PC 在硬件、网络、可管理性、安全性等方面的比较,如表 3.2 所示。

表 3.2　云桌面与传统 PC 的对比

项　目	云　桌　面	传　统　PC
硬件要求	客户端要求很低,仅需要简单终端设备、显示设备和输入/输出设备;服务器端需要较高配置	终端对于硬件要求较高,需要强大的处理器、内存及硬盘支持;服务器端根据实际业务需要弹性变化
网络要求	单个虚拟桌面的网络带宽需求低;但如果没有网络,独立用户终端将无法使用	对于网络带宽属于非稳定性需求,当进行数据交换时带宽要求较高;在没有网络的情况下,可独立使用
可管理性	可管理性强。终端用户对应用程序的使用可通过权限管理;后台集中式管理,客户端设备趋于零管理;远程集中系统升级与维护,只需要安装升级虚拟机与桌面系统模板,瘦客户机自动更新桌面	用户自由度比较大。使用者的管理主要是通过行政手段进行;客户端设备管理工作量大;客户端配置不统一,无统一管理平台,不利于统一管理;系统安装与升级不方便
安全性	本地不存储数据,不进行数据处理,数据不在网络中流动,没有被截获的危险,且传输的屏幕信息经过高位加密;由于没有内部软驱、光驱等,防止了病毒从内部对系统的侵害,采用专用的安全协议,实现设备与操作人员身份双认证	数据在网络中流动,被截获的可能性大;本机面临计算机病毒、各类威胁和破坏,病毒传入容易,对病毒的监测不易;没有统一的日志和行为记录,不利于安全审计;操作系统和通信协议漏洞多,认证系统不完善
升级压力	终端设备没有性能不足的压力,升级要求小,整个网络只有服务器需要升级,生命周期为 5 年左右,升级压力小	由于机器硬件性能不足而引起硬件升级或淘汰,生命周期为 3 年左右,设备升级压力大,对于网络带宽也有升级要求
维护成本	没有易损部件,硬件故障的可能性极低;远程技术支持或者更换新的瘦客户机设备;通过策略部署,出现问题实时响应	维护、维修费用高;安装系统与软件修复及硬件更换周期长;自主维护或外包服务响应均需较长时间
节能减排	云终端电量消耗很小,环境污染减少	独立 PC 电量消耗很大,集中开启还需要空调制冷

2. 桌面云的业务价值

桌面云的业务价值很多,除了前面所提到的用户可以随时随地访问桌面以外,还有下面一些重要的业务价值。

(1) 集中管理。在桌面云解决方案里,管理是集中化的,IT 工程师通过控制中心管理成百上千的虚拟桌面,所有的更新、打补丁都只需要更新一个基础镜像就可以了,修改镜像只需要在几个基础镜像上进行,这样大大节约了管理成本。

(2) 安全性高。在桌面云解决方案里,所有的数据以及运算都在服务器端进行,客户端只是显示其变化的影像而已,所以不需要担心客户端非法窃取资料。IT 部门根据安全挑战制作出各种各样的新规则,这些新规则可以迅速地作用于每个桌面。

(3) 应用环保。采用云桌面解决方案以后,每个瘦客户端的电量消耗量只有原来传统个人桌

面的 8%，所产生的热量也大大减少，低碳环保的特点非常明显。

(4) 成本减少。相比传统个人桌面而言，桌面云在整个生命周期管理的管理、维护和能量消耗等方面的成本大大降低了。在硬件成本方面，桌面云应用初期硬件上的投资是比较大的，但从长远来看，与传统桌面的硬件成本相比，云桌面的总成本相比传统桌面可以减少 40%。

3. 普通桌面、虚拟化桌面和移动化桌面

(1) 普通桌面。以 PC 或便携机为代表，终端作为 IT 服务提供的载体，每个用户拥有单独的桌面终端，大部分用户数据保存在终端设备上。终端拥有比较强的计算、存储能力，基于个人实现便捷、灵活的业务处理和服务访问。

(2) 虚拟化桌面。通过虚拟化的方式访问应用和桌面，数据统一存放在云计算数据中心，终端设备可以是非常简单、标准的小盒子。IT 服务覆盖后端和前端，提高端到端 IT 服务的效率，通过社交与工作的有效融合，实现"永远在线"。

(3) 移动化桌面。将企业 IT 应用与移动终端融合，数据存放在企业沙箱中，进行安全受控。通过企业和个人移动终端 App 交付、应用和内容管理，实现随时随地、无缝的业务访问，从而带来更多的服务创新和增值。

3.2.3 云桌面的基本架构

云桌面系统不是简单的一个产品，而是一种基础设施，其组成架构较为复杂，也会根据具体应用场景的差异以及云桌面提供商的不同有不同的形式。通常云桌面系统可以分为终端设备层、网络接入层、云桌面控制层、虚拟化平台层、硬件资源层和应用层 6 个部分。云桌面系统基本架构示意图，如图 3.3 所示。

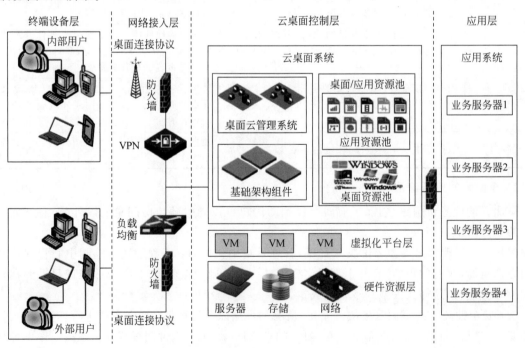

图 3.3 云桌面系统基本架构示意图

1. 终端设备层

终端设备层主要包括通过企业内部网络和外部网络访问云桌面的各类终端,通常有瘦客户机、移动设备、办公 PC 和利旧 PC 等。

2. 网络接入层

网络接入层主要负责将远程桌面输出到终端用户的显示器,并将终端用户通过键盘、鼠标以及语音输入设备等输入的信息传送到虚拟桌面。云桌面提供了各种接入方式供用户连接。

3. 云桌面控制层

云桌面控制层以企业作为独立的管理单元为企业管理员提供桌面管理的能力,管理单元则由云桌面的系统级管理员统一管理。安全要求包括网络安全要求和系统安全要求。网络安全要求是对云桌面系统应用中与网络相关的安全功能的要求,包括传输加密、访问控制、安全连接等。系统安全要求是对云桌面系统软件、物理服务器、数据保护、日志审计、防病毒等方面的要求。

4. 虚拟化平台层

虚拟化平台是云计算平台的核心,也是云桌面的核心,承担着云桌面的"主机"功能。对于云计算平台上的服务器,通常都是将相同或者相似类型的服务器组合在一起作为资源分配的母体,即所谓的服务器资源池。在服务器资源池上,通过安装虚拟化软件,让计算资源能以一种虚拟服务器的方式被不同的应用使用。

5. 硬件资源层

硬件资源层由多台服务器、存储和网络设备组成,为了保证云桌面系统正常工作,硬件基础设施组件应该同时满足 3 个要求:高性能、大规模、低开销。

6. 应用层

根据企业特定的应用场景,云桌面系统中可以根据企业的实际需要部署相应的应用系统,如 Office、财务应用软件、Photoshop 等,确保给特定的用户(群)提供同一种标准桌面和标准应用。云桌面架构通过提供共享服务的方式来提供桌面和应用,以确保在特定的服务器上提供更多的服务。

3.2.4　远程桌面服务基础知识

在企业中部署大量的计算机,不仅投资大,维护也十分困难,通过在终端服务的基础上将桌面和应用程序虚拟化,可以极大地提高员工的工作效率,降低企业成本。

1. 远程桌面服务简介

微软公司推出的远程桌面服务(Remote Desktop Service,RDS)是微软公司的桌面虚拟化解决方案的统称。管理员在 RDS 服务器上集中部署应用程序,以虚拟化的方式为用户提供访问,用户不用再在自己的计算机上安装应用程序。

RDS 是云桌面技术之一,属于共享云桌面,所有人共用一个操作系统。当用户在远程桌面调用位于 RDS 服务器上的应用程序时,就像在自己的计算机上运行一样,但实际上使用的是服务器的资源,即使用户计算机的配置较低,也不用更换计算机,这样就节约了企业的成本,减少了维护成本和复杂性。RDS 服务分为终端和中心服务器,中心服务器为终端提供服务及资源终端。

RDS 的终端主要包含如下类型。

(1) 瘦客户机。一种小型计算机,没有高速的 CPU 和大容量的内存,没有硬盘,使用固化的小型操作系统,通过网络使用服务器的计算和存储资源。

(2) 个人计算机(Personal Computer,PC)。通过安装并运行终端仿真程序,PC 可以连接并使用服务器的计算和存储资源。

(3) 手机终端。一种手机无线网络收发端的简称,包含发射器(手机)、接收器(网络服务器)。通过手机使用远程桌面协议(Remote Desktop Protocol,RDP)。远程桌面连接 PC,只要输入相应的登录账号、密码、Port 等信息,连接后就可以控制家里或企业中的计算机并处理事务了。

RDS 是流行的云桌面技术,其应用场景众多。RDS 是 RDP 的升级版,其所连接 Windows 系统桌面的体验效果、稳定性、安全性总体比 RDP 好。适合简单办公、教学、展厅、阅览室、图书馆等无软件兼容要求,且网络稳定的等场景。

2. RDS 的组件及其功能介绍

RDS 包括 6 个组件,即远程桌面连接代理(Remote Desktop Connection Broker,RDCB)、远程桌面网关(Remote Desktop Gateway,RDG)、远程桌面 Web 访问(Remote Desktop Web Access、RDWA)、远程桌面虚拟化主机(Remote Desktop Virtualization Host,RDVH)、远程桌面会话主机(Remote Desktop Session Host,RDSH)及远程桌面授权服务器(Remote Desktop License Server,RDLS)。

(1) RDCB 负责管理到 RDSH 集合的传入远程桌面连接,以及控制到 RDVH 集合和 RemoteApp 的连接。

(2) RDG 使得来自互联网的用户可以安全地访问内部的 Windows 桌面和应用程序。

(3) RDWA 为用户提供一个单一的 Web 入口,使得用户可以通过该入口访问 Windows 桌面和发布出来的应用程序。使用 RDWA 可以将 Windows 桌面和应用程序发布给各种 Windows 和非 Windows 客户端设备,还可以选择性地发布给特定的用户组。

(4) RDVH 提供个人或池化 Windows 桌面宿主服务,使得用户可以像使用 PC 一样使用其上的虚拟机,可以提供管理员权限,给用户带来更大的自由度。

(5) RDSH 提供基于会话的远程桌面和应用程序集合,使得众多用户可以同时使用一台服务器,但用户不具备管理权限。

(6) RDLS 提供远程桌面连接授权,授权方式可以是"每设备"或"每用户"。在不激活授权服务器的情况下,提供 120 天试用期。过期后,客户端将不能访问远程桌面。

除了以上 RDS 组件以外,根据不同的部署模型,还会应用到 SQL Server、File Server、网络负载均衡服务等。RDS 部署的前提条件,也是充要条件,即安装活动目录。

3.3 项目实施

3.3.1 安装 RDS 服务器

安装 RDS 服务器,其具体操作步骤如下。

(1) 以管理员账户登录域控制器 server-01,打开"服务器管理器"窗口,选择"管理"→"添加角色和功能"选项,弹出"添加角色和功能向导"窗口,单击"下一步"按钮,弹出"选择安装类型"窗口,如图 3.4 所示,选择"远程桌面服务安装"单选按钮,单击"下一步"按钮,弹出"选择部署类型"窗口,如图 3.5 所示。

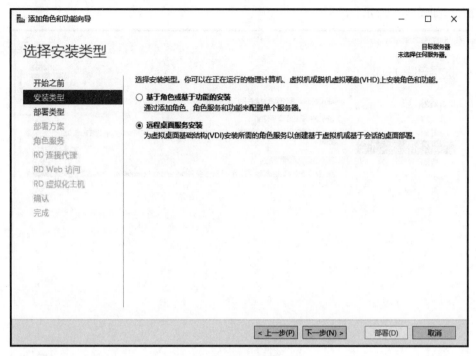

图 3.4 "选择安装类型"窗口

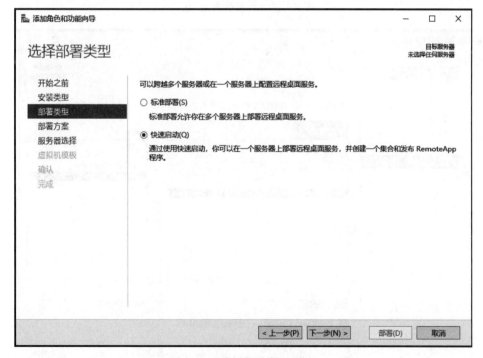

图 3.5 "选择部署类型"窗口

（2）在"选择部署类型"窗口中，选择"快速启动"单选按钮，单击"下一步"按钮，弹出"选择部署方案"窗口，如图 3.6 所示，选择"基于会话的桌面部署"单选按钮，单击"下一步"按钮，弹出"选择服务器"窗口，如图 3.7 所示。

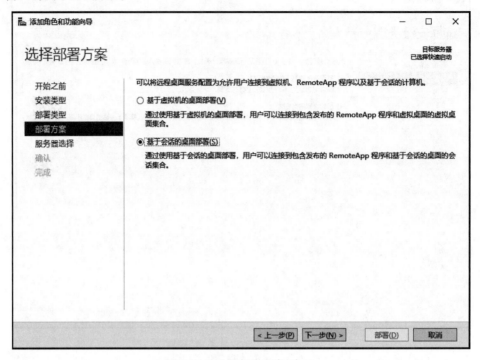

图 3.6　"选择部署方案"窗口

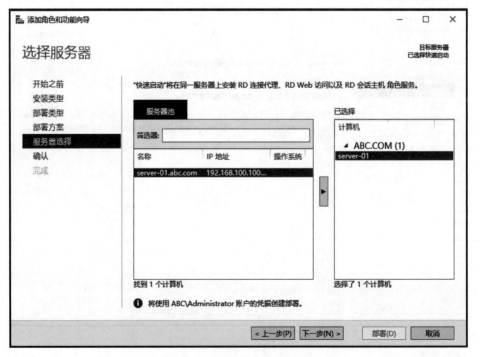

图 3.7　"选择服务器"窗口

（3）在"选择服务器"窗口中,选择服务器,单击"下一步"按钮,弹出"确认选择"窗口,如图 3.8 所示,勾选"需要时自动重新启动目标服务器"复选框,单击"部署"按钮,弹出"查看进度"窗口,如图 3.9 所示,安装完成后,单击"关闭"按钮即可。

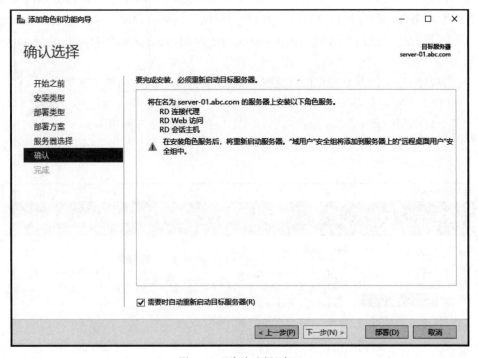

图 3.8 "确认选择"窗口

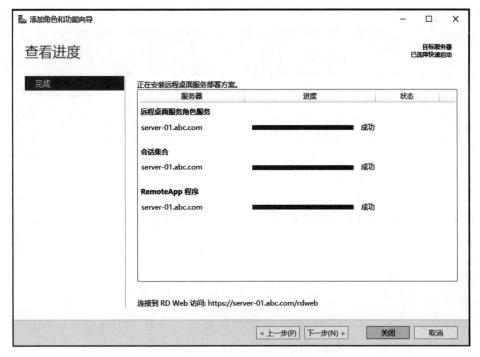

图 3.9 "查看进度"窗口

3.3.2 发布应用程序

利用远程网络可以建立一个安全隔离的移动办公环境,利用 RDS 的 RemoteApp 功能,可以执行远程 RDS 服务器上的应用程序,并将应用程序界面反映到客户端显示屏上。远程登录权限按用户级别分离,仅允许一般用户可以访问 RemoteApp 应用,允许高级用户可以访问 RDS 服务器的桌面。

发布应用程序,这里以谷歌发布的浏览器为例进行介绍,其具体操作步骤如下。

(1) 以管理员账户身份登录域控制器 server-01,打开"服务器管理器"窗口,选择"远程桌面服务"→"集合"→QuickSessionCollection 选项,如图 3.10 所示,在右侧"RemoteApp 程序"区域,选择"任务"下拉菜单,选择"发布 RemoteApp 程序"选项,弹出"选择 RemoteApp 程序"窗口,如图 3.11 所示。

图 3.10　QuickSessionCollection 窗口

(2) 在"选择 RemoteApp 程序"窗口中,选择"双核浏览器"复选框,单击"下一步"按钮,弹出"确认"窗口,如图 3.12 所示,选择"双核浏览器"选项,单击"发布"按钮,弹出"完成"窗口,如图 3.13 所示,单击"关闭"按钮,返回"RemoteApp 程序"窗口,如图 3.14 所示,可以看到"双核浏览器"在 RDWeb 访问中是可以的。

3.3.3 客户端使用 RDWeb 访问 RDS 服务器

配置好 RDS 服务器后,可以在客户端主机(Win10-user01)通过 RDWeb 访问服务器分发的程序,就像访问本应用程序一样。

1. 访问 RDS 服务器

在客户端主机(Win10-user01)使用 RDWeb 访问 RDS 服务器,其具体操作步骤如下。

(1) 打开客户端浏览器,在地址栏中输入"https://192.168.100.100/rdweb",192.168.100.100 是 RDS 服务器(server-01)的地址,弹出"此站点不安全"窗口,如图 3.15 所示,选择"转到此网页(不推

图 3.11 "选择 RemoteApp 程序"窗口

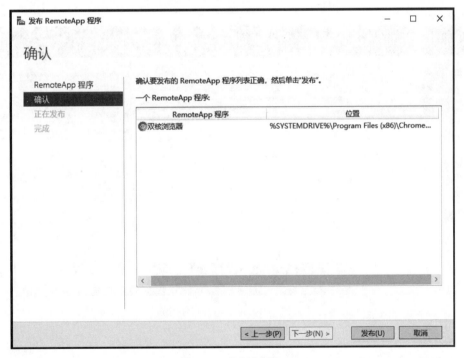

图 3.12 "确认"窗口

荐)"选项,继续浏览该网站,连接 RDS 服务器,弹出 Work Resources 登录窗口,如图 3.16 所示。

(2) 在 Work Resources 登录窗口中输入域用户名和密码,单击"登录"按钮,弹出 Work Resources 资源访问窗口,如图 3.17 所示,选择"双核浏览器",弹出"正在启动你的应用"窗口,

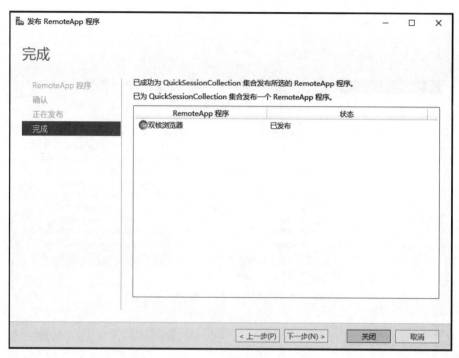

图 3.13 "完成"窗口

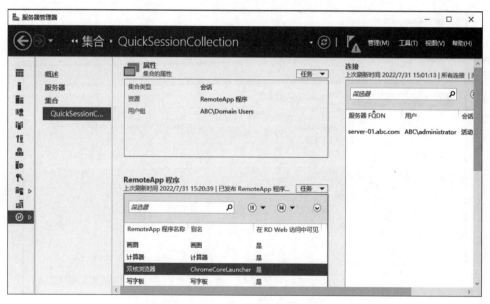

图 3.14 "RemoteApp 程序"窗口

如图 3.18 所示。

2. 分发程序的权限设置

利用 RDS 的 RemoteApp 功能可以执行远程 RDS 服务器上的应用程序,并将应用程序界面反映到客户端显示屏上,还可以给用户分配不同的远程访问权限。

(1) 以管理员账户身份登录域控制器 server-01,打开"服务器管理器"窗口,选择"工具"→

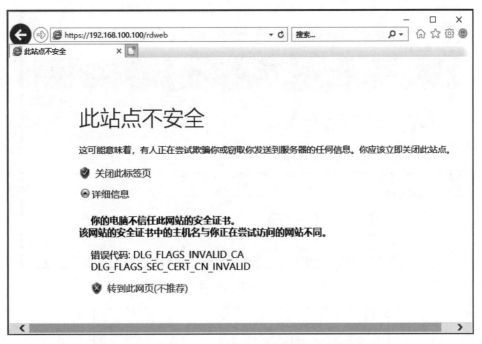

图 3.15 "此站点不安全"窗口

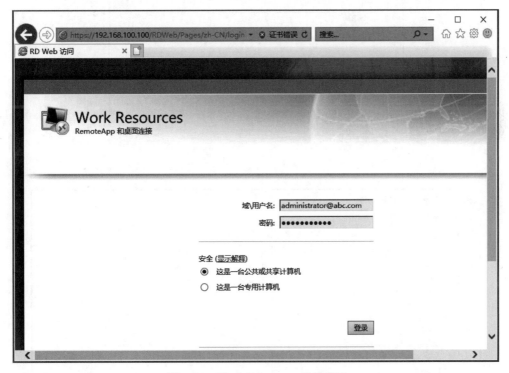

图 3.16 Work Resources 登录窗口

"Active Directory 用户和计算机"选项,弹出"Active Directory 用户和计算机"窗口,创建组织单位 (RemoteApp User),并创建用户 rds-user01、rds-user02,如图 3.19 所示。

(2) 打开"服务器管理器"窗口,选择"远程桌面服务"→"集合"→QuickSessionCollection 选项,

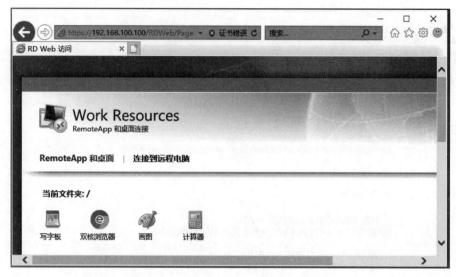

图 3.17 Work Resources 资源访问窗口

图 3.18 "正在启动你的应用"窗口

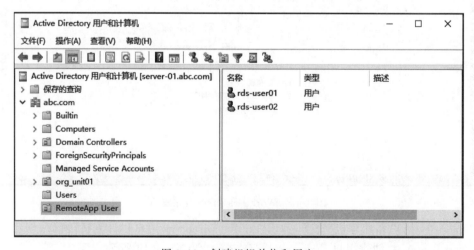

图 3.19 创建组织单位和用户

在右侧"RemoteApp 程序"区域,选择"计算器"选项,如图 3.20 所示,单击鼠标右键,选择"编辑属性"菜单,弹出"计算器(QuickSessionCollection 集合)"窗口,选择"用户分配"选项,分配给用户rds-user01,如图 3.21 所示。选择"双核浏览器"选项,单击鼠标右键,弹出"编辑属性"菜单,如图 3.22 所示,弹出"计算器(QuickSessionCollection 集合)"窗口,选择"用户分配"选项,分配给用户 rds-user02,如图 3.23 所示。

图 3.20 计算器"编辑属性"菜单

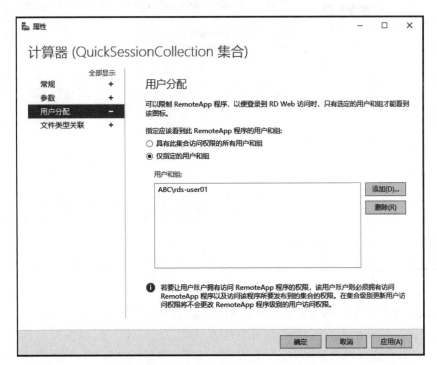

图 3.21 "用户分配"rds-user01 窗口

(3) 通过客户端主机(Win10-user01)访问"https://192.168.100.100/rdweb"网址,分别以用户rds-user01、rds-user02 进行登录,观察实验结果。用户 rds-user01 登录,如图 3.24 所示,可以看出,

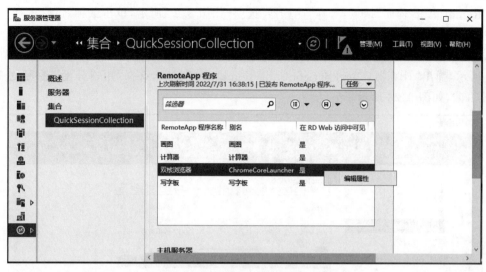

图 3.22 双核浏览器"编辑属性"菜单

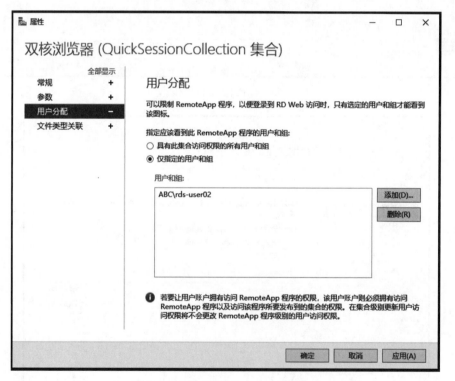

图 3.23 "用户分配"rds-user02 窗口

rds-user01 可以访问计算器程序,不可以访问双核浏览器程序,如图 3.25 所示;用户 rds-user02 登录,如图 3.26 所示,rds-user02 可以访问双核浏览器程序,不可以访问计算器,如图 3.27 所示。

以上操作可以看到搭建的 Remote App 的 Web 访问,但是其中有个问题就是客户端访问 Web 时提示证书错误,为什么会出现这个证书错误呢?其实是当安装完"远程桌面 Web 访问"后默认使用了一张自签名的证书,而这张证书不被任何客户端信任。要解决这个问题需要申请 CA 证书,然后跟 RDWeb 的网站进行绑定即可,这里不再赘述。

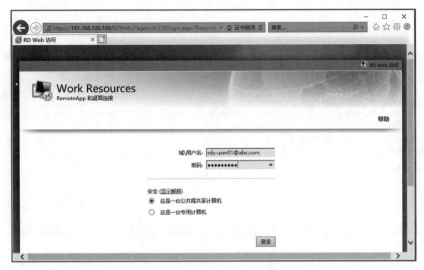

图 3.24　用户 rds-user01 登录窗口

图 3.25　rds-user01 访问资源窗口

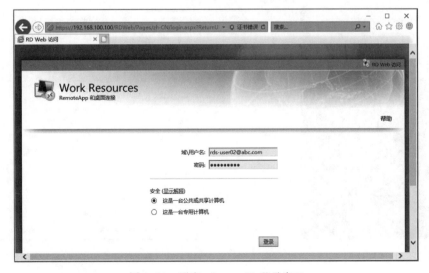

图 3.26　用户 rds-user02 登录窗口

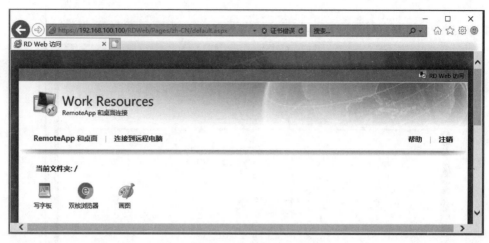

图 3.27 rds-user02 访问资源窗口

3.3.4 远程桌面管理服务器

在管理服务器时,通常会选择使用桌面连接服务器,以方便管理员管理服务器,其具体操作步骤如下。

1. 服务器端配置

服务器端具体操作步骤如下。

(1) 以管理员身份登录需要远程管理的服务器,在桌面上选择"此电脑"图标,右击,在弹出的快捷菜单中选择"属性"选项,弹出"系统"窗口,如图 3.28 所示。

图 3.28 "系统"窗口

（2）在"系统"窗口中,选择"高级系统设置"选项,弹出"系统属性"对话框,选择"远程"选项卡,如图3.29所示,在"远程协助"区域,勾选"允许远程协助连接这台计算机"复选框,在"远程桌面"区域,选择"允许远程连接到此计算机"单选按钮,勾选"仅允许运行使用网络级别身份验证的远程桌面计算机连接(建议)"复选框,单击"选择用户"按钮,弹出"远程桌面用户"对话框,选择要远程登录的用户,此处以管理员账户administrator为例,如图3.30所示。

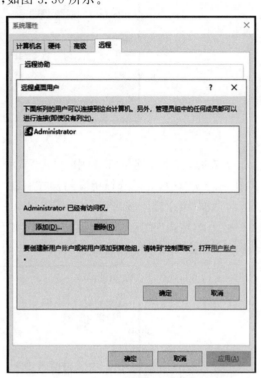

图3.29　"远程"选项卡　　　　　　　图3.30　"远程桌面用户"对话框

2. 客户端配置

客户端具体操作步骤如下。

（1）使用Win+R组合键,打开"运行"对话框,输入"mstsc"命令,如图3.31所示,单击"确定"按钮,弹出"远程桌面连接"窗口,如图3.32所示。

图3.31　"运行"对话框

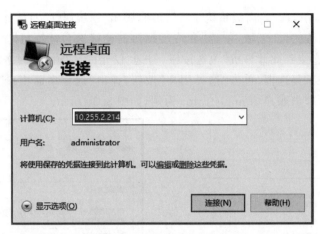

图 3.32 "远程桌面连接"窗口

(2) 在"远程桌面连接"窗口中,单击"显示选项"选项,显示"远程桌面连接"窗口,如图 3.33 所示。在各选项卡中,可以选择相应的操作。在"常规"选项卡中,选择"编辑"选项,弹出"更新你的凭据"对话框,可以输入登录用户的密码,也可以选择"更多选项"选项,选择其他用户进行登录,如图 3.34 所示,单击"确定"按钮,返回"远程桌面连接"窗口,输入要连接的计算机,单击"连接"按钮,可以实现远程服务器桌面的连接,如图 3.35 所示。

图 3.33 "远程桌面连接"窗口

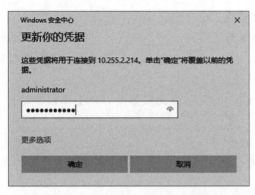

图 3.34　"更新你的凭据"对话框

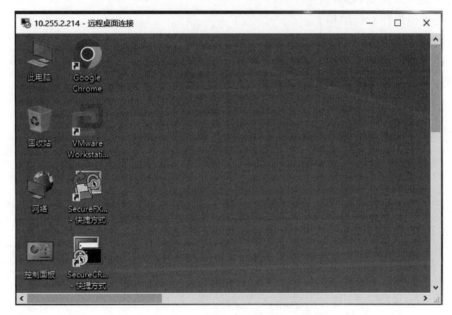

图 3.35　服务器远程桌面连接

课后习题

1. 选择题

(1)【多选】桌面虚拟化的特性:(　　)。

 A. 很多设备都可以成为桌面虚拟化的终端载体

 B. 一致的用户体验

 C. 按需提供的应用

 D. 对不同类型的桌面虚拟化,能够 100%地满足用户需求

(2)【多选】VDI 的主要特点:(　　)。

 A. 集中管理、集中运算   B. 安全可控

 C. 多种接入方式   D. 降低运维成本

(3)【多选】VOI 的主要特点：(　　　)。

    A. 集中管理、本地运算　　　　　　　　　　B. 灵活管理,安全保障

    C. 降低运维成本　　　　　　　　　　　　　D. 安装简易,维护方便

(4)【多选】云桌面优势：(　　　)。

    A. 工作桌面集中维护和部署,桌面服务能力和工作效率提高

    B. 集中管理、安全性高

    C. 应用环保、成本减少

    D. 多终端多操作系统的接入,方便用户使用

2. 简答题

(1) 简述虚拟桌面基础架构。

(2) 简述虚拟操作系统架构。

(3) 简述云桌面优势。

(4) 简述云桌面的基本架构。

(5) 简述远程桌面服务基础知识。

项目4

Hyper-V虚拟化技术

学习目标

- 理解 Hyper-V 基础知识、Hyper-V 功能特性以及 Hyper-V 系统架构及其优势等相关理论知识。
- 掌握 Hyper-V 的安装、Hyper-V 虚拟机管理的方法。
- 掌握 Hyper-V 虚拟机硬盘管理以及 Hyper-V 虚拟机存储管理等相关知识与技能。

4.1 项目陈述

Hyper-V 是微软的一款虚拟化产品,是微软第一个采用类似 VMware ESXi 和 Citrix Xen 的基于 Hypervisor 的一种系统管理程序虚拟化技术,它的主要作用就是管理、调度虚拟机的创建和运行,能够实现桌面虚拟化。这也意味着微软会更加直接地与市场先行者 VMware 展开竞争,但竞争的方式会有所不同。Windows Server 是领先的服务器操作系统,为全球中小企业提供帮助,特别是 Windows Server 2019 操作系统在虚拟化和安全等方面都有较大的提升,而且无论是桌面界面设计,还是特色功能选项,都更加人性化,可以说这是一个不可多得的服务器操作系统。本章讲解 Hyper-V 基础知识、Hyper-V 功能特性以及 Hyper-V 系统架构及其优势等相关理论知识,项目实践部分讲解 Hyper-V 的安装、Hyper-V 虚拟机管理、Hyper-V 虚拟机硬盘管理以及 Hyper-V 虚拟机存储管理等相关知识与技能。

4.2 必备知识

4.2.1 Hyper-V 基础知识

Hyper-V 设计的目的是为广泛的用户提供更为熟悉以及成本效益更高的虚拟化基础设施软件,这样可以降低运作成本、提高硬件利用率、优化基础设施并提高服务器的可用性。在微软的

Hyper-V 虚拟机创建过程中,最大虚拟硬盘可以达到 2040GB,当然即使创建 2TB 的硬盘,也不会立刻就占用 2TB 的物理空间分配。

Hyper-V 是基于虚拟机监控程序的虚拟化技术,适用于某些 x64 版本的 Windows。虚拟机监控程序是虚拟化的核心,它是特定于处理器的虚拟化平台,允许多个独立的操作系统共享单个硬件平台。Hyper-V 支持按分区隔离。分区是虚拟机监控程序支持的逻辑隔离单元,其中将会运行操作系统。Microsoft 虚拟机监控程序必须至少具有一个运行 Windows 的父分区或根分区。虚拟化管理堆栈在父分区中运行,并且可以直接访问硬件设备。根分区创建子分区以托管操作系统。根分区使用虚拟化调用应用程序编程接口(Application Programming Interface,API)来创建子分区。分区无法访问物理处理器,也无法处理处理器中断。但它们具有处理器虚拟视图,并可在专用于每个分区的虚拟内存地址区域中运行。虚拟机监控程序会处理处理器中断,并且会将中断重定向到各自的分区。Hyper-V 还可以使用独立于 CPU 所用的内存管理硬件运行的输入/输出内存管理单元(Input/Output Memory Management Unit,IOMMU),以对各个虚拟地址空间之间的地址转换进行硬件加速,IOMMU 用于将物理内存地址重新映射到子分区所使用的地址。

1. Windows Server 2019 操作系统简介

Windows Server 2019 是由微软(Microsoft)公司在 2018 年 11 月 13 日官方推出的服务器版操作系统,该系统基于 Windows Server 2016 开发而来,是对 Windows NT Server 的进一步拓展和延伸,是迄今为止 Windows 服务器体系中最重量级的产品。Windows Server 2019 与 Windows 10 同宗同源,提供了图形用户界面(Graphical User Interface,GUI),包含大量服务器相关新特性,也是微软提供长达十年技术支持的新一代产品,向企业和服务提供商提供最先进可靠的服务。Windows Server 2019 主要用于虚拟专用服务器(Virtual Private Server,VPS)或服务器上,可用于架设网站或者提供各类网络服务。它提供了四大重点新特性:混合云、安全、应用程序平台和超融合基础架构。该版操作系统将会作为下个长期支持版本(Long-Term Servicing Channel,LTSC)为企业提供服务,同时新版将继续提高安全性并提供比以往更强大的性能。

Windows Server 2019 拥有全新的用户界面,强大的管理工具,改进的 PowerShell 支持,以及在网络、存储和虚拟化方面大量的新特性,并且底层特意为云而设计,提供了创建私有云和公共云的基础设施。Windows Server 2019 规划了一套完备的虚拟化平台,不仅可以应对多工作负载、多应用程序、高强度和可伸缩的架构,还可以简单、快捷地进行平台管理。另外,在保障数据和信息的高安全性、可靠性、省电、整合方面,也进行了诸多改进。

Windows Server 2019 的特点如下。

(1) 超越虚拟化。Windows Server 2019 完全超越了虚拟化的概念,提供了一系列新增加和改进的技术,将云计算的潜能发挥到了最大的限度,其中最大的亮点就是私有云的创建。在 Windows Server 2019 的开发过程中,对 Hyper-V 的功能与特性进行了大幅的改进,从而能为企业组织提供动态的多租户基础架构,企业组织可在灵活的 IT 环境中部署私有云,并能动态响应不断变化的业务需求。

(2) 功能强大、管理简单。Windows Server 2019 可帮助 IT 专业人员在针对云进行优化的同时,提供高度可用、易于管理的多服务器平台,更快捷、更高效地满足业务需求,并且可以通过基于软件的策略控制技术更好地管理系统,从而获得各类收益。

(3) 跨越云端的应用体验。Windows Server 2019 是一套全面、可扩展,并且适应性强的 Web

与应用程序平台,能为用户提供足够的灵活性,供用户在内部、在云端、在混合式环境中构建部署应用程序,并能使用一致性的开放式工具。

（4）现代化的工作方式。Windows Server 2019 在设计上可以支持现代化工作风格的需求,帮助管理员使用智能并且高效的方法提升企业环境中的用户生产力,尤其是涉及集中化桌面的场景。

2. Hyper-V 网络基本概念

Hyper-V 提供建立多台虚拟机使用虚拟网络的能力,通过 Hyper-V 可使虚拟机具有更好的伸缩性,并且可以提高网络的资源利用率。

Windows Server 2019 提供了基于策略且由软件控制的网络虚拟化,这样当企业扩大专用基础设施即服务(IaaS)云时可降低所面临的管理开销。网络虚拟化还为云托管提供商提供了更好的灵活性,为管理虚拟机提供了更好的伸缩性,以及更高的资源利用率。Hyper-V 通过模拟一个标准的国际标准化组织/开放式系统互联通信参考模型(International Organization for Standardization/Open System Interconnection Reference Model,ISO/OSI)二层交换机来支持以下 3 种虚拟网络。

（1）External(外部虚拟网络)。虚拟机和物理网络都希望能通过本地主机通信。当允许子分区(虚拟机或 guest)与外部服务器的父分区(管理操作系统或 host)通信时,可以使用此类型的虚拟网络。此类型的虚拟网络还允许位于同一物理服务器上的虚拟机互相通信。

（2）Internal(内部虚拟网络)。虚拟机之间互相通信,并且虚拟机能和本机通信,当允许同一物理服务器上的子分区与子分区之间或子分区与父分区之间进行通信时,可以使用此类型的虚拟网络。内部虚拟网络是未绑定到物理网络适配器的虚拟网络。它通常在测试环境中用于操作系统到虚拟机的管理连接。

（3）Private(专用虚拟网络)。仅允许运行在这台物理机上的虚拟机之间互相通信。当只允许同一物理服务器上的子分区之间进行通信时,可以使用此类型的虚拟网络。专用虚拟网络是一种无须在父分区中装虚拟网络适配器的虚拟网络。在希望将子分区从父分区及外部虚拟网络中的网络通信中分离出来时,通常会使用专用虚拟网络。

Windows Server 2019 的 Hyper-V 虚拟交换机(vSwitch)引入了很多用户要求的功能,如实现租户隔离、通信调整、防止恶意虚拟机、更轻松地排查问题等,还有非 Microsoft 扩展的开放可扩展性和可管理性方面的改进,可以编写非 Microsoft 扩展,以及模拟基于硬件的交换机的全部功能,支持更复杂的虚拟环境和解决方案。

Hyper-V vSwitch 是第 2 层虚拟网络交换机,它以编程方式提供管理和扩展功能,从而将虚拟机连接到物理网络。vSwitch 为安全、隔离及服务级别提供策略强制。通过支持网络设备接口规格筛选器驱动程序和 Windows 筛选平台标注驱动程序,Hyper-V vSwitch 允许提供增强网络和安全功能的非 Microsoft 可扩展插件。

由于 Hyper-V vSwitch 扮演的角色与物理网络交换机为物理设备提供的虚拟机类似,因此可以轻松管理、排查及解决网络问题。为此,Windows Server 2019 提供了 Windows Power Shell Cmdlets,可以用来构建命令行工具或者启用脚本自动执行,以便进行设置、配置、监视和问题排查。Windows PowerShell 还允许非开发人员构建用于管理虚拟交换机的工具。统一的跟踪已扩展到 vSwitch 中,用来支持两个级别的问题排查。在第一个级别,Windows 事件跟踪能够通过

vSwitch 和扩展跟踪数据包事件。第二个级别允许捕获数据包,以便实现事件和通信数据包的完全跟踪。

Hyper-V vSwitch 是一个开放的平台,该平台支持多个供应商提供写入标准 Windows API 框架的扩展。通过使用 Windows 标准框架和减少各种功能所需的非 Microsoft 代码,提高了扩展的可能性,并通过认证计划保证了可靠性。通过使用 Windows Power Shell Cmdlets 或者 Hyper-V 管理器来管理 vSwitch 及其扩展。

4.2.2 Hyper-V 功能特性

Hyper-V 是 Windows Server 中的一个功能组件,可以提供基本的虚拟化平台,让用户能够实现向云端迁移,Windows Server 2019 对 Hyper-V 集群具有很好的支持。它可以将多达 63 个 Hyper-V 主机、4000 台虚拟机在一个集群中创建。Windows Serer 2012 包括的其他功能,使管理和维护 Hyper-V 集群更容易,如集群感知的修补、重复数据删除和 BitLocker 加密。相比 Windows Server 2008 搭载的 Hyper-V 2.0,Windows Server 2019 搭载的最新版本则增加并更新了很多的功能和特性。在 Microsoft 最新的 Windows Server 2019 系统中,其自带 Hyper-V 虚拟化平台。

Windows Server 2019 很好地改进了虚拟平台的可扩展性和性能,使有限的资源借助 Hyper-V 能更快地运行更多的工作负载,并能够帮助卸载特定的软件。通过 Windows Server 2019 可生成一个高密度、高度可扩展的环境,该环境可根据客户需求适应最优级别的平台。当虚拟机移动到云中时,Hyper-V 网络虚拟化保持本身的 IP 地址不变,同时提供与其他租户虚拟机的隔离性,即使虚拟主机使用相同的 IP。

Hyper-V 提供了可扩展的交换机,通过该交换机可实现多租户的安全性选项、隔离选项、流量模型、网络流量控制、防范恶意虚拟机的内置安全保护机制、服务质量(Quality of Service,QoS)和带宽管理功能,可以提高虚拟环境的整体表现和资源使用量,同时可使计费更详细、准确。Hyper-V 具有大规模部署和高性能特性,每台主机支持高达 160 个逻辑处理器、2TB 内存、最多 32 个虚拟机处理器。每台虚拟机的 VHDX 虚拟硬盘格式支持高达 16TB 的磁盘扇区,下一代硬盘将会支持更多。当客户操作系统支持 Hyper-V 直通磁盘时没有容量限制。

Hyper-V 网卡虚拟化技术(Single Root-I/O Virtualization,SR-IOV)支持将网卡映射到虚拟机中以便扩展工作负载。对于 10GB 以上的工作负载来说,SR-IOV 显得尤为重要。Hyper-V 存储虚拟化技术(Offloaded Data Transfer,ODX)使虚拟磁盘、阵列与数据中心之间的数据传输更加安全,同时几乎不占用 CPU 负载。客户机 Fiber Channel 增加虚拟机存储选项以支持光纤通道存储区域网络(Storage Area Network,SAN),通过 FC 支持客户机集群,支持多客户机多路径 IO。

在实时迁移方面,无共享实时迁移(其他虚拟化技术迁移往往依赖共享存储),只需一个网络连接便可实时地迁移虚拟机,支持零宕机时间存储服务和存储负载平衡。并发实时迁移和并发实时存储迁移使企业能够按照需要实时迁移虚拟机或虚拟存储,对此,Hyper-V 唯一的限制是基于企业提供的硬件数量。Hyper-V 支持 Live Migrations 优先级别,支持基于 SMB 2.2 的文件存储,使得管理员更容易配置和管理存储,以及利用现有的网络资源。

Windows Server 2019 Hyper-V 可实时迁移虚拟机的任何部分,也可以选择是否需要高可用性。云计算的优势就是在满足客户需求的同时,最大限度地实现灵活性。

4.2.3　Hyper-V 系统架构及其优势

一般来说,在 Hyper-V 之前,Windows 平台常见的操作系统虚拟化技术一般分为两种架构,即 Type 2 架构和 Hybrid 架构。

1. Hyper-V 系统架构

Hyper-V 系统架构具体如下。

(1) Type 2 架构。

Type 2 架构的特点是 Host 物理机的硬件上是操作系统,操作系统上运行虚拟机镜像(Virtual Machine Monitor,VMM)。VMM 作为这个架构当中的虚拟化层(Virtualization Layer),其主要工作是创建和管理虚拟机,分配总体资源给各虚拟机,并且保持各虚拟机的独立性,也可以把它看作一个管理层。在 VMM 上面运行的就是各 Guest 虚拟机。但这个架构有一个很大的问题,就是 Guest 虚拟机要穿越 VMM 和 HostOS(宿主机操作系统)这两层来访问硬件资源,这样就损失了很多的性能,效率不高。采用这种架构的典型产品就是 Java Virtual Machine 及. NET CLR Virtual Machine。

(2) Hybrid 架构。

Hybrid 架构和 Type 2 架构不同的是,VMM 和 HostOS 处于同一个层面上,也就是说,VMM 和 HostOS 同时运行在内核,交替轮流地使用 CPU。这种模式比 Type 2 架构的运算速度快很多,因为在 Type2 模式下,VMM 通常运行在用户模式当中,而 Hybrid 运行在内核模式中。而 Hyper-V 没有使用上面所说的两种架构,而是采用了一种全新的架构——Type 1 的架构,也就是 Hypervisor 架构。和以前的架构相比,它直接用 VMM 代替了 HostOS。HostOS 从这个架构当中彻底消失,将 VMM 这层直接做在硬件里面,所以 Hyper-V 要求 CPU 必须支持虚拟化。这种做法带来了虚拟机 OS 访问硬件的性能的直线提升。VMM 这层在这个架构中就是常说的 Hypervisor,它处于硬件和很多虚拟机之间,其主要目的是提供很多孤立的执行环境。这些执行环境被称为分区(Partition),每一个分区都被分配了自己独有的一套硬件资源,即内存、CPU、I/O 设备,并且包含 GuestOS。以 Hyper-V 为基础的虚拟化技术拥有最强劲的潜在性能,Hyper-V 的体系结构如图 4.1 所示。

2. Hyper-V 系统架构的优势

Hyper-V 采用微内核的架构,兼顾了安全性和性能的要求。Hyper-V 底层的 Hypervisor 运行在最高的特权级别下,微软将其称为 ring 1(而 Intel 则将其称为 root mode),而虚拟机的 OS 内核和驱动运行在 ring 0,应用程序运行在 ring 3 下,这种架构就不需要采用复杂的二进制特权指令翻译技术,可以进一步提高安全性。

虚拟专用服务器(Virtual Private Server,VPS)技术,是将一台服务器分割成多个虚拟专享服务器的优质服务。实现 VPS 的技术分为容器技术和虚拟化技术。在容器或虚拟机中,每个 VPS 都可选配独立公网 IP 地址、独立操作系统、实现不同 VPS 间磁盘空间、内存、CPU 资源、进程和系统配置的隔离,为用户和应用程序模拟出"独占"使用计算资源的体验。VPS 可以像独立服务器一样,重装操作系统,安装程序,单独重启服务器。VPS 为使用者提供了管理配置的自由,可用于企业虚拟化,也可以用于互联网数据中心(Internet Data Center,IDC)资源租用。

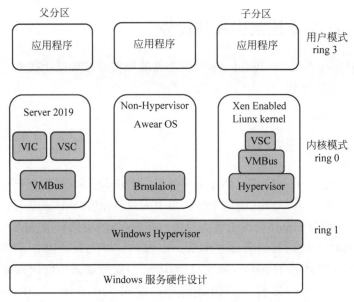

图 4.1　Hyper-V 的体系结构

(1) 高效率的虚拟机总线 VMbus 架构。

由于 Hyper-V 底层的 Hypervisor 代码量很小,不包含任何第三方的驱动,非常精简,所以安全性更高。Hyper-V 采用基于 VMbus 的高速内存总线架构,来自虚机的硬件请求(显卡、鼠标、磁盘、网络),可以直接经过虚拟化的服务于客户(Virtualization Service Client,VSC),通过 VMbus 总线发送到根分区的虚拟专用服务器 VPS,VPS 调用对应的设备驱动,直接访问硬件,中间不需要 Hypervisor 的帮助。这种架构效率很高,不再像以前的 Virtual Server,每个硬件请求,都需要经过用户模式、内核模式的多次切换转移。更何况 Hyper-V 可以支持虚拟对称多处理(Symmetrical Multi-Processing,SMP),Windows Server 2008 虚机最多可以支持 4 个虚拟 CPU;而 Windows Server 2003 最多可以支持 2 个虚拟 CPU。每个虚机最多可以使用 64GB 内存,而且还可以支持 x64 操作系统。

(2) 完美支持 Linux 系统。

和很多人的想法不同,Hyper-V 可以很好地支持 Linux,可以安装支持 Xen 的 Linux 内核,这样 Linux 就可以知道自己运行在 Hyper-V 之上,还可以安装专门为 Linux 设计的 Integrated Components,里面包含磁盘和网络适配器的 VMbus 驱动,这样 Linux 虚机也能获得高性能。Novell SUSE Linux 10 SP1 的网卡驱动其总线类型就是 VMbus,其中的网卡驱动,其总线类型就是 VMbus。这对于采用 Linux 系统的企业来说,是一个福音,这样我们就可以把所有的服务器,包括 Windows 和 Linux,全部统一到最新的 Windows Server 2019 平台下,可以充分利用 Windows Server 2019 带来的最新高级特性,而且还可以保留原来的 Linux 关键应用不会受到影响。和之前的 Virtual PC、Virtual Server 类似,Hyper-V 也是微软的一种虚拟化技术解决方案,但在各方面都取得了长足的发展。Hyper-V 可以采用半虚拟化(Para-virtualization)和全虚拟化(Full-virtualization)两种模拟方式创建虚拟机。半虚拟化方式要求虚拟机与物理主机的操作系统(通常是版本相同的 Windows)相同,以使虚拟机达到高的性能;全虚拟化方式要求 CPU 支持全虚拟化功能(如 Inter-VT 或 AMD-V),以便能够创建使用不同的操作系统(如 Linux 和 Mac OS)的虚拟机。从架构上讲,

Hyper-V 只有"硬件－Hyper-V－虚拟机"三层,本身非常小巧,代码简单,且不包含任何第三方驱动,所以安全可靠、执行效率高,能充分利用硬件资源,使虚拟机系统性能更接近真实系统性能。

(3) 实现了服务器零宕机,确保每个 VPS 独占资源。

为什么用户往往会钟情于独立主机服务呢? 最重要的原因之一就是对服务器有完全的控制权并且不受外界其他因素的干扰。而 VPS 则具有同样的功能。VPS 实现了两个隔离:软件和硬件的隔离以及客户和客户的隔离。

(4) 软件和硬件的隔离。

VPS 采用操作系统虚拟化技术实现了软件和硬件的隔离,因而改变了黑客程序经常利用的攻击入口,从而增强了服务器的安全性,这同时意味着 VPS 可以被快速而容易地从一台服务器迁移至另一台。事实上,VPS 甚至比独立的服务器都要更加安全可靠。由于基于操作系统虚拟化技术,VPS 完全与底层硬件隔离,通过操作系统模板轻松实现 VPS 服务器的开通,可以通过拖曳方式瞬间实现 VPS 服务器迁移,从而真正实现服务器维护和更新时零宕机。

(5) 客户之间的隔离。

每一个 VPS 拥有独立的服务器的资源(包括驱动器、CPU、内存、硬盘和网络 I/O),由于采用动态的分区隔离,VPS 实现不同客户之间的完全隔离。客户之间的隔离确保每个 VPS 都能独占自己的服务器资源,没有人可以影响或者拖垮同一物理服务器的其他用户。

(6) 安全可靠。

虚拟化服务器比独立服务器更安全。底层架构改变了攻击节点并阻止了类似拒绝服务的攻击。

4.3　项目实施

4.3.1　Hyper-V 的安装

Hyper-V 的安装方式不同于其他虚拟化内核的安装方式,需要服务器硬件支持虚拟化,需要在服务器 BIOS 中,进行相应的设置。例如,在虚拟机 VMware 中安装 Windows Server 2019,需要在虚拟机 VMware 中进行相应的设置。

(1) 选择虚拟机菜单"虚拟机"→"设置"选项,如图 4.2 所示,弹出"虚拟机设置"对话框,在"虚拟化引擎"区域,勾选相应的复选框,如图 4.3 所示。

图 4.2　设置选项

图 4.3　虚拟机设置

（2）在 Windows Server 2019 操作系统桌面上,选择"此电脑"图标,单击鼠标右键,弹出快捷菜单,如图 4.4 所示,选择"管理"选项,弹出"服务器管理器"窗口,如图 4.5 所示。

（3）在"服务器管理器"窗口中,选择"管理"→"添加角色和功能"选项,弹出"添加角色和功能向导"窗口,如图 4.6 所示,单击"下一步"按钮,弹出"选择安装类型"窗口,如图 4.7 所示。

（4）在"选择安装类型"窗口中,选择"基于角色或基于功能的安装"单选按钮,单击"下一步"按钮,弹出"选择目标服务器"窗口,如图 4.8 所示,选择"从服务器池中选择服务器"单选按钮,选择相应的服务器,单击"下一步"按钮,弹出"选择服务器角色"窗口,如图 4.9 所示。

图 4.4　"此电脑"右键快捷菜单

（5）在"选择服务器角色"窗口中,勾选 Hyper-V 复选框,弹出"添加角色和功能向导"窗口,勾选"包括管理工具(如果适用)"复选框,单击"添加功能"按钮,弹出"选择服务器角色"窗口,如图 4.10 所示,单击"下一步"按钮,弹出"选择功能"窗口,如图 4.11 所示。

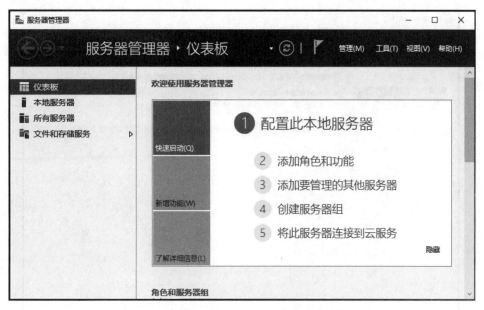

图 4.5 "服务器管理器"窗口

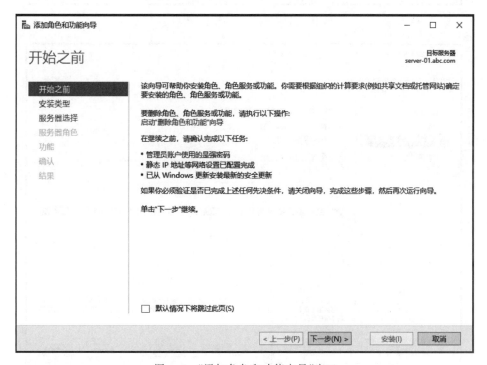

图 4.6 "添加角色和功能向导"窗口

（6）在"选择功能"窗口中,进行默认选项设置,单击"下一步"按钮,弹出 Hyper-V 窗口,如图 4.12 所示,单击"下一步"按钮,弹出"创建虚拟交换机"窗口,如图 4.13 所示。

（7）在"创建虚拟交换机"窗口中,选择相应网络适配器,单击"下一步"按钮,弹出"虚拟机迁移"窗口,如图 4.14 所示,进行默认选项设置,单击"下一步"按钮,弹出"默认存储"窗口,如图 4.15 所示。

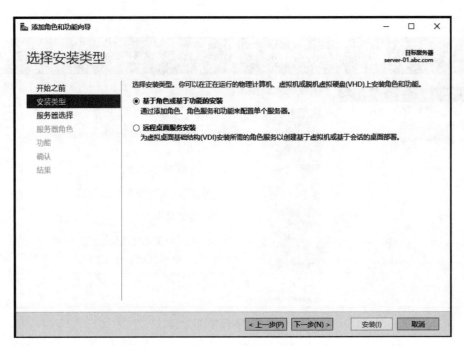

图 4.7 "选择安装类型"窗口

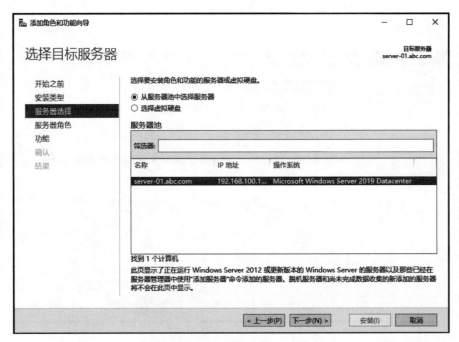

图 4.8 "选择目标服务器"窗口

(8) 在"默认存储"窗口中,选择"虚拟硬盘文件的默认位置"和"虚拟机配置文件的默认位置"的路径,单击"下一步"按钮,弹出"确认安装所选内容"窗口,如图 4.16 所示,进行默认选项设置,单击"安装"按钮,弹出"安装进度"窗口,如图 4.17 所示,安装完成后,单击"关闭"按钮,返回"服务器管理器"窗口,重新启动虚拟机完成 Hyper-V 相应设置。

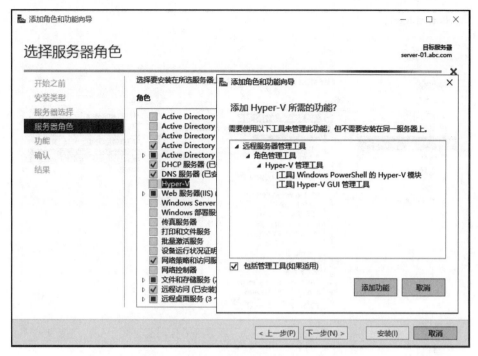

图 4.9 "选择服务器角色"窗口(1)

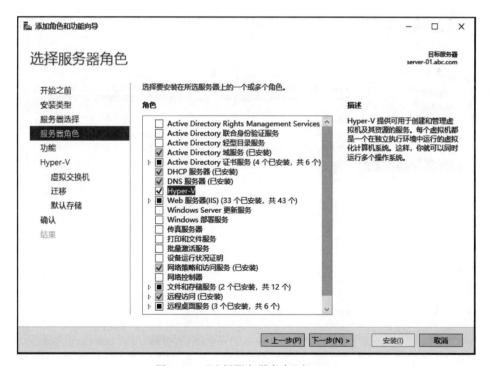

图 4.10 "选择服务器角色"窗口(2)

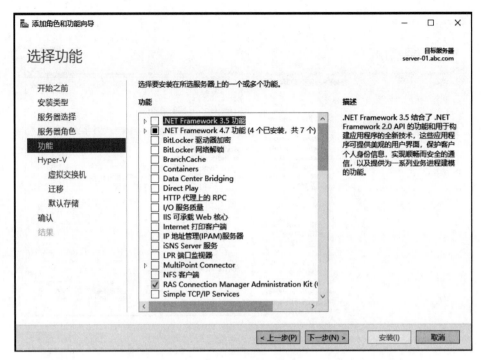

图 4.11 "选择功能"窗口

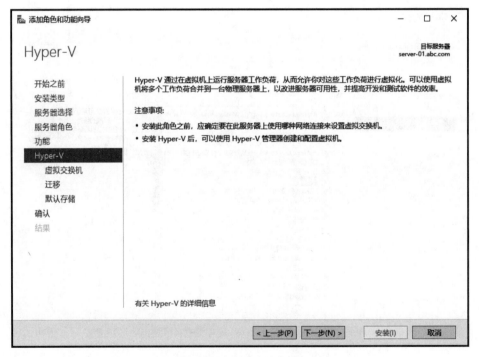

图 4.12 Hyper-V 窗口

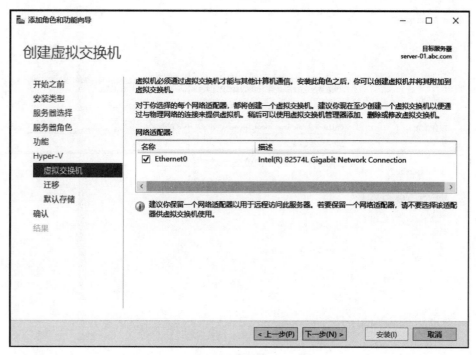

图 4.13 "创建虚拟交换机"窗口

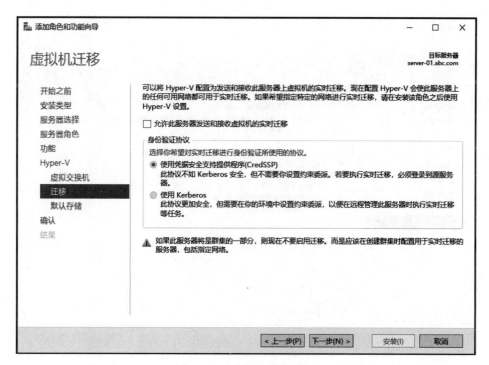

图 4.14 "虚拟机迁移"窗口

图 4.15 "默认存储"窗口

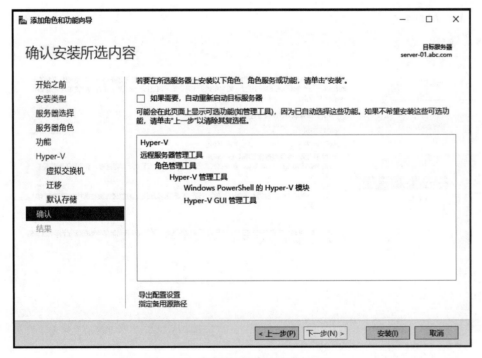

图 4.16 "确认安装所选内容"窗口

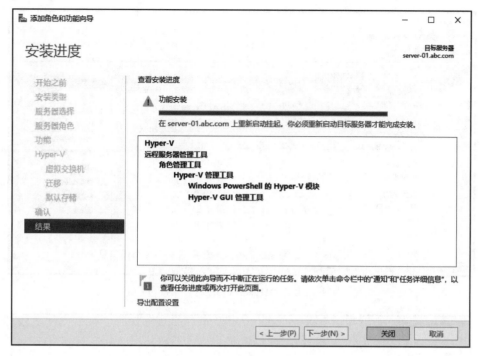

图4.17　"安装进度"窗口

4.3.2　Hyper-V 虚拟机管理

Hyper-V 虚拟机管理的操作步骤如下。

（1）打开"服务器管理器"，选择"工具"→"Hyper-V 管理器"选项，如图 4.18 所示，弹出"Hyper-V 管理器"窗口，如图 4.19 所示。

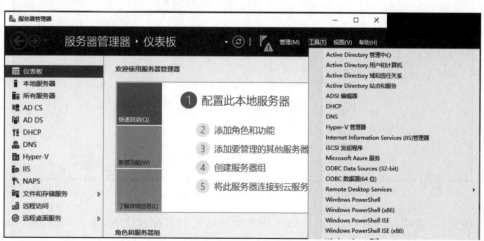

图4.18　"Hyper-V 管理器"选项

（2）在"Hyper-V 管理器"窗口中，选择相应的服务器，单击鼠标右键，在弹出的右键快捷菜单中选择"新建"→"虚拟机"选项，弹出"新建虚拟机向导"对话框，如图 4.20 所示，单击"下一步"按钮，弹出"指定名称和位置"对话框，如图 4.21 所示。

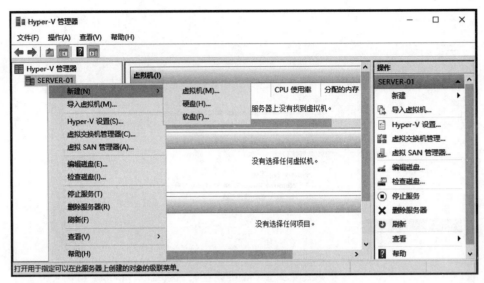

图 4.19 "Hyper-V 管理器"窗口

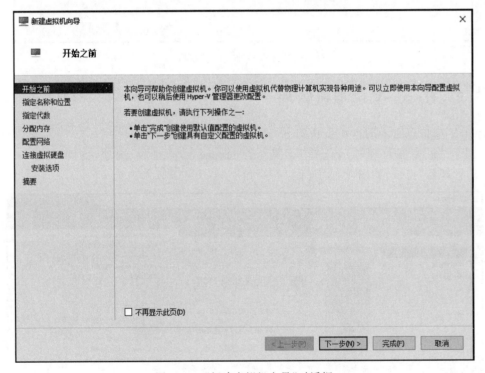

图 4.20 "新建虚拟机向导"对话框

(3) 在"指定名称和位置"对话框中输入相应的虚拟机的名称和位置,单击"下一步"按钮,弹出"指定代数"对话框,如图 4.22 所示,在"选择此虚拟的代数"区域选择"第二代"单选按钮,单击"下一步"按钮,弹出"分配内存"对话框,如图 4.23 所示。

(4) 在"分配内存"对话框中,输入分配内存的容量大小,单击"下一步"按钮,弹出"配置网络"对话框,如图 4.24 所示,选择相应的网络适配器,单击"下一步"按钮,弹出"连接虚拟硬盘"对话框,如图 4.25 所示。

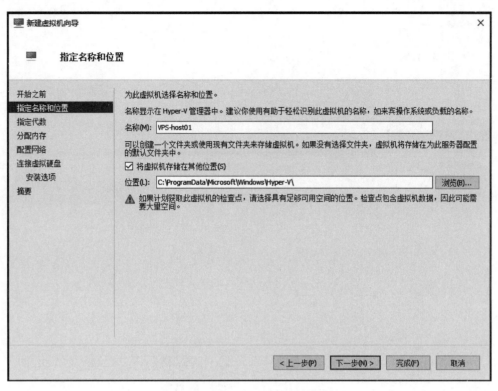

图 4.21　"指定名称和位置"对话框

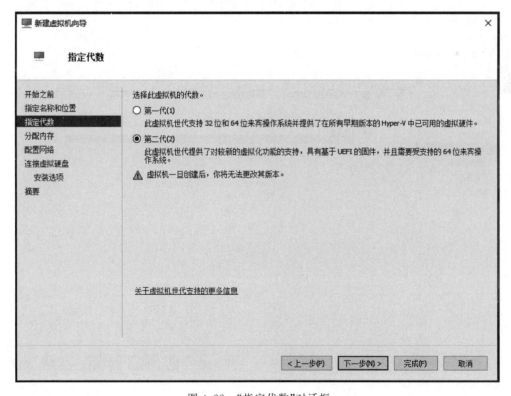

图 4.22　"指定代数"对话框

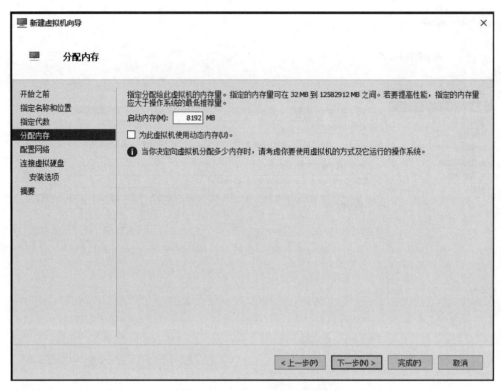

图 4.23 "分配内存"对话框

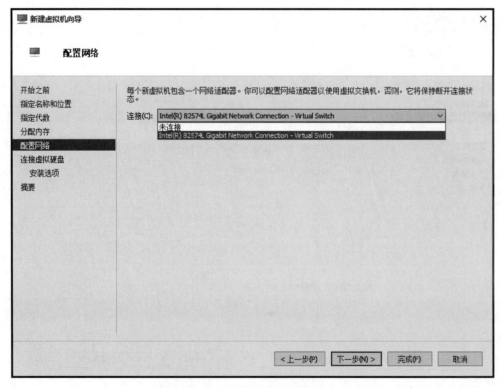

图 4.24 "配置网络"对话框

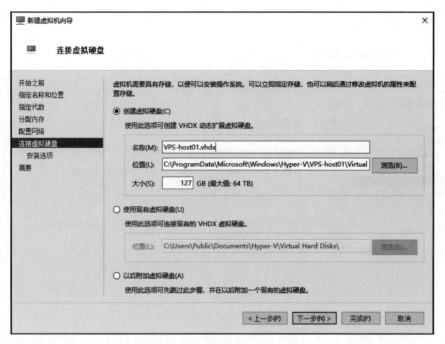

图 4.25　"连接虚拟硬盘"对话框

（5）在"连接虚拟硬盘"对话框中，选择"创建虚拟硬盘"单选按钮，输入相应设置，单击"下一步"按钮，弹出"安装选项"对话框，如图 4.26 所示，选择"从可启动的映像文件安装操作系统"单选按钮，单击"浏览"按钮，选择相应的映像文件（.iso），单击"下一步"按钮，弹出"正在完成新建虚拟机向导"对话框，如图 4.27 所示。

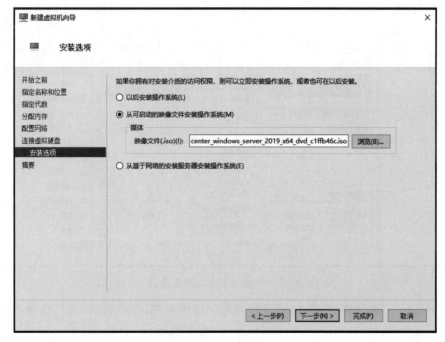

图 4.26　"安装选项"对话框

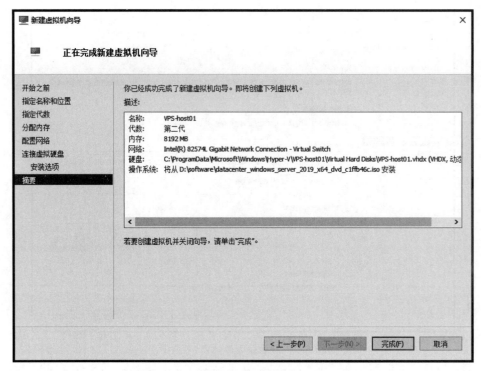

图 4.27 "正在完成新建虚拟机向导"对话框

（6）在"正在完成新建虚拟机向导"对话框中，单击"完成"按钮，返回"Hyper-V 管理器"窗口，如图 4.28 所示。

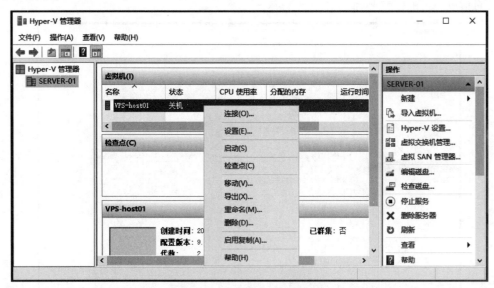

图 4.28 虚拟机完成配置窗口

（7）在"Hyper-V 管理器"窗口中，选择刚刚创建的虚拟机，单击鼠标右键，在弹出的快捷菜单中选择"启动"选项，然后再选择"连接"选项，弹出"虚拟机连接"窗口，如图 4.29 所示，单击任意键，进行操作系统安装，弹出"Windows 安装程序"窗口，如图 4.30 所示，其 Windows Server 2019

操作系统的安装过程这里不再赘述。

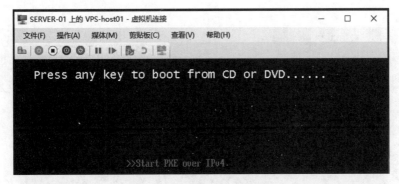

图4.29　"虚拟机连接"窗口

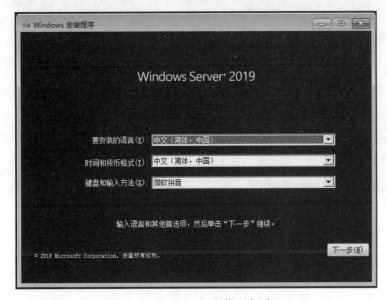

图4.30　"Windows安装程序"窗口

（8）Windows Server 2019 操作系统安装完成后，操作系统自动重新启动，如图4.31所示，在"Hyper-V管理器"窗口中，选择菜单"操作"→Ctrl＋Alt＋Delete选项，发送命令登录系统，如图4.32所示，输入相应的用户名的密码，登录Windows Server 2019操作系统桌面，如图4.33所示。

4.3.3　Hyper-V虚拟机硬盘管理

Hyper-V虚拟机硬盘管理的操作步骤如下。

（1）在"Hyper-V管理器"窗口中，选择相应的服务器，单击鼠标右键，在弹出的右键快捷菜单中选择"新建"→"硬盘"选项，弹出"新建虚拟机硬盘向导"对话框，如图4.34所示，单击"下一步"按钮，弹出"选择磁盘格式"对话框，如图4.35所示。

（2）在"选择磁盘格式"对话框中，选择"VHDX"单选按钮，单击"下一步"按钮，弹出"选择磁盘类型"对话框，如图4.36所示，选择"动态扩展"单选按钮，单击"下一步"按钮，弹出"指定名称和位置"对话框，如图4.37所示。

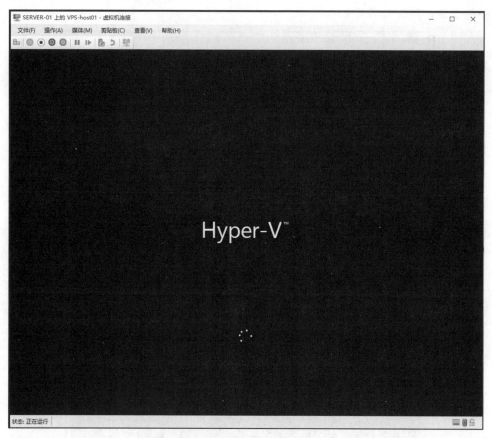

图 4.31　操作系统自动重新启动窗口

图 4.32　"登录系统"窗口

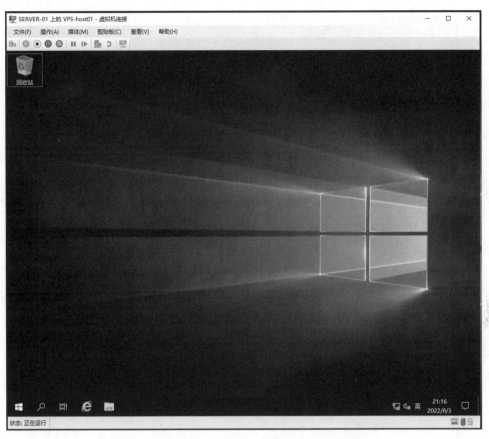

图4.33　"Windows Server 2019操作系统桌面"窗口

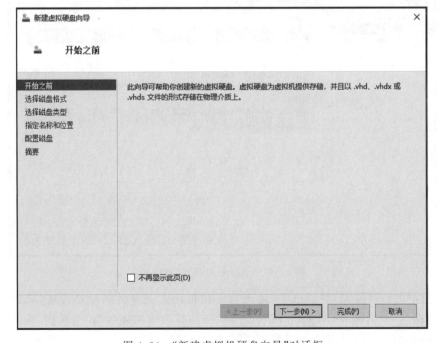

图4.34　"新建虚拟机硬盘向导"对话框

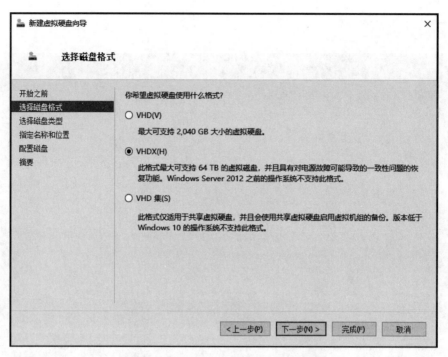

图 4.35 "选择磁盘格式"对话框

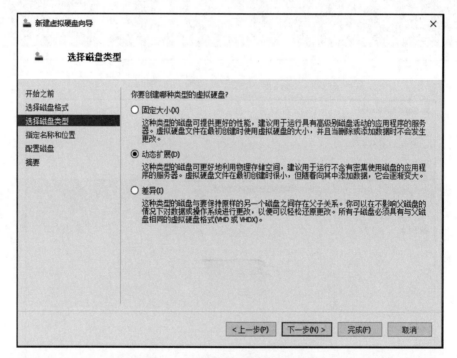

图 4.36 "选择磁盘类型"对话框

(3) 在"指定名称和位置"对话框中,输入指定虚拟硬盘文件的名称和位置,单击"下一步"按钮,弹出"配置磁盘"对话框,如图 4.38 所示,选择"新建空白虚拟硬盘"单选按钮,输入硬盘容量大小,单击"下一步"按钮,弹出"正在完成新建虚拟硬盘向导"对话框,如图 4.39 所示。

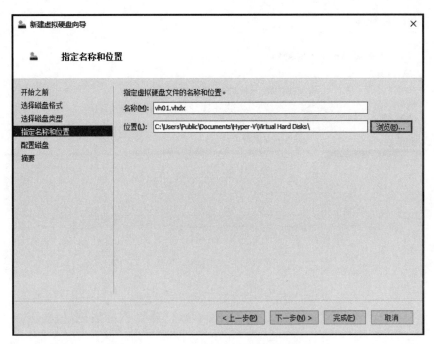

图4.37 "指定名称和位置"对话框

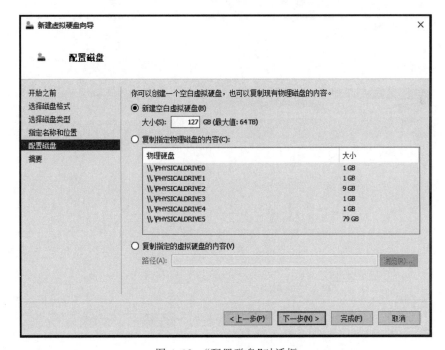

图4.38 "配置磁盘"对话框

（4）在"正在完成新建虚拟硬盘向导"对话框中，单击"完成"按钮，返回"Hyper-V管理器"窗口，在窗口的右侧"操作"区域，选择"编辑磁盘"选项，弹出"编辑虚拟机硬盘向导"对话框，如图4.40所示，单击"下一步"按钮，弹出"查找虚拟硬盘"对话框，如图4.41所示。

（5）在"查找虚拟硬盘"对话框中，单击"浏览"按钮，选择虚拟硬盘文件，单击"下一步"按钮，

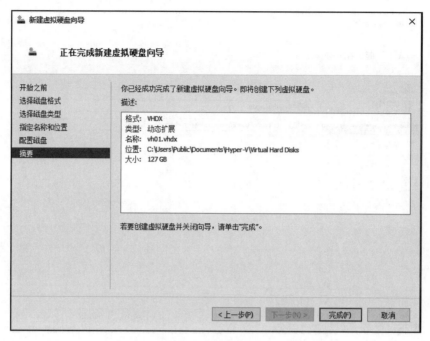

图 4.39 "正在完成新建虚拟硬盘向导"对话框

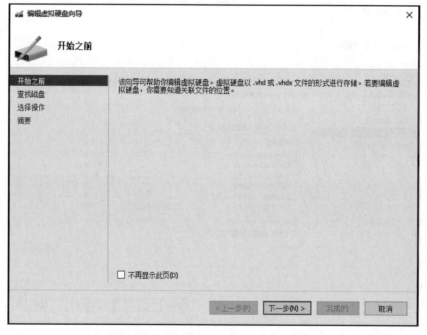

图 4.40 "编辑虚拟机硬盘向导"对话框

弹出"选择操作"对话框,如图 4.42 所示,选择"压缩"单选按钮,单击"下一步"按钮,弹出"正在完成编辑虚拟硬盘向导"对话框,如图 4.43 所示。

(6) 在"Hyper-V 管理器"窗口,在窗口的右侧"操作"区域,选择"检查磁盘"选项,弹出"打开"对话框,如图 4.44 所示,选择要检测的磁盘(如 vh01),单击"打开"按钮,弹出"虚拟硬盘属性"

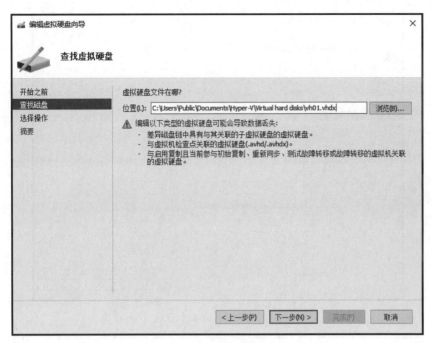

图 4.41　"查找虚拟硬盘"对话框

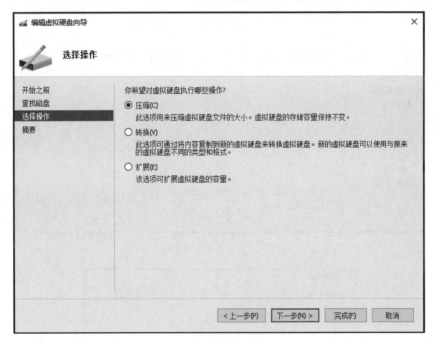

图 4.42　"选择操作"对话框

窗口,如图 4.45 所示。

4.3.4　Hyper-V 虚拟机存储管理

Hyper-V 虚拟机存储管理的操作步骤如下。

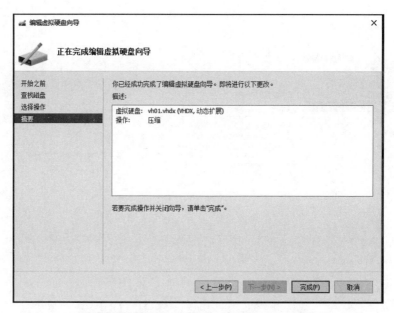

图 4.43 "正在完成编辑虚拟硬盘向导"对话框

图 4.44 "打开"对话框

图 4.45 "虚拟硬盘属性"窗口

（1）在"Hyper-V 管理器"窗口中，选择相应的服务器，单击鼠标右键，在弹出的右键快捷菜单中选择"新建"→"虚拟机"选项，弹出"指定名称和位置"对话框，输入相应名称，如图 4.46 所示，持续单击"下一步"按钮，直到出现"连接虚拟硬盘"对话框，如图 4.47 所示。

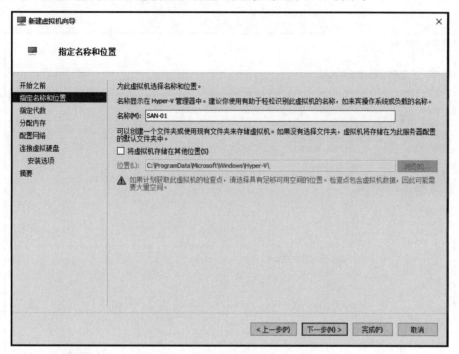

图 4.46　"指定名称和位置"对话框

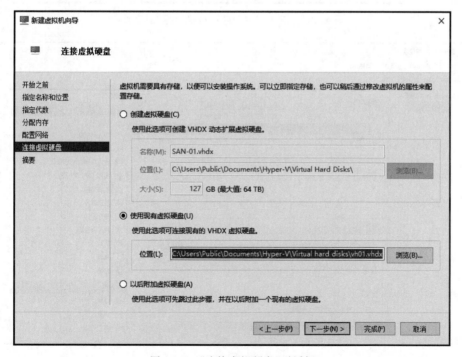

图 4.47　"连接虚拟硬盘"对话框

(2) 在"连接虚拟硬盘"对话框中,选择"使用现有虚拟硬盘"单选按钮,单击"浏览"按钮,选择相应的虚拟硬盘文件,单击"下一步"按钮,弹出"正在完成新建虚拟机向导"对话框,如图 4.48 所示,单击"完成"按钮,返回"Hyper-V 管理器"窗口,可以看到刚创建的虚拟机存储主机,如图 4.49 所示。

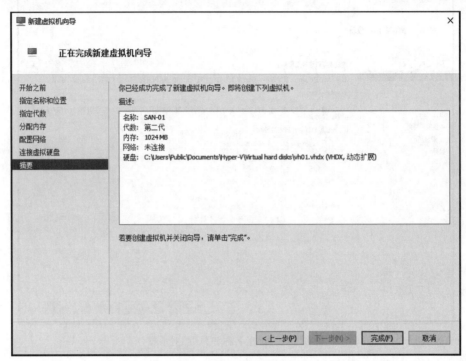

图 4.48 "正在完成新建虚拟机向导"对话框

图 4.49 "虚拟机存储主机"窗口

课后习题

1. 选择题

（1）Hyper-V 二层交换机支持的虚拟网络为（　　　）。

    A. External（外部虚拟网络）   B. Internal（内部虚拟网络）

    C. Private（专用虚拟网络）   D. 以上均可以

（2）【多选】Windows Server 2019 的特点：（　　　）。

    A. 超越虚拟化   B. 功能强大、管理简单

    C. 跨越云端的应用体验   D. 现代化的工作方式

（3）【多选】Hyper-V 系统架构优势：（　　　）。

    A. 高效率的虚拟机总线 VMbus 架构

    B. 完美支持 Linux 系统

    C. 实现了服务器零宕机，确保每个 VPS 独占资源

    D. 软件和硬件的隔离

2. 简答题

（1）简述 Hyper-V 二层交换机支持的 3 种虚拟网络。

（2）简述 Hyper-V 功能特性。

（3）简述 Hyper-V 系统架构。

项目5

Linux配置与管理

学习目标

- 理解 Linux 的发展历史、Linux 的特性、Linux 基本命令、Vi、Vim 编辑器的使用、磁盘配置与管理、逻辑卷配置与管理、RAID 基础知识以及网络配置管理等相关理论知识。
- 掌握 RAID 配置基本命令、RAID5 阵列实例配置以及磁盘扩容等相关知识与技能。

5.1 项目陈述

回顾 Linux 的历史,可以说它是"踩着巨人的肩膀"逐步发展起来的,Linux 在很大程度上借鉴了 UNIX 操作系统的成功经验,继承并发展了 UNIX 的优良传统。由于 Linux 具有开源的特性,因此一经推出便得到了广大操作系统开发爱好者的积极响应和支持,这也是 Linux 得以迅速发展的关键因素之一。本章讲解 Linux 的发展历史、Linux 的特性、Linux 基本命令以及 Vi、Vim 编辑器的使用等相关理论知识,项目实践部分讲解 RAID 配置基本命令、RAID5 阵列实例配置以及磁盘扩容配置等相关知识与技能。

5.2 必备知识

5.2.1 Linux 的发展历史

Linux 操作系统是一种类 UNIX 的操作系统,UNIX 是一种主流经典的操作系统,Linux 操作系统来源于 UNIX,是 UNIX 在计算机上的完整实现。UNIX 操作系统是 1969 年由肯·汤普森(K. Thompson)在美国贝尔实验室开发的一种操作系统,1972 年,其与丹尼斯·里奇(D. Ritchie)一起用 C 语言重写了 UNIX 操作系统,大幅增加了其可移植性。由于 UNIX 具有良好而稳定的性能,又在几十年中不断地改进和迅速发展,因此在计算机领域中得到了广泛应用。

由于美国电话电报公司的政策改变,在 Version 7 UNIX 推出之后,其发布了新的使用条款,将 UNIX 源代码私有化,在大学中不能再使用 UNIX 源代码。1987 年,荷兰的阿姆斯特丹自由大学计算机科学系的安德鲁·塔能鲍姆(A. Tanenbaum)教授为了能在课堂上教授学生操作系统运作的实务细节,决定在不使用任何美国电话电报公司的源代码的前提下,自行开发与 UNIX 兼容的操作系统,以避免版权上的争议。他以小型 UNIX(mini-UNIX)之意将此操作系统命名为 MINIX。MINIX 是一种基于微内核架构的类 UNIX 计算机操作系统,除了启动的部分用汇编语言编写以外,其他大部分是用 C 语言编写的,其内核系统分为内核、内存管理及文件管理 3 部分。

MINIX 最有名的学生用户是芬兰人李纳斯·托沃兹(L. Torvalds),他在芬兰的赫尔辛基技术大学用 MINIX 操作系统搭建了一个新的内核与 MINIX 兼容的操作系统。1991 年 10 月 5 日,他在一台 FTP 服务器上发布了这个消息,将此操作系统命名为 Linux,标志着 Linux 操作系统的诞生。在设计理念上,Linux 和 MINIX 大相径庭,MINIX 在内核设计上采用了微内核的原则,但 Linux 和原始的 UNIX 相同,都采用了宏内核的设计。

Linux 操作系统增加了很多功能,被完善并发布到互联网中,所有人都可以免费下载、使用它的源代码。Linux 的早期版本并没有考虑用户的使用,只提供了最核心的框架,使得 Linux 编程人员可以享受编制内核的乐趣,这也促成了 Linux 操作系统内核的强大与稳定。随着互联网的发展与兴起,Linux 操作系统迅速发展,许多优秀的程序员都加入了 Linux 操作系统的编写行列之中,随着编程人员的扩充和完整的操作系统基本软件的出现,Linux 操作系统开发人员认识到 Linux 已经逐渐变成一个成熟的操作系统平台,1994 年 3 月,其内核 5.0 的推出,标志着 Linux 第一个版本的诞生。

Linux 一开始要求所有的源码必须公开,且任何人均不得从 Linux 交易中获利。然而,这种纯粹的自由软件的理想对于 Linux 的普及和发展是不利的,于是 Linux 开始转向通用公共许可证(General Public License,GPL)项目,成为 GNU(GNU's Not UNIX)阵营中的主要一员。GNU 项目是由理查德·斯托曼(R. Stallman)于 1984 年提出的,他建立了自由软件基金会,并提出 GNU 项目的目的是开发一种完全自由的、与 UNIX 类似但功能更强大的操作系统,以便为所有计算机用户提供一种功能齐全、性能良好的基本系统。

Linux 凭借优秀的设计、不凡的性能,加上 IBM、Intel、CA、Core、Oracle 等国际知名企业的大力支持,市场份额逐步扩大,逐渐成为主流操作系统之一。

5.2.2　Linux 的特性

Linux 操作系统是目前发展最快的操作系统,这与 Linux 具有的良好特性是分不开的。它包含 UNIX 的全部功能和特性。Linux 操作系统作为一款免费、自由、开放的操作系统,发展势不可挡,它高效、安全、稳定,支持多种硬件平台,用户界面友好,网络功能强大,支持多任务、多用户。

(1) 开放性。Linux 操作系统遵循世界标准规范,特别是遵循开放系统互连(Open System Interconnect,OSI)国际标准,凡遵循国际标准所开发的硬件和软件都能彼此兼容,可方便地实现互连。另外,源代码开放的 Linux 是免费的,使 Linux 的获得非常方便,且使用 Linux 可节省花销。使用者能控制源代码,即按照需求对部件进行配置,以及自定义建设系统安全设置等。

(2) 多用户。Linux 操作系统资源可以被不同用户使用,每个用户对自己的资源(如文件、设备)有特定的权限,互不影响。

(3) 多任务。使用 Linux 操作系统的计算机可同时执行多个程序,而各个程序的运行互相独立。

（4）良好的用户界面。Linux 操作系统为用户提供了图形用户界面。它利用鼠标、菜单、窗口、滚动条等元素,给用户呈现一个直观、易操作、交互性强的友好的图形化界面。

（5）设备独立性强。Linux 操作系统将所有外部设备统一当作文件来看待,只要安装它们的驱动程序,任何用户都可以像使用文件一样操纵、使用这些设备,而不必知道它们的具体存在形式。Linux 是具有设备独立性的操作系统,它的内核具有高度适应能力。

（6）提供了丰富的网络功能。Linux 操作系统是在 Internet 基础上产生并发展起来的,因此,完善的内置网络是 Linux 的一大特点,Linux 操作系统支持 Internet、文件传输和远程访问等。

（7）可靠的安全系统。Linux 操作系统采取了许多安全技术措施,包括读写控制、带保护的子系统、审计跟踪、核心授权等,这为网络多用户环境中的用户提供了必要的安全保障。

（8）良好的可移植性。Linux 操作系统从一个平台转移到另一个平台时仍然能用其自身的方式运行。Linux 是一种可移植的操作系统,能够在从微型计算机到大型计算机的任何环境和任何平台上运行。

（9）支持多文件系统。Linux 操作系统可以把许多不同的文件系统以挂载形式连接到本地主机上,包括 Ext2/3、FAT32、NTFS、OS/2 等文件系统,以及网络中其他计算机共享的文件系统等,是数据备份、同步、复制的良好平台。

5.2.3　Linux 基本命令

Linux 操作系统的 Shell 作为操作系统的外壳,为用户提供使用操作系统的接口。它是命令语言、命令解释程序及程序设计语言的统称。

Shell 是用户和 Linux 内核之间的接口程序,如果把 Linux 内核想象成一个球体的中心,Shell 就是围绕内核的外层。当从 Shell 或其他程序向 Linux 传递命令时,内核会做出相应的反应。

1. Shell 命令的基本格式

在 Linux 操作系统中看到的命令其实就是 Shell 命令,Shell 命令的基本格式如下。

```
command [选项] [参数]
```

（1）command 为命令名称,例如,查看当前文件夹下文件或文件夹的命令是 ls。

（2）[选项]表示可选,是对命令的特别定义,以连接符"-"开始,多个选项可以用一个连接符"-"连接起来,例如,ls -l -a 与 ls -la 的作用是相同的,有些命令不写选项和参数也能执行,有些命令在必要时可以附带选项和参数。

ls 是常用的一个命令,属于目录操作命令,用来列出当前目录下的文件和文件夹。ls 命令后可以加选项,也可以不加选项,不加选项的写法如下。

```
[root@localhost ~]# ls
anaconda-ks.cfg initial-setup-ks.cfg 公共 模板 视频 图片 文档 下载 音乐 桌面
[root@localhost ~]#
```

ls 命令之后不加选项和参数也能执行,但只能执行最基本的功能,即显示当前目录下的文件名。那么,加入一个选项后,会出现什么结果?

```
[root@localhost ~]# ls -l
总用量 8
```

```
- rw --------- . 1 root root 1647 6 月        8 01:27 anaconda - ks.cfg
- rw - r - r -- . 1 root root 1695 6 月        8 01:30 initial - setup - ks.cfg
drwxr - xr - x.    2 root root     6 6 月      8 01:41 公共
…(省略部分内容)
drwxr - xr - x.    2 root root    40 6 月      8 01:41 桌面
[root@localhost ~]#
```

如果加-l选项,则可以看到显示的内容明显增多了。-l是长格式(long list)的意思,即显示文件的详细信息。

可以看到,选项的作用是调整命令功能。如果没有选项,那么命令只能执行最基本的功能;而一旦有选项,就能执行更多功能,或者显示更加丰富的数据。

Linux的选项又分为短格式选项和长格式选项两类。

短格式选项是长格式选项的简写,用一个"-"和一个字母表示,如"ls -l"。

长格式选项是完整的英文单词,用两个"-"和一个单词表示,如"ls --all"。

一般情况下,短格式选项是长格式选项的缩写,即一个短格式选项会有对应的长格式选项。当然也有例外,例如,"ls"命令的短格式选项"-l"就没有对应的长格式选项,所以具体的命令选项需要通过帮助手册来查询。

(3) [参数]为跟在可选项后的参数,或者是command的参数,参数可以是文件,也可以是目录,可以没有,也可以有多个,有些命令必须使用多个操作参数,例如,cp命令必须指定源操作对象和目标对象。

(4) command [选项] [参数]等项目之间以空格隔开,无论有几个空格,Shell都将其视为一个空格。

2. 输入命令时键盘操作的一般规律

(1) 命令、文件名、参数等都要区分英文大小写,例如,md与MD是不同的。

(2) 命令、选项、参数之间必须有一个或多个空格。

(3) 命令太长时,可以使用"\"符号来转义 Enter 符号,以实现一条命令跨多行。

```
[root@localhost ~]# hostnamectl set - hostname \      //输入"\"符号来转义 Enter 符号
> test1                                                //输入主机名为 test1
[root@localhost ~]# bash                               //bash 执行命令
[root@test1 ~]#
```

(4) 按 Enter 键以后,该命令才会被执行。

3. 配置显示系统的常用命令

(1) cat 命令用于查看 Linux 内核版本,执行命令如下。

```
[root@localhost ~]# cat /proc/version
Linux version 3.10.0 - 957. el7. x86_64 (mockbuild@kbuilder. bsys. centos. org) (gcc version 5.8.5
20150623 (Red Hat 5.8.5 - 36) (GCC) ) #1 SMP Thu Nov 8 23:39:32 UTC 2018
[root@localhost ~]#
[root@localhost ~]# cat /etc/redhat - release
CentOS Linux release 7.6.1810 (Core)
[root@localhost ~]#
```

cat命令的作用是连接文件或标准输入并输出。这个命令常用来显示文件内容,或者将几个文件连接起来显示,或者从标准输入读取内容并显示,常与重定向符号配合使用。其命令格式如下。

```
cat [选项] 文件名
```

cat命令各选项及其功能说明,如表5.1所示。

表5.1 cat命令各选项及其功能说明

选 项	功 能 说 明
-A	等价于-vET
-b	对非空输出行编号
-e	等价于-vE
-E	在每行结束处显示$
-n	对输出的所有行编号,由1开始对所有输出的行数进行编号
-s	当有连续两行以上的空白行时,将其替换为一行的空白行
-t	与-vT等价
-T	将跳格字符显示为^I
-v	使用^和M-引用,除了Tab键之外

使用cat命令来显示文件内容时,执行命令如下。

```
[root@localhost ~]# dir
a1-test05.txt    history.txt             mkfs.ext2    mkrfc2734    公共    图片    音乐
anaconda-ks.cfg  initial-setup-ks.cfg mkfs.msdos  mnt          模板    文档    桌面
font.map         mkfontdir            mkinitrd     user01       视频    下载
[root@localhost ~]# cat a1-test05.txt            //显示a1-test05.txt文件的内容
aaaaaaaaaaaaaa
bbbbbbbbbbbbbb
cccccccccccccc
[root@localhost ~]# cat -nE a1-test05.txt        //显示a1-test05.txt文件的内容,对输出的
//所有行编号,由1开始对所有输出的行数进行编号,在每行结束处显示$
     1 aaaaaaaaaaaaaa $
     2 bbbbbbbbbbbbbb $
     3 cccccccccccccccc $
[root@localhost ~]#
```

(2) tac命令反向显示文件内容。

tac命令与cat命令相反,只适合用于显示内容较少的文件。其命令格式如下。

```
tac [选项] 文件名
```

tac命令各选项及其功能说明,如表5.2所示。

表5.2 tac命令各选项及其功能说明

选 项	功 能 说 明
-b	在行前面非行尾添加分隔标志
-r	分隔标志视作正则表达式来解析
-s	使用指定字符串代替换行作为分隔标志

使用 tac 命令来反向显示文件内容时,执行命令如下。

```
[root@localhost ~]# tac -r a1-test05.txt
ccccccccccccccccc
bbbbbbbbbbbbb
aaaaaaaaaaaaaa
[root@localhost ~]#
```

(3) head 命令查看文件的 n 行。

head 命令用于查看具体文件的前几行的内容,默认情况下显示文件前 10 行的内容。其命令格式如下。

head 　[选项] 　文件名

head 命令各选项及其功能说明,如表 5.3 所示。

表 5.3　head 命令各选项及其功能说明

选　　项	功 能 说 明
-c	显示文件的前 n 个字节,如-c5,表示文件内容的前 5 个字节
-n	后面接数字,表示显示几行
-q	不显示包含给定文件名的文件头
-v	总是显示包含给定文件名的文件头

使用 head 命令来查看具体文件的前几行的内容时,执行以下命令。

```
[root@localhost ~]# head -n5 -v /etc/passwd
==> /etc/passwd <==
root:x:0:0:root:/root:/bin/bash
bin:x:1:1:bin:/bin:/sbin/nologin
daemon:x:2:2:daemon:/sbin:/sbin/nologin
adm:x:3:4:adm:/var/adm:/sbin/nologin
lp:x:4:7:lp:/var/spool/lpd:/sbin/nologin
[root@localhost ~]#
```

(4) tail 命令查看文件的最后 n 行。

tail 命令用于查看具体文件的最后几行的内容,默认情况下显示文件最后 10 行的内容,可以使用 tail 命令来查看日志文件被更改的过程。其命令格式如下。

tail 　[选项] 　文件名

tail 命令各选项及其功能说明,如表 5.4 所示。

表 5.4　tail 命令各选项及其功能说明

选　　项	功 能 说 明
-c	显示文件的前 n 个字节,如-c5,表示文件内容前 5 个字节,其他文件内容不显示
-f	随着文件的增长输出附加数据,即实时跟踪文件,显示一直继续,直到按 Ctrl+C 组合键才停止显示
-F	实时跟踪文件,如果文件不存在,则继续尝试

续表

选　项	功 能 说 明
-n	后面接数字时,表示显示几行
-q	不显示包含给定文件名的文件头
-v	总是显示包含给定文件名的文件头

使用 tail 命令来查看具体文件的最后几行的内容时,执行以下命令。

```
[root@localhost ~]# tail - n5 - v /etc/passwd
==> /etc/passwd <==
postfix:x:89:89::/var/spool/postfix:/sbin/nologin
tcpdump:x:72:72::/:/sbin/nologin
csg:x:1000:1000:root:/home/csg:/bin/bash
user01:x:1001:1001:user01:/home/user01:/bin/bash
user0:x:1002:1002:user01:/home/user0:/bin/bash
[root@localhost ~]#
```

(5) echo 命令将显示内容输出到屏幕上。

echo 命令非常简单,如果命令的输出内容没有特殊含义,则原内容输出到屏幕上;如果命令的输出内容有特殊含义,则输出其含义。其命令格式如下。

```
echo　[选项]　[输出内容]
```

echo 命令各选项及其功能说明,如表 5.5 所示。

表 5.5　echo 命令各选项及其功能说明

选　项	功 能 说 明
-n	取消输出后行末的换行符号(内容输出后不换行)
-e	支持反斜线控制的字符转换

在 echo 命令中,如果使用了-n 选项,则表示输出文字后不换行;字符串可以加引号,也可以不加引号,用 echo 命令输出加引号的字符串时,将字符串原样输出;用 echo 命令输出不加引号的字符串时,字符串中的各个单词作为字符串输出,各字符串之间用一个空格分隔。

如果使用了-e 选项,则可以支持控制字符,会对其进行特别处理,而不会将它当作一般文字输出。控制字符如表 5.6 所示。

表 5.6　控制字符

控 制 字 符	功 能 说 明
\\	输出\本身
\a	输出警告音
\b	退格键,即向左删除键
\c	取消输出行末的换行符。和-n 选项一致
\e	Esc 键
\f	换页符
\n	换行符
\r	回车键
\t	制表符,即 Tab 键

续表

控 制 字 符	功 能 说 明
\v	垂直制表符
\0nnn	按照八进制 ASCII 表输出字符。其中,0 为数字 0,nnn 是三位八进制数
\xhh	按照十六进制 ASCII 表输出字符。其中,hh 是两位十六进制数

使用 echo 命令输出相关内容到屏幕上,执行以下命令。

```
[root@localhost ~]# echo - en "hello welcome\n"        //换行输出
hello welcome
[root@localhost ~]# echo - en "1 2 3\n"                //整行换行输出
1 2 3
[root@localhost ~]# echo - en "1\n2\n3\n"              //每个字符换行输出
1
2
3
[root@localhost ~]# echo - n aaa                       //字符串不加引号,不换行输出
aaa[root@localhost ~]# echo - n 123
123[root@localhost ~]#
```

echo 命令也可以把显示输出的内容输入到一个文件中,命令如下。

```
[root@localhost ~]# echo "hello everyone welcome to here" > welcome.txt   //写入或替换
[root@localhost ~]# echo "hello everyone" >> welcome.txt                  //追加写入
[root@localhost ~]# cat welcome.txt
hello everyone welcome to here
hello everyone
[root@localhost ~]#
```

(6) shutdown 命令可以安全地关闭或重启 Linux 操作系统,它在系统关闭之前给系统中的所有登录用户发送一条警告信息。

该命令还允许用户指定一个时间参数,用于指定什么时间关闭,时间参数可以是一个精确的时间,也可以是从现在开始的一个时间段。

精确时间的格式是 hh:mm,表示小时和分钟,时间段由小时和分钟数表示。系统执行该命令后会自动进行数据同步的工作。

该命令的一般格式如下。

```
shutdown [选项] [时间] [警告信息]
```

shutdown 命令各选项及含义,如表 5.7 所示。

表 5.7 shutdown 命令各选项及含义

选 项	含 义
-k	并不真正关机,而只是发出警告信息给所有用户
-r	关机后立即重新启动系统
-h	关机后不重新启动系统
-f	快速关机重新启动时跳过文件系统检查
-n	快速关机且不经过 init 程序
-c	取消一个已经运行的 shutdown 操作

需要特别说明的是,该命令只能由 root 用户使用。

halt 是最简单的关机命令,其实际上是调用 shutdown -h 命令。halt 命令执行时,会结束应用进程,文件系统写操作完成后会停止内核。

```
[root@localhost ~]# shutdown - h now          //立刻关闭系统
```

reboot 的工作过程与 halt 类似,其作用是重新启动系统,而 halt 是关机。其参数也与 halt 类似,reboot 命令重启系统时是删除所有进程,而不是平稳地终止它们。因此,使用 reboot 命令可以快速地关闭系统,但当还有其他用户在该系统中工作时,会引起数据的丢失,所以使用 reboot 命令的场合主要是单用户模式。

```
[root@localhost ~]# reboot                     //立刻重启系统
[root@localhost ~]# shutdown - r 00:05         //5 min 后重启系统
[root@localhost ~]# shutdown - c               //取消 shutdown 操作
```

退出终端窗口命令 exit。

```
[root@localhost ~]# exit                        //退出终端窗口
```

(7) whoami 命令用于显示当前的操作用户的用户名,执行命令如下。

```
[root@localhost ~]# whoami
root
[root@localhost ~]#
```

(8) hostnamectl 命令用于设置当前系统的主机名,执行命令如下。

```
[root@localhost ~]# hostnamectl set - hostname test1   //设置当前系统的主机名为 test1
[root@localhost ~]# bash                                //执行命令
[root@test1 ~]#
[root@test1 ~]# hostname                                //查看当前主机名
test1
[root@test1 ~]#
```

(9) date 命令用于显示当前时间/日期,执行命令如下。

```
[root@localhost ~]# date
2022 年 05 月 10 日 星期二 19:13:05 CST
[root@localhost ~]#
```

(10) cal 命令用于显示日历信息,执行命令如下。

```
[root@localhost ~]# cal
        五月 2022
日   一   二   三   四   五   六
 1   2   3   4   5   6   7
 8   9  10  11  12  13  14
15  16  17  18  19  20  21
22  23  24  25  26  27  28
29  30  31
[root@localhost ~]#
```

（11）clear 命令相当于 DOS 下的 cls 命令，执行命令如下。

```
[root@localhost ~]# clear
[root@localhost ~]#
```

（12）history 命令可以用来显示和编辑历史命令，显示最近 5 个历史命令，执行命令如下。

```
[root@localhost ~]# history 5
    14 uname - a
    15 whoami
    16 date
    17 cal
    18 history 5
[root@localhost ~]#
```

（13）pwd 命令显示当前工作目录，执行命令如下。

```
[root@localhost ~]# pwd
/root
[root@localhost ~]#
```

（14）cd 命令改变当前工作目录。

cd 是 change directory 的缩写，用于改变当前工作目录。其命令格式如下。

```
cd  [绝对路径或相对路径]
```

路径是目录或文件在系统中的存放位置，如果想要编辑 ifcfg-ens33 文件，则先要知道此文件的所在位置，此时就需要用路径来表示。

路径是由目录和文件名构成的，例如，/etc 是一个路径，/etc/sysconfig 是一个路径，/etc/sysconfig/network-scripts/ifcfg-ens33 也是一个路径。

路径的分类如下。

① 绝对路径：从根目录（/）开始的路径，如/usr、/usr/local/、/usr/local/etc 等是绝对路径，它指向系统中一个绝对的位置。

② 相对路径：路径不是由"/"开始的，相对路径的起点为当前目录，如果现在位于/usr 目录，那么相对路径 local/etc 所指示的位置为/usr/local/etc。也就是说，相对路径所指示的位置，除了相对路径本身之外，还受到当前位置的影响。

Linux 操作系统中常见的目录有/bin、/usr/bin、/usr/local/bin，如果只有一个相对路径 bin，那么它指示的位置可能是上面 3 个目录中的任意一个，也可能是其他目录。特殊符号表示的目录，如表 5.8 所示。

表 5.8　特殊符号表示的目录

特 殊 符 号	表示的目录	特 殊 符 号	表示的目录
～	代表当前登录用户的主目录	.	代表当前目录
～用户名	表示切换至指定用户的主目录	..	代表上级目录
-	代表上次所在目录		

如果只输入 cd，未指定目标目录名，则返回到当前用户的主目录，等同于 cd～，一般用户的主

目录默认在/root下,如 root 用户的默认主目录为/root,为了能够进入指定的目录,用户必须拥有对指定目录的执行和读权限。

以 root 身份登录到系统中,进行目录切换等操作,执行命令如下。

```
[root@localhost ~]# pwd                        //显示当前工作目录
/root
[root@localhost ~]# cd /etc                     //以绝对路径进入 etc 目录
[root@localhost etc]# cd yum.repos.d            //以相对路径进入 yum.repos.d 目录
[root@localhost yum.repos.d]# pwd
/etc/yum.repos.d
[root@localhost yum.repos.d]# cd .              //当前目录
[root@localhost yum.repos.d]# cd ..             //上级目录
[root@localhost etc]# pwd
/etc
[root@localhost etc]# cd ~                      //当前登录用户的主目录
[root@localhost ~]# pwd
/root
[root@localhost ~]# cd -                        //上次所在目录
/etc
[root@localhost etc]#
```

(15) ls 命令显示目录文件。

ls 是 list 的缩写,不加参数时,ls 命令用来显示当前目录清单,是 Linux 中最常用的命令之一,通过 ls 命令不仅可以查看 Linux 文件夹包含的文件,还可以查看文件及目录的权限、目录信息等。其命令格式如下。

```
ls  [选项]  目录或文件名
```

ls 命令各选项及其功能说明,如表 5.9 所示。

表 5.9 ls 命令各选项及其功能说明

选　　项	功　能　说　明
-a	显示所有文件,包括隐藏文件,如"."""
-d	仅可以查看目录的属性参数及信息
-h	以易于阅读的格式显示文件或目录的大小
-i	查看任意一个文件的节点
-l	长格式输出,包含文件属性,显示详细信息
-L	递归显示,即列出某个目录及子目录的所有文件和目录
-t	以文件和目录的更改时间排序显示

使用 ls 命令,进行显示目录文件相关操作,执行命令如下。

① 显示所有文件,包括隐藏文件,如".""..."。

```
[root@localhost ~]# ls -a
.                  .bash_profile    .esd_auth        mkfontdir      .tcshrc     文档
..                 .bashrc          font.map         mkfs.ext2      .Viminfo    下载
aa.txt             .cache           history.txt      mkfs.msdos     公共         音乐
anaconda-ks.cfg    .config          .ICEauthority    mkinitrd       模板         桌面
…(省略部分内容)
[root@localhost ~]#
```

② 长格式输出,包含文件属性,显示详细信息。

```
[root@localhost ~]# ls - l
总用量 16
- rw - r - - r - - . 1 root root    85 6 月 25 14:04 aa. txt
- rw - - - - - - - - . 1 root root 1647 6 月  8 01:27 anaconda - ks. cfg
- rw - r - - r - - . 1 root root    0 6 月 20 22:37 font. map
…(省略部分内容)
[root@localhost ~]#
```

(16) touch 命令创建文件或修改文件。

touch 命令可以用来创建文件或修改文件的存取时间,如果指定的文件不存在,则会生成一个空文件。其命令格式如下。

```
touch　[选项]　目录或文件名
```

touch 命令各选项及其功能说明,如表 5.10 所示。

表 5.10　touch 命令各选项及其功能说明

选　　项	功 能 说 明
-a	只把文件存取时间修改为当前时间
-d	把文件的存取/修改时间格式改为 yyyymmdd
-m	只把文件的修改时间修改为当前时间

使用 touch 命令创建一个或多个文件时,执行以下命令。

```
[root@localhost ~]# cd /mnt                     //切换目录
[root@localhost mnt]# touch file05.txt          //创建一个文件
[root@localhost mnt]# touch file0{5..4}.txt      //创建多个文件
[root@localhost mnt]# touch *     //把当前目录下所有文件的存取和修改时间修改为当前时间
[root@localhost mnt]# ls - l                     //查看修改结果
总用量 0
- rw - r - - r - - . 1 root root 0 5 月  10 19:35 file05.txt
- rw - r - - r - - . 1 root root 0 5 月  10 19:35 file05.txt
- rw - r - - r - - . 1 root root 0 5 月  10 19:35 file03.txt
- rw - r - - r - - . 1 root root 0 5 月  10 19:35 file05.txt
[root@localhost mnt]#
```

使用 touch 命令把目录/mnt 下的所有文件的存取和修改时间修改为 2022 年 6 月 26 日,执行以下命令。

```
[root@localhost mnt]# touch - d 20220626 /mnt/ *
[root@localhost mnt]# ls - l
总用量 0
- rw - r - - r - - . 1 root root 0 6 月  26 2022 file05.txt
- rw - r - - r - - . 1 root root 0 6 月  26 2022 file05.txt
- rw - r - - r - - . 1 root root 0 6 月  26 2022 file03.txt
- rw - r - - r - - . 1 root root 0 6 月  26 2022 file05.txt
[root@localhost mnt]#
```

(17) mkdir 命令创建新目录。

mkdir 命令用于创建指定的目录名,要求创建的用户在当前目录中具有写权限,并且指定的目录名不能是当前目录中已有的目录,目录可以是绝对路径,也可以是相对路径。其命令格式如下。

```
mkdir  [选项]  目录名
```

mkdir 命令各选项及其功能说明,如表 5.11 所示。

表 5.11　mkdir 命令各选项及其功能说明

选　　项	功　能　说　明
-p	创建目录时,递归创建,如果父目录不存在,则此时可以与子目录一起创建,即可以一次创建多个层次的目录
-m	给创建的目录设定权限,默认权限是 drwxr-xr-x
-v	输入目录创建的详细信息

使用 mkdir 命令创建新目录时,执行命令如下。

```
[root@localhost mnt]# mkdir user01                        //创建新目录 user01
[root@localhost mnt]# ls - l
总用量 0
- rw - r - - r - - . 1 root root 0 6 月   26 2020 file05.txt
- rw - r - - r - - . 1 root root 0 6 月   26 2020 file05.txt
- rw - r - - r - - . 1 root root 0 6 月   26 2020 file03.txt
- rw - r - - r - - . 1 root root 0 6 月   26 2020 file05.txt
drwxr - xr - x.   2 root root 6 5 月   10 19:38 user01
[root@localhost mnt]# mkdir - v user02                    //创建新目录 user02
mkdir: 已创建目录 "user02"
[root@localhost mnt]# ls - l
总用量 0
- rw - r - - r - - . 1 root root 0 6 月   26 2020 file05.txt
- rw - r - - r - - . 1 root root 0 6 月   26 2020 file05.txt
- rw - r - - r - - . 1 root root 0 6 月   26 2020 file03.txt
- rw - r - - r - - . 1 root root 0 6 月   26 2020 file05.txt
drwxr - xr - x.   2 root root 6 5 月   10 19:38 user01
drwxr - xr - x.   2 root root 6 5 月   10 19:40 user02
[root@localhost mnt]# mkdir - p /mnt/user03/a01 /mnt/user03/a02
                         //在 user03 目录下,同时创建目录 a01 和目录 a02
[root@localhost mnt]# ls - l /mnt/user03
总用量 0
drwxr - xr - x. 2 root root 6 5 月   10 19:41 a01
drwxr - xr - x. 2 root root 6 5 月   10 19:41 a02
[root@localhost mnt]#
```

(18) rmdir 命令删除目录。

rmdir 是常用的命令,该命令的功能是删除空目录,一个目录被删除之前必须是空的,删除某目录时必须具有对其父目录的写权限。其命令格式如下。

```
rmdir  [选项]  目录名
```

rmdir 命令各选项及其功能说明，如表 5.12 所示。

表 5.12　rmdir 命令各选项及其功能说明

选　项	功 能 说 明
-p	递归删除目录，当子目录删除后其父目录为空时，父目录也一同被删除。如果整个路径被删除或者由于某种原因保留部分路径，则系统在标准输出上显示相应的信息
-v	显示指令执行过程

使用 rmdir 命令删除目录时，执行命令如下。

```
[root@localhost mnt]# rmdir -v /mnt/user03/a01
rmdir: 正在删除目录 "/mnt/user03/a01"
[root@localhost mnt]# ls -l /mnt/user03
总用量 0
drwxr-xr-x. 2 root root 6 5月   10 19:41 a02
[root@localhost mnt]#
```

（19）rm 命令删除文件或目录。

rm 既可以删除一个目录中的一个文件或多个文件或目录，又可以将某个目录及其下的所有文件及子目录都删除，功能非常强大。其命令格式如下。

```
rm　[选项]　目录或文件名
```

rm 命令各选项及其功能说明，如表 5.13 所示。

表 5.13　rm 命令各选项及其功能说明

选　项	功 能 说 明
-f	强制删除，删除文件或目录时不提示用户
-i	在删除前会询问用户是否操作
-r	删除某个目录及其中的所有的文件和子目录
-d	删除空文件或目录
-v	显示指令执行过程

使用 rm 命令删除文件或目录时，执行命令如下。

```
[root@localhost ~]# ls -l /mnt                    //显示目录下的信息
总用量 0
-rw-r--r--. 1 root root  0 6月   26 2022 file05.txt
-rw-r--r--. 1 root root  0 6月   26 2022 file05.txt
-rw-r--r--. 1 root root  0 6月   26 2022 file03.txt
-rw-r--r--. 1 root root  0 6月   26 2022 file05.txt
drwxr-xr-x.  2 root root  6 5月   10 19:38 user01
drwxr-xr-x.  2 root root  6 5月   10 19:40 user02
drwxr-xr-x.  3 root root 17 5月   10 19:44 user03
[root@localhost ~]# rm -r -f /mnt/*               //强制删除目录下的所有文件和目录
[root@localhost /]# ls -l /mnt                    //显示目录下的信息
总用量 0
[root@localhost /]#
```

(20) cp 命令复制文件或目录。

要将一个文件或目录复制到另一个文件或目录下,可以使用 cp 命令,该命令的功能非常强大,参数也很多,除了单纯的复制之外,还可以建立连接文件,复制整个目录,在复制的同时可以对文件进行改名操作等,这里仅介绍几个常用的参数选项。其命令格式如下。

```
cp  [选项]  源目录或文件名 目标目录或文件名
```

cp 命令各选项及其功能说明,如表 5.14 所示。

表 5.14　cp 命令各选项及其功能说明

选　　项	功 能 说 明
-a	将文件的属性一起复制
-f	强制复制,无论目标文件或目录是否已经存在,如果目标文件或目录存在,则先删除它们再复制(即覆盖),并且不提示用户
-i	i 和 f 选项正好相反,如果目标文件或目录存在,则提示是否覆盖已有的文件
-n	不要覆盖已存在的文件(使-i 选项失效)
-p	保持指定的属性,如模式、所有权、时间戳等,与-a 类似,常用于备份
-r	递归复制目录,即包含目录下的各级子目录的所有内容
-s	只创建符号链接而不复制文件
-u	只在源文件比目标文件新或目标文件不存在时才进行复制
-v	显示指令执行过程

使用 cp 命令复制文件或目录时,执行命令如下。

```
[root@localhost ~]# cd /mnt
[root@localhost mnt]# touch a0{5..3}.txt
[root@localhost mnt]# mkdir user0{5..3}
[root@localhost mnt]# dir
a05.txt a05.txt a03.txt user01 user02 user03
[root@localhost mnt]# ls - l
总用量 0
- rw - r - - r - - . 1 root root 0 5月    10 19:49 a05.txt
- rw - r - - r - - . 1 root root 0 5月    10 19:49 a05.txt
- rw - r - - r - - . 1 root root 0 5月    10 19:49 a03.txt
drwxr - xr - x.    2 root root 6 5月    10 19:49 user01
drwxr - xr - x.    2 root root 6 5月    10 19:49 user02
drwxr - xr - x.    2 root root 6 5月    10 19:49 user03
[root@localhost mnt]# cd ~
[root@localhost ~]# cp - r /mnt/a05.txt /mnt/user01/
[root@localhost ~]# ls - l /mnt/user01
总用量 0
- rw - r - - r - - . 1 root root 0 5月   10 19:51 a05.txt
[root@localhost ~]#
```

(21) mv 命令移动文件或目录。

使用 mv 命令可以为文件或目录重命名或将文件由一个目录移入另一个目录,如果在同一目录下移动文件或目录,则该操作可理解为给文件或目录重命名。其命令格式如下。

```
mv  [选项]  源目录或文件名　目标目录或文件名
```

mv 命令各选项及其功能说明,如表 5.15 所示。

表 5.15　mv 命令各选项及其功能说明

选　　项	功 能 说 明	选　　项	功 能 说 明
-f	覆盖前不询问	-n	不覆盖已存在文件
-i	覆盖前询问	-v	显示指令执行过程

使用 mv 命令移动文件或目录时,执行命令如下。

```
[root@localhost ~]# ls - l /mnt                         //显示/mnt 目录信息
总用量 0
- rw - r -- r --. 1 root root    0 6 月   25 20:27 a05.txt
- rw - r -- r --. 1 root root    0 6 月   25 20:27 a05.txt
- rw - r -- r --. 1 root root    0 6 月   25 20:27 a03.txt
drwxr - xr - x.  2 root root   24 6 月   25 20:29 user01
drwxr - xr - x.  2 root root   24 6 月   25 20:30 user02
drwxr - xr - x.  6 root root  104 6 月   25 20:37 user03
[root@localhost ~]# mv - f /mnt/a05.txt /mnt/test05.txt  //将 a05.txt 重命名为 test05.txt
[root@localhost ~]# ls - l /mnt                         //显示/mnt 目录信息
总用量 0
- rw - r -- r --. 1 root root    0 6 月   25 20:27 a05.txt
- rw - r -- r --. 1 root root    0 6 月   25 20:27 a03.txt
- rw - r -- r --. 1 root root    0 6 月   25 20:27 test05.txt
drwxr - xr - x.  2 root root   24 6 月   25 20:29 user01
drwxr - xr - x.  2 root root   24 6 月   25 20:30 user02
drwxr - xr - x.  6 root root  104 6 月   25 20:37 user03
[root@localhost ~]#
```

(22) tar 命令打包、归档文件或目录。

使用 tar 命令可以把整个目录的内容归并为一个单一的文件,而许多用于 Linux 操作系统的程序就是打包为 TAR 文件的形式,tar 命令是 Linux 中最常用的备份命令之一。

tar 命令可用于建立、还原、查看、管理文件,也可以方便地追加新文件到备份文件中,或仅更新部分备份文件,以及解压、删除指定的文件。这里仅介绍几个常用的参数选项,以便于日常的系统管理工作。其命令格式如下。

```
tar　[选项]　文件目录列表
```

tar 命令各选项及其功能说明如表 5.16 所示。

表 5.16　tar 命令各选项及其功能说明

选　　项	功 能 说 明
-c	创建一个新归档,如果备份一个目录或一些文件,则要使用这个选项
-f	使用归档文件或设备,这个选项通常是必选的,选项后面一定要跟文件名
-z	用 gzip 压缩/解压缩文件,加上该选项后可以对文件进行压缩,还原时也一定要使用该选项进行解压缩
-v	详细地列出处理的文件信息,如无此选项,则 tar 命令不报告文件信息
-r	把要存档的文件追加到档案文件的末尾,使用该选项时,可将忘记的目录或文件追加到备份文件中
-t	列出归档文件的内容,可以查看哪些文件已经备份
-x	从归档文件中释放文件

使用 tar 命令打包、归档文件或目录。

① 将/mnt 目录打包为一个文件 test05.tar,将其压缩为文件 test05.tar.gz,并存放在/root/user01 目录下作为备份,执行以下命令。

```
[root@localhost ~]# rm - rf /mnt/*              //删除/mnt 目录下的所有目录或文件
[root@localhost ~]# ls - l /mnt
总用量 0
[root@localhost ~]# touch /mnt/a0{5..2}.txt     //新建两个文件
[root@localhost ~]# mkdir /mnt/test0{5..2}      //新建两个目录
[root@localhost ~]# ls - l /mnt
总用量 0
- rw - r - - r - - . 1 root root 0 6月   25 22:32 a05.txt
- rw - r - - r - - . 1 root root 0 6月   25 22:32 a05.txt
drwxr - xr - x.  2 root root 6 6月   25 22:46 test01
drwxr - xr - x.  2 root root 6 6月   25 22:46 test02
[root@localhost ~]# mkdir /root/user01          //新建目录
[root@localhost ~]# tar - cvf /root/user01/test05.tar /mnt
                         //将/mnt 下的所有文件归并为文件 test05.tar
tar: 从成员名中删除开头的"/"
/mnt/
/mnt/a05.txt
/mnt/a05.txt
/mnt/test01
/mnt/test02
[root@localhost ~]# ls /root/user01
test05.tar
[root@localhost ~]#
```

② 在/root/user01 目录下生成压缩文件 test05.tar,使用 gzip 命令可对单个文件进行压缩,原归档文件 test05.tar 就没有了,并生成压缩文件 test05.tar.gz,执行以下命令。

```
[root@localhost ~]# gzip /root/user01/test05.tar
[root@localhost ~]# ls - l /root/user01
总用量 8
- rw - r - - r - - . 1 root root 190 6月   25 22:36 test05.tar.gz
[root@localhost ~]#
```

③ 在/root/user01 目录下生成压缩文件 test05.tar.gz,可以一次性完成归档和压缩,把两步合并为一步,执行以下命令。

```
[root@localhost ~]# tar - zcvf /root/user01/test05.tar.gz /mnt
tar: 从成员名中删除开头的"/"
/mnt/
/mnt/a05.txt
/mnt/a05.txt
/mnt/test01
/mnt/test02
[root@localhost ~]# ls - l /root/user01
总用量 16
- rw - r - - r - - . 1 root root 10240 6月   25 22:36 test05.tar.gz
[root@localhost ~]#
```

④ 对文件 test05. tar. gz 进行解压缩,执行以下命令。

```
[root@localhost ~]# cd /root/user01
[root@localhost user01]# ls - l
总用量 4
4 - rw - r - - r - - . 1 root root 175 6 月　 25 23:13 test05. tar. gz
[root@localhost user01]# gzip - d test05. tar. gz
[root@localhost user01]# tar - xf test05. tar
```

也可以一次完成解压缩,把两步合并为一步,执行以下命令。

```
[root@localhost user01]# tar - zxf test05. tar. gz
[root@localhost user01]# ls - l
总用量 4
drwxr - xr - x.　 4 root root　 64 6 月　 25 23:13 mnt
- rw - r - r - . 1 root root　 175 6 月　 25 23:13 test05. tar. gz
[root@localhost user01]# cd mnt
[root@localhost mnt]# ls - l
总用量 0
- rw - r - - r - - . 1 root root 0 6 月　 25 23:12 a05. txt
- rw - r - - r - - . 1 root root 0 6 月　 25 23:12 a05. txt
drwxr - xr - x.　 2 root root 6 6 月　 25 23:13 test01
drwxr - xr - x.　 2 root root 6 6 月　 25 23:13 test02
[root@localhost mnt]#
```

可查看用户目录下的文件列表,检查执行的情况,参数 f 之后的文件名是由用户自己定义的,通常应命名为便于识别的名称,并加上相对应的压缩名称,如 xxx. tar. gz。在前面的实例中,如果加上 z 参数,则调用 gzip 进行压缩,通常以 . tar. gz 来代表 gzip 压缩过的 TAR 文件,注意,在压缩时自身不能处于要压缩的目录及子目录内。

(23) whereis 命令查找文件位置。

whereis 命令用于查找可执行文件、源代码文件、帮助文件在文件系统中的位置。其命令格式如下。

```
whereis  [选项]  文件
```

whereis 命令各选项及其功能说明,如表 5.17 所示。

表 5.17　whereis 命令各选项及其功能说明

选　　项	功 能 说 明	选　　项	功 能 说 明
-b	只搜索二进制文件	-S<目录>	定义源代码查找路径
-B<目录>	定义二进制文件查找路径	-f	终止 <目录> 参数列表
-m	只搜索 man 手册	-u	搜索不常见记录
-M<目录>	定义 man 手册查找路径	-l	输出有效查找路径
-s	只搜索源代码		

使用 whereis 命令查找文件位置时,执行以下命令。

```
[root@localhost ~]# whereis passwd
passwd: /usr/bin/passwd /etc/passwd /usr/share/man/man5/passwd. 5. gz /usr/share/man/man1/
```

```
passwd.5.gz
[root@localhost ～]#
```

(24) locate 命令查找绝对路径中包含指定字符串的文件的位置。

locate 命令用于查找可执行文件、源代码文件、帮助文件在文件系统中的位置。其命令格式如下。

```
locate [选项] 文件
```

locate 命令各选项及其功能说明,如表 5.18 所示。

表 5.18　locate 命令各选项及其功能说明

选　　项	功　能　说　明
-b	仅匹配路径名的基名
-c	只输出找到的数量
-d	使用 DBPATH 指定的数据库,而不是默认数据库/var/lib/mlocate/mlocate.db
-e	仅输出当前现有文件的条目
-L	当文件存在时,跟随蔓延的符号链接(默认)
-h	显示帮助
-i	忽略字母大小写
-l	LIMIT 限制为 LIMIT 项目的输出(或计数)
-q	安静模式,不会显示任何错误信息
-r	使用基本正则表达式
-w	匹配整个路径名(默认)

使用 locate 命令查找文件位置时,执行命令如下。

```
[root@localhost ～]# locate passwd
/etc/passwd
/etc/passwd-
/etc/pam.d/passwd
/etc/security/opasswd
/usr/bin/gpasswd
…
[root@localhost ～]# locate - c passwd              //只输出找到的数量
153
[root@localhost ～]# locate firefox | grep rpm      //查找 firefox 文件的位置
/var/cache/yum/x86_64/7/updates/packages/firefox - 68.15.0 - 5.el7.CentOS.x86_65.rpm
```

(25) find 命令文件查找。

find 命令用于文件查找,其功能非常强大,对于文件和目录的一些比较复杂的搜索操作,可以灵活应用最基本的通配符和搜索命令 find 来实现,其可以在某一目录及其所有的子目录中快速搜索具有某些特征的目录或文件。其命令格式如下。

```
find [路径] [匹配表达式] [- exec command]
```

find 命令各匹配表达式及其功能说明,如表 5.19 所示。

表 5.19　find 命令各匹配表达式及其功能说明

匹配表达式	功能说明
-name filename	查找指定名称的文件
-user username	查找属于指定用户的文件
-group groupname	查找属于指定组的文件
-print	显示查找结果
-type	查找指定类型的文件。文件类型有：b(块设备文件)、c(字符设备文件)、d(目录)、p(管道文件)、l(符号链接文件)、f(普通文件)
-mtime n	类似于 atime,但查找的是文件内容被修改的时间
-ctime n	类似于 atime,但查找的是文件索引节点被改变的时间
-newer file	查找比指定文件新的文件,即文件的最后修改时间离现在较近
-perm mode	查找与给定权限匹配的文件,必须以八进制的形式给出访问权限
-exec command {} \;	对匹配指定条件的文件执行 command 命令
-ok command {} \;	与 exec 相同,但执行 command 命令时请用户确认

使用 find 命令查找文件时,执行命令如下。

```
[root@localhost ~]# find /etc - name passwd
/etc/pam.d/passwd
/etc/passwd
[root@localhost ~]# find / - name "firefox＊.rpm"
/var/cache/yum/x86_64/7/updates/packages/firefox - 68.15.0 - 5.el7.CentOS.x86_65.rpm
[root@localhost ~]#
[root@localhost ~]# find /etc - type f - exec ls - l {} \;
- rw - r - r - - . 1 root root 465 6 月 8 01:15 /etc/fstab
- rw - - - - - - - .  1 root root   0 6 月  8 01:15 /etc/crypttab
- rw - r - - r - - . 1 root root  49 6 月 26 09:38 /etc/resolv.conf
…(省略部分内容)
[root@localhost ~]#
```

(26) which 命令确定程序的具体位置。

which 命令用于查找并显示给定命令的绝对路径,环境变量 PATH 中保存了查找命令时需要遍历的目录,which 命令会在环境变量 PATH 设置的目录中查找符合条件的文件,也就是说,使用 which 命令可以看到某个系统指令是否存在,以及执行的命令的位置。其命令格式如下。

```
which  [选项]  [--]  COMMAND
```

which 命令各选项及其功能说明,如表 5.20 所示。

表 5.20　which 命令各选项及其功能说明

选项	功能说明
--version	输出版本信息
--help	输出帮助信息
--skip-dot	跳过以点开头的路径中的目录
--show-dot	不将点扩展到输出的当前目录中
--show-tilde	输出一个目录的非根
--tty-only	如果不处于 TTY 模式,则停止右侧的处理选项

选　　项	功　能　说　明
--all，-a	输出所有的匹配项，但不输出第一个匹配项
--read-alias，-i	从标准输入读取别名列表
--skip-alias	忽略选项--read-alias，不读取标准输入
--read-functions	从标准输入读取 shell 方法
--skip-functions	忽略选项--read-functions

使用 which 命令查找文件位置时，执行命令如下。

```
[root@localhost ~]# which find
/usr/bin/find
[root@localhost ~]# which -- show-tilde pwd
/usr/bin/pwd
[root@localhost ~]# which -- version bash
GNU which v5.20, Copyright (C) 1999 - 2008 Carlo Wood.
GNU which comes with ABSOLUTELY NO WARRANTY;
This program is free software; your freedom to use, change
and distribute this program is protected by the GPL.
[root@localhost ~]#
```

(27) grep 命令查找文件中包含指定字符串的行。

grep 是一个强大的文本搜索命令，它能使用正则表达式搜索文本，并把匹配的行输出。在 grep 命令中，字符"^"表示行的开始，字符"＄"表示行的结束，如果要查找的字符串中带有空格，则可以用单引号或双引号将其引起来。其命令格式如下。

```
grep [选项] [正则表达式] 文件名
```

grep 命令各选项及其功能说明，如表 5.21 所示。

表 5.21　grep 命令各选项及其功能说明

选　　项	功　能　说　明
-a	对二进制文件以文本文件的方式搜索数据
-c	对匹配的行计数
-i	忽略字母大小写的不同
-l	只显示包含匹配模式的文件名
-n	每个匹配行只按照相对的行号显示
-v	反向选择，列出不匹配的行

使用 grep 命令查找文件位置时，执行以下命令。

```
[root@localhost ~]# grep "root" /etc/passwd
root:x:0:0:root:/root:/bin/bash
operator:x:11:0:operator:/root:/sbin/nologin
csg:x:1000:1000:root:/home/csg:/bin/bash
[root@localhost ~]# grep -il "root" /etc/passwd
/etc/passwd
[root@localhost ~]#
```

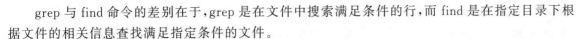

grep 与 find 命令的差别在于,grep 是在文件中搜索满足条件的行,而 find 是在指定目录下根据文件的相关信息查找满足指定条件的文件。

（28）sort 命令对文本文件内容进行排序。

sort 命令用于将文本文件内容加以排序。其命令格式如下。

```
sort [选项] 文件名
```

sort 命令各选项及其功能说明,如表 5.22 所示。

表 5.22　sort 命令各选项及其功能说明

选　项	功 能 说 明
-b	忽略前导的空白区域
-c	检查输入是否已排序,若已排序,则不进行操作
-d	只考虑空白区域和字母字符
-f	忽略字母大小写
-i	除了 040～176 中的 ASCII 字符外,忽略其他的字符
-m	将几个排序好的文件合并
-M	将前面 3 个字母依照月份的缩写进行排序
-n	依照数值的大小进行排序
-o	将结果写入文件而非标准输出
-r	逆序输出排序结果
-s	禁用 last-resort 比较,以稳定比较算法
-t	使用指定的分隔符代替非空格到空格的转换
-u	配合-c 时,严格校验排序;不配合-c 时,只输出一次排序结果
-z	以 0 字节而非新行作为行尾标志

使用 sort 命令时,可针对文本文件的内容,以行为单位来进行排序,执行命令如下。

```
[root@localhost ~]# cat testfile05.txt        //查看 testfile05.txt 文件的内容
test 10
open 20
hello 30
welcome 40
[root@localhost ~]# sort testfile05.txt        //排序 testfile05.txt 文件的内容
hello 30
open 20
test 10
welcome 40
[root@localhost ~]#
```

sort 命令将以默认的方式使文本文件的第一列以 ASCII 码的次序排列,并将结果输出到标准输出。

5.2.4　Vi、Vim 编辑器的使用

可视化接口（Visual interface,Vi）也称为可视化界面,它为用户提供了一个全屏幕的窗口编辑器,窗口中一次可以显示一屏的编辑内容,并可以上下滚动。Vi 是所有 UNIX 和 Linux 操作系统中的标准编辑器,类似于 Windows 操作系统中的记事本,对于 UNIX 和 Linux 操作系统中的任何

版本,Vi 编辑器都是完全相同的,因此可以在其他任何介绍 Vi 的地方进一步了解它,Vi 也是 Linux 中最基本的文本编辑器,学会它后,可以在 Linux,尤其是在终端中畅通无阻。

Vim(Visual interface improved,Vim)可以看作 Vi 的改进升级版,Vi 和 Vim 都是 Linux 操作系统中的编辑器,不同的是,Vim 比较高级,Vi 用于文本编辑,但 Vim 更适用于面向开发者的云端开发平台。

Vim 可以执行输出、移动、删除、查找、替换、复制、粘贴、撤销、块操作等众多文件操作,而且用户可以根据自己的需要对其进行定制,这是其他编辑程序没有的。但 Vim 不是一个排版程序,它不像 Word 或 WPS 那样可以对字体、格式、段落等其他属性进行编排,它只是一个文件编辑程序,Vim 是全屏幕文件编辑器,没有菜单,只有命令。

在命令行中执行命令 vim filename,如果 filename 已经存在,则该文件被打开且显示其内容;如果 filename 不存在,则 Vim 在第一次存盘时自动在硬盘中新建 filename 文件。

Vim 有 3 种基本工作模式:命令模式、编辑模式、末行模式。考虑到各种用户的需要,采用状态切换的方法可以实现工作模式的转换,切换只是习惯性的问题,一旦熟练使用 Vim,就会觉得它非常易于使用。

1. 命令模式

命令模式(其他模式→Esc)是用户进入 Vim 的初始状态,在此模式下,用户可以输入 Vim 命令,使 Vim 完成不同的工作任务,如光标移动、复制、粘贴、删除等,也可以从其他模式返回到命令模式,在编辑模式下按 Esc 键或在末行模式下输入错误命令都会返回到命令模式。Vim 命令模式的光标移动命令,如表 5.23 所示;Vim 命令模式的复制和粘贴命令,如表 5.24 所示;Vim 命令模式的删除操作命令,如表 5.25 所示;Vim 命令模式的撤销与恢复操作命令,如表 5.26 所示。

表 5.23 Vim 命令模式的光标移动命令

操　作	功　能　说　明
gg	将光标移动到文章的首行
G	将光标移动到文章的尾行
w 或 W	将光标移动到下一个单词
H	将光标移动到该屏幕的顶端
M	光标移动到该屏幕的中间
L	将光标移动到该屏幕的底端
h(←)	将光标向左移动一格
l(→)	将光标向右移动一格
j(↓)	将光标向下移动一格
k(↑)	将光标向上移动一格
0(Home)	数字 0,将光标移至行首
$(End)	将光标移至行尾
Page Up/Page Down	(Ctrl+B/Ctrl+F)上下翻屏

表 5.24 Vim 命令模式的复制和粘贴命令

操　作	功　能　说　明
yy 或 Y(大写)	复制光标所在的整行
3yy 或 y3y	复制 3 行(含当前行,后 3 行),如复制 5 行,则使用 5yy 或 y5y 即可

续表

操　　作	功　能　说　明
y1G	复制至行文件首
yG	复制至行文件尾
yw	复制一个单词
y2w	复制两个字符
p(小写)	粘贴到光标的后(下)面,如果复制的是整行,则粘贴到光标所在行的下一行
P(大写)	粘贴到光标的前(上)面,如果复制的是整行,则粘贴到光标所在行的上一行

表 5.25　Vim 命令模式的删除操作命令

操　　作	功　能　说　明
dd	删除当前行
3dd 或 d3d	删除 3 行(含当前行,后 3 行),如删除 5 行,则使用 5dd 或 d5d 即可
d1G	删除至文件首
dG	删除至文件尾
D 或 d$	删除至行尾
dw	删除至词尾
ndw	删除后面的 n 个词

表 5.26　Vim 命令模式的撤销与恢复操作命令

操　　作	功　能　说　明
U(小写)	取消上一个更改(常用)
U(大写)	取消一行内的所有更改
Ctrl+R	重做一个动作(常用),通常与"u"配合使用,将会为编辑提供很多方便
.	重复前一个动作,如果想要重复删除、复制、粘贴等,则按"."键即可

2. 编辑模式

在编辑模式(命令模式→a/A、i/I 或 o/O)下,可对编辑的文件添加新的内容并进行修改,这是该模式的唯一功能。进入该模式时,可按 a/A、i/I 或 o/O 键。Vim 编辑模式命令,如表 5.27 所示。

表 5.27　Vim 编辑模式命令

操　　作	功　能　说　明
a(小写)	在光标之后插入内容
A(大写)	在光标当前行的末尾插入内容
i(小写)	在光标之前插入内容
I(大写)	在光标当前行的开始部分插入内容
o(小写)	在光标所在行的下面新增一行
O(大写)	在光标所在行的上面新增一行

3. 末行模式

末行模式(命令模式→: 或/与?)主要用来进行一些文字编辑辅助功能,如查找、替换、文件保存等,在命令模式下输入":"字符,即可进入末行模式,若输入命令完成或命令出错,则会退出 Vim 或返回到命令模式。Vim 末行模式命令,如表 5.28 所示,按 Esc 键可返回命令模式。

表 5.28　Vim 末行模式命令

操　　作	功　能　说　明
ZZ(大写)	保存当前文件并退出
:wq 或:x	保存当前文件并退出
:q	结束 Vim 程序,如果文件有过修改,则必须先保存文件
:q!	强制结束 Vim 程序,修改后的文件不会保存
:w[文件路径]	保存当前文件,将其保存为另一个文件(类似于另存为新文件)
:r[filename]	在编辑的数据中,读入另一个文件的数据,即将 filename 文件的内容追加到光标所在行的后面
:!command	暂时退出 Vim 到命令模式下执行 command 的显示结果,如":!ls/home"表示可在 Vim 中查看/home 下以 ls 输出的文件信息
:set nu	显示行号,设定之后,会在每一行的前面显示该行的行号
:set nonu	与:set nu 相反,用于取消行号

在命令模式下输入":"字符,即可进入末行模式,在末行模式下可以进行查找与替换操作,其命令格式如下。

`:[range]　s/pattern/string/[c,e,g,i]`

查找与替换操作各选项及其功能说明,如表 5.29 所示。

表 5.29　查找与替换操作各选项及其功能说明

选　　项	功　能　说　明
range	指的是范围,如"1,5"指从第 1 行至第 5 行,"1,$"指从首行至最后一行,即整篇文章
s(search)	表示查找搜索
pattern	要被替换的字符串
string	将用 string 替换 pattern 的内容
c(confirm)	每次替换前会询问
e(error)	不显示 error
g(globe)	不询问,将做整行替换
i(ignore)	不区分字母大小写

在命令模式下输入"/"或"?"字符,即可进入末行模式,在末行模式下可以进行查找操作,其命令格式如下。

`/word 或?word`

查找操作各选项及其功能说明,如表 5.30 所示。

表 5.30　查找操作各选项及其功能说明

选　　项	功　能　说　明
/word	向光标之下寻找一个名称为 word 的字符串。例如,要在文件中查找"welcome"字符串,则输入/welcome 即可
?word	向光标之上寻找一个名称为 word 的字符串
n	代表英文按键,表示重复前一个查找的动作。例如,如果刚刚执行了/welcome 命令向下查找 welcome 字符串,则按下 n 键后,会继续向下查找下一个名称为 welcome 的字符串;如果执行了?welcome 命令,那么按 n 键会向上查找名称为 welcome 的字符串

续表

选　项	功　能　说　明
N	代表英文按键,与 n 刚好相反,为反向进行前一个查找动作。例如,执行/welcome 命令后,按 N 键表示向上查找 welcome

Vim 编辑器的使用如下。

(1) 在当前目录下新建文件 newtest.txt,输入文件内容,执行以下命令。

```
[root@localhost ~]# vim newtest.txt          //创建新文件 newtest.txt
```

在命令模式下按 a/A、i/I 或 o/O 键,进入编辑模式,完成以下内容的输入。

```
1    hello
2    everyone
3    welcome
4    to
5    here
```

输入以上内容后,按 Esc 键,从编辑模式返回到命令模式,再输入大写字母"ZZ",退出并保存文件内容。

(2) 复制第 2 行与第 3 行文本到文件尾,同时删除第 1 行文本。

按 Esc 键,从编辑模式返回到命令模式,将光标移动到第 2 行,在键盘上连续按 2yy 键,再按 G 键,将光标移动到文件最后一行,按 p 键,复制第 2 行与第 3 行文本到文件尾,按 gg 键,将光标移动到文件首行,按 dd 键,删除第 1 行文本,执行以上操作命令后,显示的文件内容如下。

```
2    everyone
3    welcome
4    to
5    here
2    everyone
3    welcome
```

(3) 在命令模式下,输入":"字符,进入末行模式,在末行模式下进行查找与替换操作,执行以下命令。

```
:1,$ s/everyone/myfriend/g
```

对整个文件进行查找,用 myfriend 字符串替换 everyone,无询问进行替换操作,执行命令后的操作结果如下。

```
2    myfriend
3    welcome
4    to
5    here
2    myfriend
3    welcome
```

(4) 在命令模式下,输入"?"或"/",进行查询,执行以下命令。

```
/welcome
```

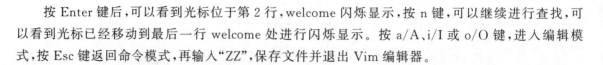

按 Enter 键后,可以看到光标位于第 2 行,welcome 闪烁显示,按 n 键,可以继续进行查找,可以看到光标已经移动到最后一行 welcome 处进行闪烁显示。按 a/A、i/I 或 o/O 键,进入编辑模式,按 Esc 键返回命令模式,再输入"ZZ",保存文件并退出 Vim 编辑器。

5.2.5 磁盘配置与管理

从广义上来讲,硬盘、光盘和 U 盘等用来保存数据信息的存储设备都可以称为磁盘。其中,硬盘是计算机的重要组件,无论是在 Windows 操作系统还是在 Linux 操作系统中,都要使用硬盘。因此,规划和管理磁盘是非常重要的工作。

1. Linux 操作系统中的设备命名规则

在 Linux 操作系统中,每个硬件设备都有一个称为设备名称的特别名称,例如,对于接在 IDE1 的第一个硬盘(主硬盘),其设备名称为/dev/hda,也就是说,可以用"/dev/hda"来代表此硬盘。对于以下信息,相信读者能够一目了然。下面介绍硬盘设备在 Linux 操作系统中的命名规则。

IDE1 的第 1 个硬盘(master)/dev/hda;

IDE1 的第 2 个硬盘(slave) /dev/hdb;

……

IDE2 的第 1 个硬盘(master)/dev/hdc;

IDE2 的第 2 个硬盘(slave) /dev/hdd;

……

SCSI 的第 1 个硬盘 /dev/sda;

SCSI 的第 2 个硬盘 /dev/sdb;

……

在 Linux 操作系统中,分区的概念和 Windows 中的概念更加接近,按照功能的不同,硬盘分区可以分为以下几类。

(1)主分区。在划分硬盘的第 1 个分区时,会指定其为主分区,Linux 最多可以让用户创建 4 个主分区,其主要用来存放操作系统的启动或引导程序,/boot 分区最好放在主分区中。

(2)扩展分区。Linux 下的一个硬盘最多只允许有 4 个主分区,如果用户想要创建更多的分区,应该怎么办? 这就有了扩展分区的概念。用户可以创建一个扩展分区,并在扩展分区中创建多个逻辑分区,从理论上来说,其逻辑分区没有数量限制。需要注意的是,创建扩展分区时,会占用一个主分区的位置,因此,如果创建了扩展分区,则一个硬盘中最多只能创建 3 个主分区和 1 个扩展分区。扩展分区不是用来存放数据的,它的主要功能是创建逻辑分区。

(3)逻辑分区。逻辑分区不能被直接创建,它必须依附在扩展分区下,容量受到扩展分区大小的限制,逻辑分区通常用于存放文件和数据。

大部分设备的前缀名后面跟有一个数字,它唯一指定了某一设备;硬盘驱动器的前缀名后面跟有一个字母和一个数字,字母用于指明设备,而数字用于指明分区。因此,/dev/sda2 指定了硬盘上的一个分区,/dev/pts/10 指定了一个网络终端会话。设备节点前缀及设备类型说明,如表 5.31 所示。

表 5.31 设备节点前缀及设备类型说明

设备节点前缀	设备类型说明	设备节点前缀	设备类型说明
fb	FRame 缓冲	ttyS	串口
fd	软盘	scd	SCSI 音频光驱
hd	IDE 硬盘	sd	SCSI 硬盘
lp	打印机	sg	SCSI 通用设备
par	并口	sr	SCSI 数据光驱
pt	伪终端	st	SCSI 磁带
tty	终端	md	磁盘阵列

一些 Linux 发行版用 SCSI 层访问所有固定硬盘,因此,虽然硬盘有可能并不是 SCSI 硬盘,但仍可以通过存储设备进行访问。

有了磁盘命名和分区命名的概念,理解诸如/dev/hda1 之类的分区名称就不难了,分区命名规则如下。

IDE1 的第 1 个硬盘(master)的第 1 个主分区 /dev/hda1;

IDE1 的第 1 个硬盘(master)的第 2 个主分区 /dev/hda2;

IDE1 的第 1 个硬盘(master)的第 1 个逻辑分区 /dev/hda5;

IDE1 的第 1 个硬盘(master)的第 2 个逻辑分区 /dev/hda6;

......

IDE1 的第 2 个硬盘(slave)的第 1 个主分区 /dev/hdb1;

IDE1 的第 2 个硬盘(slave)的第 2 个主分区 /dev/hdb2;

......

SCSI 的第 1 个硬盘的第 1 个主分区 /dev/sda1;

SCSI 的第 1 个硬盘的第 2 个主分区 /dev/sda2;

......

SCSI 的第 2 个硬盘的第 1 个主分区 /dev/sdb1;

SCSI 的第 2 个硬盘的第 2 个主分区 /dev/sdb2;

......

2. 添加新磁盘管理

新购置的物理硬盘,不管是用于 Windows 操作系统还是用于 Linux 操作系统,都要进行如下操作。

(1) 分区:可以是一个分区或多个分区。

(2) 格式化:分区必须经过格式化才能创建文件系统。

(3) 挂载:被格式化的磁盘分区必须挂载到操作系统相应的文件目录下。

Windows 操作系统自动帮助用户完成了挂载分区到目录的工作,即自动将磁盘分区挂载到盘符;Linux 操作系统除了会自动挂载根分区启动项外,其他分区都需要用户自己配置,所有的磁盘都必须挂载到文件系统相应的目录下。

为什么要将一个硬盘划分成多个分区,而不是直接使用整个硬盘呢? 主要有如下原因。

(1) 方便管理和控制。可以将系统中的数据(包括程序)按不同的应用分成几类,之后将不同类型的数据分别存放在不同的磁盘分区中。由于在每个分区中存放的都是类似的数据或程序,因此管理和维护会简单很多。

（2）提高系统的效率。给硬盘分区后，可以直接缩短系统读写磁盘时磁头移动的距离，也就是说，缩小了磁头搜寻的范围；反之，如果不使用分区，则每次在硬盘中搜寻信息时可能要搜寻整个硬盘，搜寻速度会很慢。另外，硬盘分区可以减轻碎片（文件不连续存放）所造成的系统效率下降的问题。

（3）使用磁盘配额的功能限制用户使用的磁盘量。由于限制了用户使用磁盘配额的功能，即只能在分区一级上使用，所以为了限制用户使用磁盘的总量，防止用户浪费磁盘空间（甚至将磁盘空间耗光），最好先对磁盘进行分区，再分配给一般用户。

（4）便于备份和恢复。硬盘分区后，可以只对所需的分区进行备份和恢复操作，这样备份和恢复的数据量会大大下降，操作也更简单和方便。

在进行分区、格式化和挂载操作之前，要先进行查看分区信息和在虚拟机中添加磁盘操作。

3. 查看分区信息

可以使用 fdisk -l 命令查看当前系统所有磁盘设备及其分区的信息，如图 5.1 所示。

图 5.1　查看当前系统所有磁盘设备及其分区的信息

从图 5.1 中可以看出，安装系统时，硬盘分为/root 分区、/boot 分区和/swap 分区，其中分区信息的各字段的含义如下。

（1）设备：分区的设备文件名称，如/dev/sda。

（2）Boot：是否为引导分区。若是，则带有"＊"标识/dev/sda1 ＊。

（3）Start：该分区在硬盘中的起始位置（柱面数）。

（4）End：该分区在硬盘中的结束位置（柱面数）。

（5）Blocks：分区大小。

（6）Id：分区类型的 Id。ext4 分区的 Id 为 83，LVM 分区的 Id 为 8e。

（7）System：分区类型。其中，"Linux"代表 ext4 文件系统，"Linux LVM"代表逻辑卷。

4. 在虚拟机中添加硬盘

练习硬盘分区操作时，需要先在虚拟机中添加一块新的硬盘，由于 SCSI 接口的硬盘支持热插拔，因此可以在虚拟机开机的状态下直接添加硬盘。

（1）打开虚拟机软件，选择"虚拟机"→"设置"选项，如图 5.2 所示。

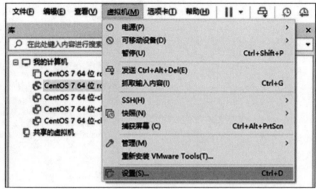

图 5.2 选择"虚拟机"→"设置"选项

（2）弹出"虚拟机设置"对话框，如图 5.3 所示。

图 5.3 "虚拟机设置"对话框

（3）单击"添加"按钮，弹出"添加硬件向导"对话框，如图 5.4 所示。

（4）在硬件类型界面中，选择"硬盘"选项，单击"下一步"按钮，进入选择磁盘类型界面，如图 5.5 所示。

（5）选中 SCSI 单选按钮，单击"下一步"按钮，进入选择磁盘界面，如图 5.6 所示。

（6）选中"创建新虚拟磁盘"单选按钮，单击"下一步"按钮，进入指定磁盘容量界面，如图 5.7 所示。

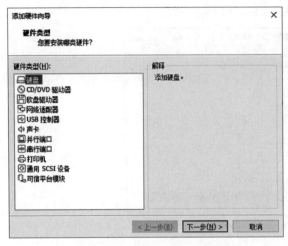
图5.4 "添加硬件向导"对话框

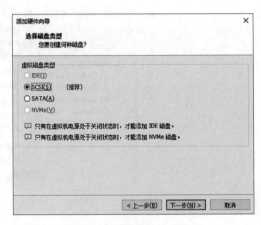
图5.5 选择磁盘类型界面

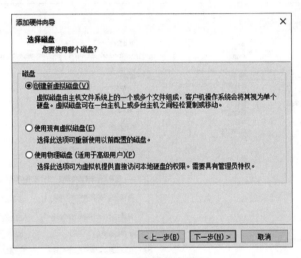
图5.6 选择磁盘界面

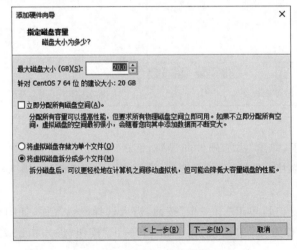
图5.7 指定磁盘容量界面

（7）设置最大磁盘大小，单击"下一步"按钮，进入指定磁盘文件界面，如图5.8所示。

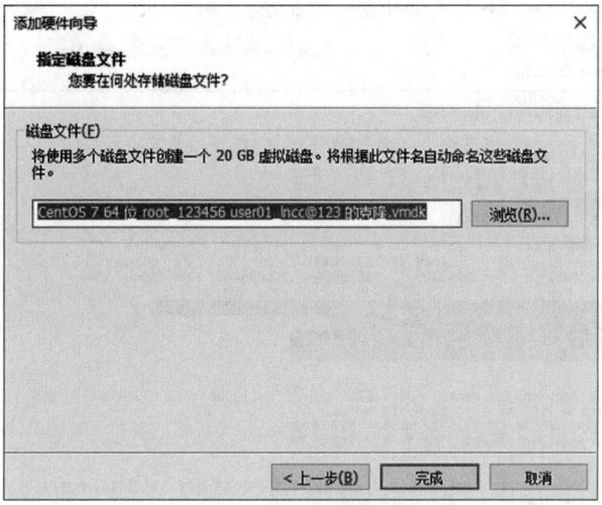

图5.8　指定磁盘文件界面

（8）单击"完成"按钮，完成在虚拟机中添加硬盘的工作，返回"虚拟机设置"对话框，可以看到刚刚添加的20GB的SCSI硬盘，如图5.9所示。

图5.9　添加的20GB的SCSI硬盘

（9）单击"确定"按钮，返回虚拟机主界面，重新启动Linux操作系统，再执行fdisk -l命令查看硬盘分区信息，如图5.10所示，可以看到新增加的硬盘/dev/sdb，系统识别到新的硬盘后，即可在该硬盘中建立新的分区。

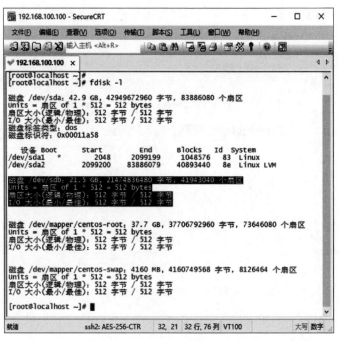

图 5.10　查看硬盘分区信息

5. 磁盘分区

在安装 Linux 操作系统时,其中有一个步骤是进行磁盘分区,在分区时可以采用 RAID 和 LVM 等方式,除此之外,Linux 操作系统中还提供了 fdisk、cfdisk、parted 等分区工具,这里主要介绍 fdisk 分区工具。

fdisk 磁盘分区工具在 DOS、Windows 和 Linux 操作系统中都有相应的应用程序,在 Linux 操作系统中,fdisk 是基于菜单的命令,对磁盘进行分区时,可以在 fdisk 命令后面直接加上要分区的磁盘作为参数。其命令格式如下。

```
fdisk [选项] <磁盘>        更改分区表
fdisk [选项] -l<磁盘>      列出分区表
fdisk -s <分区>           给出分区大小(块数)
```

fdisk 命令各选项及其功能说明如表 5.32 所示。

表 5.32　fdisk 命令各选项及其功能说明

选　　项	功 能 说 明
-b<大小>	区大小(512、1024、2048 或 4096)
-c[=<模式>]	兼容模式:dos 或 nondos(默认)
-h	输出此帮助文本
-u[=<单位>]	显示单位:cylinders(柱面)或 sectors(扇区,默认)
-v	输出程序版本
-C<数字>	指定柱面数
-H <数字>	指定磁头数
-S <数字>	指定每个磁道的扇区数

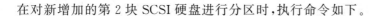

在对新增加的第 2 块 SCSI 硬盘进行分区时,执行命令如下。

```
[root@localhost ~]# fdisk /dev/sdb
欢迎使用 fdisk (util-Linux 5.23.2)。
更改将停留在内存中,直到您决定将更改写入磁盘。
使用写入命令前请三思。
Device does not contain a recognized partition table
使用磁盘标识符 0xfb0b9128 创建新的 DOS 磁盘标签。
命令(输入 m 获取帮助):m
命令操作
  a   toggle a bootable flag
  b   edit bsd disklabel
  c   toggle the dos compatibility flag
  d   delete a partition
  g   create a new empty GPT partition table
  G   create an IRIX (SGI) partition table
  l   list known partition types
  m   print this menu
  n   add a new partition
  o   create a new empty DOS partition table
  p   print the partition table
  q   quit without saving changes
  s   create a new empty Sun disklabel
  t   change a partition's system id
  u   change display/entry units
  v    verify the partition table
  w   write table to disk and exit
  x   extra functionality (experts only)
命令(输入 m 获取帮助):
```

在“命令(输入 m 获取帮助):”提示符后若输入“m”,则可以查看所有命令的帮助信息,输入相应的命令可选择需要的操作。fdisk 命令操作及其功能说明如表 5.33 所示。

表 5.33　fdisk 命令操作及其功能说明

命 令 操 作	功 能 说 明	命 令 操 作	功 能 说 明
a	设置可引导标签	o	建立空白 DOS 分区表
b	编辑 BSD 磁盘标签	p	显示分区列表
c	设置 DOS 操作系统兼容标记	q	不保存并退出
d	删除一个分区	s	新建空白 SUN 磁盘标签
g	新建一个空的 GPT 分区表	t	改变一个分区的系统 ID
G	新建一个 IRIX(SGI)分区表	u	改变显示记录单位
l	显示已知的文件系统类型,82 为 Linux Swap 分区,83 为 Linux 分区	v	验证分区表
m	显示帮助菜单	w	保存并退出
n	新建分区	x	附加功能(仅专家)

使用 fdisk 命令对新增加的 SCSI 硬盘/dev/sdb 进行分区操作,在此硬盘中创建两个主分区和一个扩展分区,在扩展分区中再创建两个逻辑分区。

(1) 执行 fdisk　/dev/sdb 命令,进入交互的分区管理界面,在“命令(输入 m 获取帮助):”提示符后,用户可以输入特定的分区操作命令来完成各项分区管理任务,输入“n”可以进行创建分区的操作,包括创建主分区、扩展分区和逻辑分区,根据提示继续输入"p"选择创建主分区,输入"e"选择创建扩展分区,之后依次选择分区序号、起始位置、结束位置或分区大小即可创建新分区。

选择分区号时,主分区和扩展分区的序号只能为1~4,分区的起始位置一般由 fdisk 命令默认识别,结束位置或分区大小可以使用类似于"+size{K,M,G}"的形式,如"+2G"表示将分区的容量设置为2GB。

下面先创建一个容量为 5GB 的主分区,主分区创建结束之后,输入"p"查看已创建好的分区/dev/sdb1,执行命令如下。

```
命令(输入 m 获取帮助):n
Partition type:
    p   primary (0 primary, 0 extended, 4 free)
    e   extended
Select (default p): p
分区号 (1-4,默认 1):1
起始 扇区 (2048-41943039,默认为 2048):
将使用默认值 2048
Last 扇区, +扇区 or +size{K,M,G} (2048-41943039,默认为 41943039): +5G
分区 1 已设置为 Linux 类型,大小设为 5 GB

命令(输入 m 获取帮助):p

磁盘 /dev/sdb:25.5 GB, 21474836480 字节,41943040 个扇区
Units = 扇区 of 1 * 512 = 512 bytes
扇区大小(逻辑/物理):512 字节 / 512 字节
I/O 大小(最小/最佳):512 字节 / 512 字节
磁盘标签类型:dos
磁盘标识符:0x0bcee221

    设备 Boot    Start      End        Blocks    Id  System
/dev/sdb1       2048       10487807   5242880   83  Linux

命令(输入 m 获取帮助):
```

(2) 继续创建第 2 个容量为 3GB 的主分区,主分区创建结束之后,输入"p"查看已创建好的分区/dev/sdb1、/dev/sdb2,执行命令如下。

```
命令(输入 m 获取帮助):n
Partition type:
    p   primary (1 primary, 0 extended, 3 free)
    e   extended
Select (default p): p
分区号 (2-4,默认 2):2
起始 扇区 (10487808-41943039,默认为 10487808):
将使用默认值 10487808
Last 扇区, +扇区 or +size{K,M,G} (10487808-41943039,默认为 41943039): +3G
分区 2 已设置为 Linux 类型,大小设为 3 GB

命令(输入 m 获取帮助):p

磁盘 /dev/sdb:25.5 GB, 21474836480 字节,41943040 个扇区
```

```
Units = 扇区 of 1 * 512 = 512 bytes
扇区大小(逻辑/物理):512 字节 / 512 字节
I/O 大小(最小/最佳):512 字节 / 512 字节
磁盘标签类型:dos
磁盘标识符:0x0bcee221

    设备 Boot    Start       End        Blocks    Id  System
/dev/sdb1         2048    10487807     5242880    83  Linux
/dev/sdb2     10487808    16779263     3145728    83  Linux

命令(输入 m 获取帮助):
```

（3）继续创建扩展分区,需要特别注意的是,必须将所有的剩余磁盘空间都分配给扩展分区,输入"e"创建扩展分区,扩展分区创建结束之后,输入"p"查看已经创建好的主分区和扩展分区,执行命令如下。

```
命令(输入 m 获取帮助):n
Partition type:
    p   primary (2 primary, 0 extended, 2 free)
    e   extended
Select (default p): e
分区号 (3,4,默认 3):
起始 扇区 (16779264 - 41943039,默认为 16779264):
将使用默认值 16779264
Last 扇区, + 扇区 or +size{K,M,G} (16779264 - 41943039,默认为 41943039):
将使用默认值 41943039
分区 3 已设置为 Extended 类型,大小设为 12 GB

命令(输入 m 获取帮助):p

磁盘 /dev/sdb:25.5 GB, 21474836480 字节,41943040 个扇区
Units = 扇区 of 1 * 512 = 512 bytes
扇区大小(逻辑/物理):512 字节 / 512 字节
I/O 大小(最小/最佳):512 字节 / 512 字节
磁盘标签类型:dos
磁盘标识符:0x0bcee221

    设备 Boot    Start       End        Blocks    Id  System
/dev/sdb1         2048    10487807     5242880    83  Linux
/dev/sdb2     10487808    16779263     3145728    83  Linux
/dev/sdb3     16779264    41943039    12581888     5  Extended

命令(输入 m 获取帮助):
```

扩展分区的起始扇区和结束扇区使用默认值即可,可以把所有的剩余磁盘空间(共 12GB)全部分配给扩展分区,从以上操作可以看出,划分的两个主分区的容量分别为 5GB 和 3GB,扩展分区的容量为 12GB。

（4）扩展分区创建完成后即可创建逻辑分区,在扩展分区中再创建两个逻辑分区,磁盘容量分别为 8GB 和 4GB,在创建逻辑分区的时候不需要指定分区编号,系统会自动从 5 开始顺序编号,执行命令如下。

```
命令(输入 m 获取帮助):n
Partition type:
    p   primary (2 primary, 1 extended, 1 free)
    l   logical (numbered from 5)
Select (default p): l
添加逻辑分区 5
起始 扇区 (16781312 - 41943039,默认为 16781312):
将使用默认值 16781312
Last 扇区, + 扇区 or + size{K,M,G} (16781312 - 41943039,默认为 41943039): + 8G
分区 5 已设置为 Linux 类型,大小设为 8 GB

命令(输入 m 获取帮助):n
Partition type:
    p   primary (2 primary, 1 extended, 1 free)
    l   logical (numbered from 5)
Select (default p): l
添加逻辑分区 6
起始 扇区 (33560576 - 41943039,默认为 33560576):
将使用默认值 33560576
Last 扇区, + 扇区 or + size{K,M,G} (33560576 - 41943039,默认为 41943039):
将使用默认值 41943039
分区 6 已设置为 Linux 类型,大小设为 4 GB

命令(输入 m 获取帮助):
```

(5) 再次输入"p",查看分区创建情况,执行命令如下。

```
命令(输入 m 获取帮助):p

磁盘 /dev/sdb:25.5 GB, 21474836480 字节,41943040 个扇区
Units = 扇区 of 1 * 512 = 512 bytes
扇区大小(逻辑/物理):512 字节 / 512 字节
I/O 大小(最小/最佳):512 字节 / 512 字节
磁盘标签类型:dos
磁盘标识符:0x0bcee221


    设备 Boot      Start        End         Blocks      Id   System
/dev/sdb1            2048     10487807     5242880      83   Linux
/dev/sdb2        10487808     16779263     3145728      83   Linux
/dev/sdb3        16779264     41943039    12581888      5    Extended
/dev/sdb5        16781312     33558527     8388608      83   Linux
/dev/sdb6        33560576     41943039     4191232      83   Linux

命令(输入 m 获取帮助):
```

(6) 完成对硬盘的分区以后,输入"w"保存并退出,或输入"q"不保存并退出 fdisk。硬盘分区完成以后,一般需要重启系统以使设置生效;如果不想重启系统,则可以使用 partprobe 命令使系统获取新的分区表的情况。这里可以使用 partprobe 命令重新查看/dev/sdb 硬盘中分区表的变化情况,执行命令如下。

```
命令(输入 m 获取帮助):w
The partition table has been altered!
Calling ioctl() to re-read partition table.
正在同步磁盘.
[root@localhost ~]# partprobe /dev/sdb
[root@localhost ~]# fdisk -l
磁盘 /dev/sda:45.9 GB, 42949672960 字节,83886080 个扇区
Units = 扇区 of 1 * 512 = 512 bytes
扇区大小(逻辑/物理):512 字节 / 512 字节
I/O 大小(最小/最佳):512 字节 / 512 字节
磁盘标签类型:dos
磁盘标识符:0x00011a58
     设备 Boot     Start         End      Blocks   Id  System
/dev/sda1   *      2048      2099199     1048576   83  Linux
/dev/sda2        2099200     83886079    40893440   8e  Linux          LVM
磁盘 /dev/sdb:25.5 GB, 21474836480 字节,41943040 个扇区
Units = 扇区 of 1 * 512 = 512 bytes
扇区大小(逻辑/物理):512 字节 / 512 字节
I/O 大小(最小/最佳):512 字节 / 512 字节
磁盘标签类型:dos
磁盘标识符:0x0bcee221
     设备 Boot     Start         End      Blocks   Id  System
/dev/sdb1          2048     10487807     5242880   83  Linux
/dev/sdb2       10487808    16779263     3145728   83  Linux
/dev/sdb3       16779264    41943039    12581888    5  Extended
/dev/sdb5       16781312    33558527     8388608   83  Linux
/dev/sdb6       33560576    41943039     4191232   83  Linux
磁盘 /dev/mapper/CentOS-root:37.7 GB, 37706792960 字节,73646080 个扇区
Units = 扇区 of 1 * 512 = 512 bytes
扇区大小(逻辑/物理):512 字节 / 512 字节
I/O 大小(最小/最佳):512 字节 / 512 字节
磁盘 /dev/mapper/CentOS-swap:4160 MB, 4160749568 字节,8126464 个扇区
Units = 扇区 of 1 * 512 = 512 bytes
扇区大小(逻辑/物理):512 字节 / 512 字节
I/O 大小(最小/最佳):512 字节 / 512 字节
```

至此,已经完成了新增加硬盘的分区操作。

6. 磁盘格式化

完成分区创建之后,还不能直接使用磁盘,必须经过格式化才能使用,这是因为操作系统必须按照一定的方式来管理磁盘,并使系统识别出来,所以磁盘格式化的作用就是在分区中创建文件系统。Linux 操作系统专用的文件系统是 ext,包含 ext3、ext4 等诸多版本,CentOS 中默认使用 ext4 文件系统。

mkfs 命令的作用是在磁盘中创建 Linux 文件系统,mkfs 命令本身并不执行建立文件系统的工作,而是调用相关的程序来实现。其命令格式如下。

```
mkfs [选项] [-t <类型>] [文件系统选项] <设备> [<大小>]
```

mkfs 命令各选项及其功能说明,如表 5.34 所示。

表 5.34　mkfs 命令各选项及其功能说明

选　　项	功 能 说 明	选　　项	功 能 说 明
-t	文件系统类型;若不指定,则使用 ext2	-v	显示版本信息并退出
-V	解释正在进行的操作	-h	显示帮助信息并退出

将新增加的 SCSI 硬盘分区/dev/sdb1 按 ext4 文件系统进行格式化,执行命令如下。

```
[root@localhost ~]# mkfs                    //输入完命令后连续按两次 Tab 键
mkfs        mkfs.cramfs  mkfs.ext3  mkfs.fat    mkfs.msdos  mkfs.xfs
mkfs.btrfs  mkfs.ext2    mkfs.ext4  mkfs.minix  mkfs.vfat
[root@localhost ~]# mkfs - t ext4 /dev/sdb1    //按 ext4 文件系统进行格式化
mke2fs 5.45.9 (28 - Dec - 2013)
文件系统标签 =
…
Writing superblocks and filesystem accounting information: 完成
```

使用同样的方法对/dev/sdb2、/dev/sdb5 和/dev/sdb6 进行格式化,需要注意的是,格式化时会清除分区中的所有数据,为了保证系统安全,要备份重要数据。

7. 磁盘挂载与卸载

挂载就是指定系统中的一个目录作为挂载点,用户通过访问这个目录来实现对硬盘分区数据的存取操作,作为挂载点的目录相当于一个访问硬盘分区的入口。例如,将/dev/sdb6 挂载到/mnt 目录中,当用户在/mnt 目录下执行相关数据的存储操作时,Linux 操作系统会到/dev/sdb6 上执行相关操作。磁盘挂载示意图,如图 5.11 所示。

在安装 Linux 操作系统的过程中,自动建立或识别的分区通常会由系统自动完成挂载工作,如/root 分区、/boot 分区等,新增加的硬盘分区、光盘、U 盘等设备,都必须由管理员手动挂载到系统目录中。

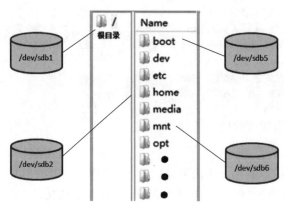

图 5.11　磁盘挂载示意图

Linux 操作系统中提供了两个默认的挂载目录:/media 和/mnt。

① /media 用作系统自动挂载点。

② /mnt 用作手动挂载点。

从理论上讲,Linux 操作系统中的任何一个目录都可以作为挂载点,但从系统的角度出发,以下几个目录是不能作为挂载点使用的:/bin、/sbin、/etc、/lib、/lib64。

（1）手动挂载。

mount 命令的作用是将一个设备（通常是存储设备）挂载到一个已经存在的目录中，访问这个目录就是访问该存储设备。其命令格式如下。

```
mount [选项] [ -- source] <源> | [ -- target] <目录>
```

mount 命令各选项及其功能说明，如表 5.35 所示。

表 5.35　mount 命令各选项及其功能说明

选　项	功 能 说 明	选　项	功 能 说 明
-a	挂载 fstab 中的所有文件系统	-n	不写/etc/mtab
-c	不对路径进行规范化	-o	挂载选项列表，以英文逗号分隔
-f	空运行；跳过 mount(2)系统调用	-r	以只读方式挂载文件系统(同-o ro)
-F	对每个设备禁用 fork(和-a 选项一起使用)	-t	限制文件系统类型集合
-T	/etc/fstab 的替代文件	-v	输出当前进行的操作
-h	显示帮助信息并退出	-V	显示版本信息并退出
-i	不调用 mount.<类型> 助手程序	-w	以读写方式挂载文件系统（默认）
-l	列出所有带有指定标签的挂载		

mount 命令-t <文件系统类型>与-o <选项>参数选项及其含义，如表 5.36 所示。

表 5.36　mount 命令-t <文件系统类型>与-o <选项>参数选项及其含义

-t <文件系统类型>		-o <选项>	
选　项	含　义	选　项	含　义
ext4/xfs	Linux 目前常用的文件系统	ro	以只读方式挂载
msdos	DOS 的文件系统，即 FAT16 文件系统	rw	以读写方式挂载
vfat	FAT32 文件系统	remount	重新挂载已经挂载的设备
iso9660	CD-ROM 文件系统	user	允许一般用户挂载设备
ntfs	NTFS 文件系统	nouser	不允许一般用户挂载设备
auto	自动检测文件系统	codepage=xxx	代码页
swap	交换分区的系统类型	iocharset=xxx	字符集

设备文件名对应分区的设备文件名，如/dev/sdb1；挂载点为用户指定的用于挂载点的目录，挂载点的目录需要满足以下几方面的要求。

① 目录事先存在，可使用 mkdir 命令新建目录。

② 挂载点目录不可被其他进程使用。

③ 挂载点的原有文件将被隐藏。

将新增加的 SCSI 硬盘分区/dev/sdb1、/dev/sdb2、/dev/sdb5 和/dev/sdb6 分别挂载到/mnt/data01、/mnt/data02、/mnt/data05 和/mnt/data06 目录中，执行命令如下。

```
[root@localhost cdrom]# cd /mnt
[root@localhost mnt]# mkdir data01 data02 data05 data06     //新建目录
[root@localhost mnt]# ls - l | grep '^d'     //显示使用 grep 命令查找的以"d"开头的目录
drwxr - xr - x.   2 root root   6 8 月 25 11:59 data01
drwxr - xr - x.   2 root root   6 8 月 25 11:59 data02
drwxr - xr - x.   2 root root   6 8 月 25 11:59 data05
drwxr - xr - x.   2 root root   6 8 月 25 11:59 data06
```

```
dr--r--r--. 4 root root 82 8月 21 09:02 test
[root@localhost mnt]# mount /dev/sdb1 /mnt/data01          //挂载目录
[root@localhost mnt]# mount /dev/sdb2 /mnt/data02
[root@localhost mnt]# mount /dev/sdb5 /mnt/data05
[root@localhost mnt]# mount /dev/sdb6 /mnt/data06
```

完成挂载后,可以使用 df 命令查看挂载情况,df 命令主要用来查看系统中已经挂载的各个文件系统的磁盘使用情况,使用该命令可获取硬盘被占用的空间,以及目前剩余空间等信息。其命令格式如下。

```
df [选项] [文件]
```

df 命令各选项及其功能说明,如表 5.37 所示。

表 5.37 df 命令各选项及其功能说明

选 项	功 能 说 明
-a	显示所有文件系统的磁盘使用情况
-h	以人类易读的格式输出
-H	等于-h,但计算时,1K 表示 1000,而不是 1024
-T	输出所有已挂载文件系统的类型
-i	输出文件系统的 i-node 信息,如果 i-node 满了,则即使有空间也无法存储
-k	按块大小输出文件系统磁盘使用情况
-l	只显示本机的文件系统

使用 df 命令查看磁盘使用情况,执行命令如下。

```
[root@localhost mnt]# df -hT
文件系统                   类型      容量     已用     可用     已用%     挂载点
/dev/mapper/CentOS-root   xfs      36G      5.2G     30G      15%       /
...
/dev/sdb1                 ext4     5.8G     20M      5.6G     1%        /mnt/data01
/dev/sdb2                 ext4     5.9G     9.0M     5.8G     1%        /mnt/data02
/dev/sdb5                 ext4     7.8G     36M      7.3G     1%        /mnt/data05
/dev/sdb6                 ext4     3.9G     16M      3.7G     1%        /mnt/data06
```

(2) 光盘挂载。

Linux 将一切视为文件,光盘也不例外,识别出来的设备会存放在/dev 目录下,需要将它挂载在一个目录中,才能以文件形式查看或者使用光盘。

使用 mount 命令实现光盘挂载,执行命令如下。

```
[root@localhost ~]# mount /dev/cdrom /media
mount: /dev/sr0 写保护,将以只读方式挂载
```

也可以使用以下命令进行光盘挂载。

```
[root@localhost ~]# mount /dev/sr0 /media
mount: /dev/sr0 写保护,将以只读方式挂载
```

显示磁盘使用情况,执行命令如下。

```
[root@localhost ~]# df - hT
文件系统                        类型        容量      已用     可用      已用%      挂载点
/dev/mapper/CentOS - root     xfs        36G      5.2G    30G      15%        /
devtmpfs                      devtmpfs   5.9G     0       5.9G     0%         /dev
tmpfs                         tmpfs      5.9G     0       5.9G     0%         /dev/shm
…
/dev/sr0                      iso9660    5.3G     5.3G    0        100%       /media
[root@localhost ~]#
```

显示磁盘挂载目录文件内容,执行命令如下。

```
[root@localhost ~]# ls - l /media
总用量 686
- rw - rw - r - - . 1 root root   14 11 月 26 2018 CentOS_BuildTag
…
- rw - rw - r - - . 1 root root 1690 12 月 10 2015 RPM - GPG - KEY - CentOS - Testing - 7
- r - - r - - r - - . 1 root root 2883 11 月 26 2018 TRANS. TBL
[root@localhost ~]#
```

(3) U 盘挂载。

Linux 将一切视为文件,U 盘也不例外,识别出来的设备会存放在/dev 目录下,需要将它挂载在一个目录中,才能以文件形式查看或者使用 U 盘。

使用 mount 命令实现 U 盘挂载,执行命令如下。

① 插入 U 盘,使用 fdisk -l 命令查看 U 盘是否被测试到,查看相关信息。

```
[root@localhost ~]# fdisk - l                    //查看 U 盘数据信息
磁盘 /dev/sdc:65.9 GB, 62930117632 字节,122910386 个扇区
Units = 扇区 of 1 * 512 = 512 bytes
扇区大小(逻辑/物理):512 字节 / 512 字节
I/O 大小(最小/最佳):512 字节 / 512 字节
磁盘标签类型:dos
磁盘标识符:0x270b8f9b
   设备    Boot     Start        End       Blocks      Id System
/dev/sdc1    *     1060864    122910385    60924761    7   HPFS/NTFS/exFAT
```

② 进行 U 盘挂载,执行命令如下。

```
[root@localhost ~]# mkdir /mnt/u - disk
[root@localhost ~]# mount /dev/sdc1 /mnt/u - disk
mount: 未知的文件系统类型"NTFS"
```

从以上输出结果可以看出,无法进行 U 盘挂载,因为 U 盘文件系统类型为 NTFS,所以 Linux 操作系统默认情况下是无法识别的,需要安装支持 NTFS 格式的数据包,默认情况下,CentOS 7.6 安装光盘 ISO 镜像文件中包括 NTFS 格式的数据包,只是默认情况下不会自动安装,需要手动配置安装。

③ 挂载光盘,编辑库仓文件 local. repo,执行命令如下。

```
[root@localhost ~]# mount /dev/sr0 /media
mount: /dev/sr0 写保护,将以只读方式挂载
```

```
[root@localhost ~]# vim /etc/yum.repos.d/local.repo
[epel]
name = epel
baseurl = file:///media
gpgcheck = 0
enable = 1
"/etc/yum.repos.d/local.repo" 5L, 65C 已写入
```

④ 查看 NTFS 数据包,执行命令如下。

```
[root@localhost ~]# yum list | grep ntfs
ntfs-3g.x86_64                    2:2017.3.23-15.el7              epel
ntfs-3g-devel.x86_64              2:2017.3.23-15.el7              epel
ntfsprogs.x86_64                  2:2017.3.23-15.el7              epel
```

⑤ 安装 NTFS 数据包,执行命令如下。

```
[root@localhost ~]# yum install ntfs-3g -y
已加载插件:fastestmirror, langpacks
Loading mirror speeds from cached hostfile
 * base: mirrors.aliyun.com
 * extras: mirrors.aliyun.com
 * updates: mirrors.aliyun.com
正在解决依赖关系
--> 正在检查事务
--> 软件包 ntfs-3g.x86_65.5.2017.3.23-15.el7 将被安装
--> 解决依赖关系完成
依赖关系解决
================================================================================
Package          架构        版本                 源          大小
================================================================================
正在安装:
ntfs-3g          x86_64      2:2017.3.23-15.el7   epel        265 K
事务概要
================================================================================
安装 1 软件包
总下载量:265 K
安装大小:612 K
...
  正在安装 : 2:ntfs-3g-2017.3.23-15.el7.x86_64                  1/1
  验证中  : 2:ntfs-3g-2017.3.23-15.el7.x86_64                  1/1
已安装:
  ntfs-3g.x86_64 2:2017.3.23-15.el7
完毕!
```

⑥ 安装成功后即可进行 U 盘挂载,执行命令如下。

```
[root@localhost ~]# mount  /dev/sdb1  /mnt/u-disk
The disk contains an unclean file system (0, 0).
The file system wasn't safely closed on Windows. Fixing.
```

⑦ U盘挂载成功,查看U盘挂载情况,执行命令如下。

```
[root@localhost ~]# df - hT
文件系统                        类型      容量      已用      可用      已用%       挂载点
/dev/mapper/CentOS - root     xfs      36G      5.3G     31G      13%        /
…
/dev/sdb1                     fuseblk  59G      5.7G     54G      9%         /mnt/u - disk
[root@localhost ~]#
```

⑧ 查看U盘数据信息,执行命令如下。

```
[root@localhost ~]# ls - l /mnt/u - disk
总用量 1
drwxrwxrwx. 1 root root 0 7 月   8 17:12 GHO
…
drwxrwxrwx. 1 root root 0 8 月 25 14:37 user02
```

（4）自动挂载。

通过 mount 命令挂载的文件系统在 Linux 操作系统关机或重启时会被自动卸载,所以一般手动挂载磁盘之后要把挂载信息写入/etc/fstab 文件,系统在开机时会自动读取/etc/fstab 文件中的内容,根据文件中的配置挂载磁盘,这样就不需要每次开机启动之后都手动进行挂载了。/etc/fstab 文件称为系统数据表（File System Table）,其会显示系统中已经存在的挂载信息。

使用 mount 命令实现 U 盘挂载,执行命令如下。

① 使用 cat /etc/fstab 命令查看文件内容。

```
[root@localhost ~]# cat /etc/fstab
# /etc/fstab
# Created by anaconda on Mon Jun 8 01:15:36 2020
# Accessible filesystems, by reference, are maintained under '/dev/disk'
# See man pages fstab(5), findfs(8), mount(8) and/or blkid(8) for more info
#
/dev/mapper /CentOS - root /                                     xfs     defaults      0 0
UUID = 6d58086e - 0a6b - 4399 - 93dc - c2016ea17fe0 /boot  xfs     defaults      0 0
/dev/mapper /CentOS - swap swap                                  swap    defaults      0 0
```

/etc/fstab 文件中的每一行对应一个自动挂载设备,每行包括 6 列。/etc/fstab 文件字段及其功能说明,如表 5.38 所示。

表 5.38　/etc/fstab 文件字段及其功能说明

字段	功　能　说　明
第 1 列	需要挂载的设备文件名
第 2 列	挂载点,必须是一个目录名且必须使用绝对路径
第 3 列	文件系统类型,可以设置为 auto,即由系统自动检测
第 4 列	挂载参数,一般采用 defaults,还可以设置 rw、suid、dev、exec、auto 等参数
第 5 列	能否被 dump 备份。dump 是一个用来备份的命令,这个字段的取值通常为 0 或者 1(0 表示忽略,1 表示需要)
第 6 列	是否检验扇区。在开机的过程中,系统默认以 fsck 命令检验系统是否完整

② 编辑/etc/fstab 文件,在文件尾部添加一行命令,执行命令如下。

```
[root@localhost ~]# vim /etc/fstab
# /etc/fstab
…
/dev/mapper /CentOS - root /                              xfs    defaults    0 0
UUID = 6d58086e - 0a6b - 4399 - 93dc - c2016ea17fe0 /boot    xfs    defaults    0 0
/dev/mapper /CentOS - swap swap                           swap   defaults    0 0
/dev/sr0 /media auto defaults                         0  0
~
"/etc/fstab" 12L, 515C 已写入
[root@localhost ~]# mount - a                    //自动挂载系统中的所有文件系统
mount: /dev/sr0 写保护,将以只读方式挂载
[root@localhost ~]#
```

也可以使用以下命令修改文件的内容。

```
# echo "/dev/sr0 /media iso9660 defaults 0 0" >> /etc/fstab
# mount - a
```

③ 结果测试,重启系统,显示分区挂载情况,执行命令如下。

```
[root@localhost ~]# reboot
[root@localhost ~]# df - hT
文件系统                        类型       容量     已用      可用      已用%       挂载点
/dev/mapper/CentOS - root    xfs     36G    5.3G    31G     13%        /
…
/dev/sr0                    iso9660 5.3G   5.3G    0       100%       /media
…
```

(5) 卸载文件系统。

umount 命令用于卸载一个已经挂载的文件系统(分区),相当于 Windows 操作系统中的弹出设备。其命令格式如下。

```
umount [选项] <源> | <目录>
```

umount 命令各选项及其功能说明,如表 5.39 所示。

表 5.39　umount 命令各选项及其功能说明

选项	功 能 说 明	选项	功 能 说 明
-a	卸载所有文件系统	-l	立即断开文件系统
-A	卸载当前名称空间中指定设备对应的所有挂载点	-o	限制文件系统集合(和-a 选项一起使用)
-c	不对路径进行规范化	-R	递归卸载目录及其子对象
-d	若挂载了回环设备,则释放该回环设备	-r	若卸载失败,则尝试以只读方式重新挂载
-f	强制卸载(遇到不响应的 NFS 时)	-t	限制文件系统集合
-i	不调用 umount.<类型> 辅助程序	-v	输出当前进行的操作
-n	不写 /etc/mtab		

使用 umount 命令卸载文件系统,执行命令如下。

```
[root@localhost ~]# umount /mnt/u-disk
[root@localhost ~]# umount /media/cdrom
[root@localhost ~]# df -hT
文件系统                类型        容量      已用      可用      已用%      挂载点
/dev/mapper/CentOS-root xfs        36G      5.3G     31G      13%       /
devtmpfs                devtmpfs   5.9G     0        5.9G     0%        /dev
…
```

在使用 umount 命令卸载文件系统时,必须保证此时的文件系统未处于 busy 状态,使文件系统处于 busy 状态的情况有:文件系统中有打开的文件,某个进程的工作目录在此文件系统中,文件系统的缓存文件正在被使用等。

5.2.6　逻辑卷配置与管理

逻辑卷管理器(Logical Volume Manager,LVM)是建立在磁盘分区和文件系统之间的一个逻辑层,其设计目的是实现对磁盘的动态管理。管理员利用 LVM 不用重新分区磁盘即可动态调整文件系统的大小,而且,当服务器添加新磁盘后,管理员不必将已有的磁盘文件移动到校检磁盘中,通过 LVM 即可直接跨越磁盘扩展文件系统,提供了一种非常高效灵活的磁盘管理方式。

通过 LVM,用户可以在系统运行时动态调整文件系统的大小,把数据从一块硬盘重定位到另一块硬盘中,也可以提高 I/O 操作的性能,以及提供冗余保护,它的快照功能允许用户对逻辑卷进行实时的备份。

1. 逻辑卷简介

早期硬盘驱动器(Device Driver)呈现给操作系统的是一组连续的物理块,整个硬盘驱动器都分配给文件系统或者其他数据体,由操作系统或应用程序使用,这样做的缺点是缺乏灵活性:当一个硬盘驱动器的空间使用完时,很难扩展文件系统的大小;而当硬盘驱动器存储容量增加时,把整个硬盘驱动器分配给文件系统又会导致无法充分利用存储空间。

用户在安装 Linux 操作系统时遇到的一个常见问题是,如何正确评估分区的大小,以分配合适的硬盘空间? 普通的磁盘分区管理方式在逻辑分区划分完成之后就无法改变其大小,当一个逻辑分区存放不下某个文件时,这个文件受上层文件系统的限制,无法跨越多个分区存放,所以也不能同时存放到其他磁盘上。当某个分区空间耗尽时,解决的方法通常是使用符号链接,或者使用调整分区大小的工具,但这并没有从根本上解决问题。随着逻辑卷管理功能的出现,该问题迎刃而解,用户可以在无须停机的情况下方便地调整各个分区的大小。

对一般用户而言,使用最多的是动态调整文件系统大小的功能。这样,在分区时就不必为如何设置分区的大小而烦恼,只要在硬盘中预留部分空间,并根据系统的使用情况动态调整分区大小即可。

LVM 是在磁盘分区和文件系统之间添加一个逻辑层,为文件系统屏蔽下层磁盘分区,通过它可以将若干个磁盘分区连接为一个整块的抽象卷组,在卷组中可以任意创建逻辑卷并在逻辑卷中建立文件系统,最终在系统中挂载使用的就是逻辑卷,逻辑卷的使用方法与管理方式和普通的磁盘分区是完全一样的。LVM 磁盘组织结构,如图 5.12 所示。

LVM 中主要涉及以下几个概念。

(1) 物理存储介质(Physical Storage Media):指系统的物理存储设备,如磁盘、/dev/sda、

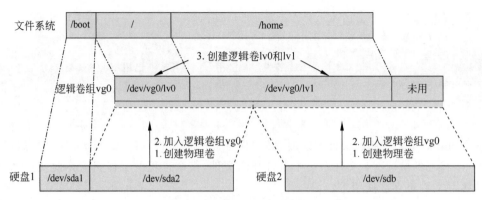

图 5.12　LVM 磁盘组织结构

/dev/had 等,是存储系统最底层的存储单元。

(2) 物理卷(Physical Volume,PV):指磁盘分区或逻辑上与磁盘分区具有同样功能的设备,是 LVM 最基本的存储逻辑块,但和基本的物理存储介质(如分区、磁盘)相比,其包含与 LVM 相关的管理参数。

(3) 卷组(Volume Group,VG):类似于非 LVM 系统中的物理磁盘,由一个或多个物理卷组成,可以在卷组中创建一个或多个逻辑卷。

(4) 逻辑卷:可以将卷组划分成若干个逻辑卷,相当于在逻辑硬盘上划分出几个逻辑分区,逻辑卷建立在卷组之上,每个逻辑分区上都可以创建具体的文件系统,如/home、/mnt 等。

(5) 物理块:每一个物理卷被划分成称为物理块的基本单元,具有唯一编号的物理块是可以被 LVM 寻址的最小单元,物理块的大小是可以配置的,默认为 4MB,物理卷由大小相同的基本单元——物理块组成。

在 CentOS 7.6 操作系统中,LVM 得到了重视,在安装系统的过程中,如果设置由系统自动进行分区,则系统除了创建一个/boot 引导分区之外,会对剩余的磁盘空间全部采用 LVM 进行管理,并在其中创建两个逻辑卷,分别挂载到/root 分区和/swap 分区中。

2. 配置逻辑卷

磁盘分区是实现 LVM 的前提和基础,在使用 LVM 时,需要先划分磁盘分区,再将磁盘分区的类型设置为 8e,最后才能将分区初始化为物理卷。

(1) 创建磁盘分区。

这里使用前面安装的第二块硬盘的主分区/dev/sdb2 和逻辑分区/dev/sdb6 来进行演示,需要注意的是,要先将分区/dev/sdb2 和/dev/sdb6 卸载以便进行演示,并使用 fdisk 命令查看/dev/sdb 硬盘分区情况,执行命令如下。

```
[root@localhost ~]# fdisk -l /dev/sdb
磁盘 /dev/sdb:25.5 GB, 21474836480 字节,41943040 个扇区
Units = 扇区 of 1 * 512 = 512 bytes

扇区大小(逻辑/物理):512 字节 / 512 字节
I/O 大小(最小/最佳):512 字节 / 512 字节
磁盘标签类型:dos
磁盘标识符:0x28cba55d
```

设备 Boot	Start	End	Blocks	Id	System
/dev/sdb1	2048	10487807	5242880	83	Linux
/dev/sdb2	10487808	20973567	5242880	83	Linux
/dev/sdb3	20973568	41943039	10484736	5	Extended
/dev/sdb5	20975616	31461375	5242880	83	Linux
/dev/sdb6	31463424	41943039	5239808	83	Linux

在 fdisk 命令中,使用 t 选项可以更改分区的类型,如果不知道分区类型对应的 ID,则可以输入"L"来查看各分区类型对应的 ID,如图 5.13 所示。

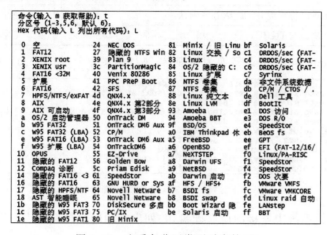

图 5.13　查看各分区类型对应的 ID

下面将/dev/sdb2 和/dev/sdb6 的分区类型更改为 Linux LVM,即将分区的 ID 修改为 8e,如图 5.14 所示。分区创建成功后要保存分区表,重启系统或使用 partprobe/dev/sdb 命令即可。

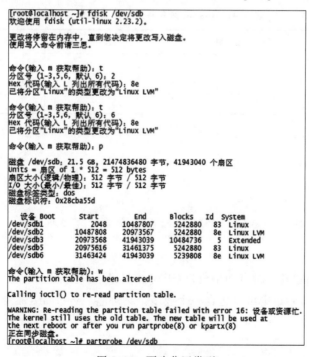

图 5.14　更改分区类型

（2）创建物理卷。

pvcreate 命令用于将物理硬盘分区初始化为物理卷，以便 LVM 使用。其命令格式如下。

```
pvcreate ［选项］ ［参数］
```

pvcreate 命令各选项及其功能说明，如表 5.40 所示。

表 5.40　pvcreate 命令各选项及其功能说明

选　项	功　能　说　明	选　项	功　能　说　明
-f	强制创建物理卷，不需要用户确认	-y	所有问题都回答 yes
-u	指定设备的 UUID	-Z	是否利用前 4 个扇区

将/dev/sdb2 和/dev/sdb6 分区转换为物理卷，执行相关命令，如图 5.15 所示。

```
[root@localhost ~]# pvcreate /dev/sdb2 /dev/sdb6
WARNING: ext4 signature detected on /dev/sdb2 at offset 1080. Wipe it? [y/n]: y
  Wiping ext4 signature on /dev/sdb2.
WARNING: swap signature detected on /dev/sdb6 at offset 4086. Wipe it? [y/n]: y
  Wiping swap signature on /dev/sdb6.
  Physical volume "/dev/sdb2" successfully created.
  Physical volume "/dev/sdb6" successfully created.
[root@localhost ~]# pvcreate -y /dev/sdb2 /dev/sdb6
  Physical volume "/dev/sdb2" successfully created.
  Physical volume "/dev/sdb6" successfully created.
```

图 5.15　将分区转换为物理卷

pvscan 命令会扫描系统中连接的所有硬盘，并列出找到的物理卷列表。其命令格式如下。

```
pvscan ［选项］ ［参数］
```

pvscan 命令各选项及其功能说明，如表 5.41 所示。

表 5.41　pvscan 命令各选项及其功能说明

选　项	功　能　说　明	选　项	功　能　说　明
-d	调试模式	-u	显示 UUID
-n	仅显示不属于任何卷组的物理卷	-e	仅显示属于输出卷组的物理卷
-s	以短格式输出		

使用 pvscan 命令扫描系统中连接的所有硬盘，并列出找到的物理卷列表，执行命令如下。

```
[root@localhost ~]# pvscan -s
  /dev/sda2
  /dev/sdb6
  /dev/sdb2
  Total: 3 [48.99 GiB] / in use: 1 [<39.00 GiB] / in no VG: 2 [<10.00 GiB]
```

（3）创建卷组。

卷组设备文件在创建卷组时自动生成，位于/dev 目录下，与卷组同名，卷组中的所有逻辑设备文件都保存在该目录下，卷组中可以包含一个或多个物理卷。vgcreate 命令用于创建 LVM 卷组。其命令格式如下。

```
vgcreate ［选项］ 卷组名 物理卷名 [物理卷名 …]
```

vgcreate命令各选项及其功能说明,如表5.42所示。

表5.42   vgcreate命令各选项及其功能说明

选　项	功能说明	选　项	功能说明
-l	卷组中允许创建的最大逻辑卷数	-s	卷组中的物理卷的大小,默认值为4MB
-p	卷组中允许添加的最大物理卷数		

vgdisplay命令用于显示LVM卷组的信息,如果不指定卷组参数,则分别显示所有卷组的属性。其命令格式如下。

vgdisplay　[选项]　[卷组名]

vgdisplay命令各选项及其功能说明如表5.43所示。

表5.43   vgdisplay命令各选项及其功能说明

选　项	功能说明	选　项	功能说明
-A	仅显示活动卷组的属性	-s	使用短格式输出信息

为物理卷/dev/sdb2和/dev/sdb6创建名为vg-group01的卷组并查看相关信息,如图5.16所示。

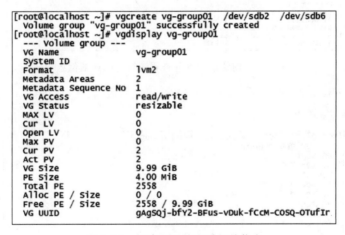

图5.16   创建卷组并查看相关信息

(4) 创建逻辑卷。

lvcreate命令用于创建LVM逻辑卷,逻辑卷是创建在卷组之上的,逻辑卷对应的设备文件保存在卷组目录下。其命令格式如下。

lvcreate　[选项]　逻辑卷名 卷组名

lvcreate命令各选项及其功能说明,如表5.44所示。

表5.44   lvcreate命令各选项及其功能说明

选　项	功能说明	选　项	功能说明
-L	指定逻辑卷的大小,单位为"kKmMgGtT"字节	-n	后接逻辑卷名
-l	指定逻辑卷的大小(LE数)	-s	创建快照

lvdisplay 命令用于显示 LVM 逻辑卷空间大小、读写状态和快照信息等属性,如果省略逻辑卷参数,则 lvdisplay 命令显示所有的逻辑卷属性;否则仅显示指定的逻辑卷属性。其命令格式如下。

```
lvdisplay  [选项]  逻辑卷名
```

lvdisplay 命令各选项及其功能说明如表 5.45 所示。

表 5.45 lvdisplay 命令各选项及其功能说明

选　　项	功　能　说　明	选　　项	功　能　说　明
-C	以列的形式显示	-h	显示帮助信息

从 vg-group01 卷组中创建名为 databackup、容量为 8GB 的逻辑卷,并使用 lvdisplay 命令查看逻辑卷的详细信息,如图 5.17 所示。

```
[root@localhost ~]# lvcreate  -L 8G -n  databackup  vg-group01
  Logical volume "databackup" created.
[root@localhost ~]# lvdisplay  /dev/vg-group01/databackup
  --- Logical volume ---
  LV Path                /dev/vg-group01/databackup
  LV Name                databackup
  VG Name                vg-group01
  LV UUID                mBCred-8rMg-JqZn-f7ys-1aOI-gjGu-CH7c7b
  LV Write Access        read/write
  LV Creation host, time localhost.localdomain, 2020-08-26 18:33:20 +0800
  LV Status              available
  # open                 0
  LV Size                8.00 GiB
  Current LE             2048
  Segments               2
  Allocation             inherit
  Read ahead sectors     auto
  - currently set to     8192
  Block device           253:2
```

图 5.17 创建逻辑卷并查看逻辑卷的详细信息

创建逻辑卷 databackup 后,查看 vg-group01 卷组的详细信息,如图 5.18 所示,可以看到 vg-group01 卷组还有 5.99GB 的空闲空间。

```
[root@localhost ~]# vgdisplay vg-group01
  --- Volume group ---
  VG Name                vg-group01
  System ID
  Format                 lvm2
  Metadata Areas         2
  Metadata Sequence No   2
  VG Access              read/write
  VG Status              resizable
  MAX LV                 0
  Cur LV                 1
  Open LV                0
  Max PV                 0
  Cur PV                 2
  Act PV                 2
  VG Size                9.99 GiB
  PE Size                4.00 MiB
  Total PE               2558
  Alloc PE / Size        2048 / 8.00 GiB
  Free  PE / Size        510 / 1.99 GiB
  VG UUID                gAgSQj-bfY2-BFus-vDuk-fCCM-COSQ-OTufIr
```

图 5.18 查看 vg-group01 卷组的详细信息

(5) 创建并挂载文件系统。

逻辑卷相当于一个磁盘分区,使用逻辑卷需要进行格式化和挂载。

对逻辑卷/dev/vg-group01/databackup 进行格式化,如图 5.19 所示。

创建挂载点目录,对逻辑卷进行手动挂载或者修改/etc/fstab 文件进行自动挂载,挂载后即可使用,如图 5.20 所示。

```
[root@localhost ~]# mkfs.ext4 /dev/vg-group01/databackup
mke2fs 1.42.9 (28-Dec-2013)
文件系统标签=
OS type: Linux
块大小=4096 (log=2)
分块大小=4096 (log=2)
Stride=0 blocks, Stripe width=0 blocks
524288 inodes, 2097152 blocks
104857 blocks (5.00%) reserved for the super user
第一个数据块=0
Maximum filesystem blocks=2147483648
64 block groups
32768 blocks per group, 32768 fragments per group
8192 inodes per group
Superblock backups stored on blocks:
        32768, 98304, 163840, 229376, 294912, 819200, 884736, 1605632

Allocating group tables: 完成
正在写入inode表: 完成
Creating journal (32768 blocks): 完成
Writing superblocks and filesystem accounting information: 完成
```

图 5.19 对逻辑卷进行格式化

```
[root@localhost ~]# mkdir /mnt/backup-data
[root@localhost ~]# mount /dev/vg-group01/databackup  /mnt/backup-data
[root@localhost ~]# df -hT
文件系统                      类型       容量    已用   可用  已用%  挂载点
/dev/mapper/centos-root      xfs        36G     14G    22G    39%  /
devtmpfs                     devtmpfs   1.9G    0      1.9G   0%   /dev
tmpfs                        tmpfs      1.9G    0      1.9G   0%   /dev/shm
tmpfs                        tmpfs      1.9G    13M    1.9G   1%   /run
tmpfs                        tmpfs      1.9G    0      1.9G   0%   /sys/fs/cgroup
/dev/sr0                     iso9660    4.3G    4.3G   0      100% /media/cdrom
/dev/sda1                    xfs        1014M   179M   836M   18%  /boot
tmpfs                        tmpfs      378M    0      378M   0%   /run/user/0
tmpfs                        tmpfs      378M    12K    378M   1%   /run/user/42
/dev/sdb5                    ext4       4.8G    20M    4.6G   1%   /mnt/data05
/dev/sdb1                    ext4       4.8G    20M    4.6G   1%   /mnt/data01
/dev/mapper/vg--group01-databackup ext4  7.8G  36M    7.3G   1%   /mnt/backup-data
```

图 5.20 挂载并使用逻辑卷

3. 管理逻辑卷

逻辑卷创建完成以后,可以根据需要对其进行各种管理操作,如扩展、缩减和删除等。

(1) 增加新的物理卷到卷组中。

vgextend 命令用于动态扩展 LVM 卷组,它通过向卷组中添加物理卷来增加组的容量,LVM 卷组中的物理卷可以在使用 vgcreate 命令创建卷组时添加,也可以使用 vgextend 命令动态添加。其命令格式如下。

vgextend [选项] [卷组名] [物理卷路径]

vgextend 命令各选项及其功能说明如表 5.46 所示。

表 5.46 vgextend 命令各选项及其功能说明

选 项	功 能 说 明	选 项	功 能 说 明
-d	调试模式	-h	显示命令的帮助信息
-f	强制扩展卷组	-v	显示详细信息

(2) 从卷组中删除物理卷。

vgreduce 命令通过删除 LVM 卷组中的物理卷来减少卷组容量。其命令格式如下。

vgreduce [选项] [卷组名] [物理卷路径]

vgreduce 命令各选项及其功能说明如表 5.47 所示。

表 5.47　vgreduce 命令各选项及其功能说明

选　项	功 能 说 明
-a	如果没有指定要删除的物理卷,则删除所有空的物理卷
--removemissing	删除卷组中所有丢失的物理卷,使卷组恢复正常状态

(3) 减少逻辑卷空间。

lvreduce 命令用于减少 LVM 逻辑卷占用的空间。使用 lvreduce 命令收缩逻辑卷的空间时有可能会删除逻辑卷中已有的数据,所以在操作前必须进行确认。其命令格式如下。

```
lvreduce ［选项］ ［参数］
```

lvreduce 命令各选项及其功能说明如表 5.48 所示。

表 5.48　lvreduce 命令各选项及其功能说明

选　项	功 能 说 明	选　项	功 能 说 明
-L	指定逻辑卷的大小,单位为"kKmMgGtT"字节	-l	指定逻辑卷的大小(LE 数)

(4) 增加逻辑卷空间。

lvextend 命令用于动态地扩展逻辑卷的空间,而不中断应用程序对逻辑卷的访问。其命令格式如下。

```
lvextend ［选项］ ［逻辑卷路径］
```

lvextend 命令各选项及其功能说明如表 5.49 所示。

表 5.49　lvextend 命令各选项及其功能说明

选　项	功 能 说 明	选　项	功 能 说 明
-f	强制扩展逻辑卷空间	-l	指定逻辑卷的大小(LE 数)
-L	指定逻辑卷的大小,单位为"kKmMgGtT"字节	-r	重置文件系统使用的空间,单位为"kKmMgGtT"字节

(5) 更改卷组的属性。

vgchange 命令用于修改卷组的属性,可以设置卷组处于活动状态或非活动状态。其命令格式如下。

```
vgchange ［选项］ ［卷组名］
```

vgchange 命令各选项及其功能说明如表 5.50 所示。

表 5.50　vgchange 命令各选项及其功能说明

选　项	功 能 说 明	选　项	功 能 说 明
-a	设置卷组中的逻辑卷的可用性	-s	更改该卷组的物理卷大小
-L	更改现有不活动卷组的最大物理卷数量	-x	启用或禁用在此卷组中扩展/减少物理卷
-l	更改现有不活动卷组的最大逻辑卷数量		

（6）删除逻辑卷。

lvremove 命令用于删除指定的逻辑卷。其命令格式如下。

lvremove［选项］［逻辑卷路径］

lvremove 命令各选项及其功能说明如表 5.51 所示。

表 5.51 lvremove 命令各选项及其功能说明

选　项	功 能 说 明	选　项	功 能 说 明
-f	强制删除	-noudevsync	禁用 Udev 同步

（7）创建卷组。

vgremove 命令用于删除指定的卷组。其命令格式如下。

vgremove ［选项］［卷组名］

vgremove 命令各选项及其功能说明如表 5.52 所示。

表 5.52 vgremove 命令各选项及其功能说明

选　项	功 能 说 明	选　项	功 能 说 明
-f	强制删除	-v	显示详细信息

（8）删除物理卷。

pvremove 命令用于删除指定的物理卷。其命令格式如下。

pvremove ［选项］［物理卷］

pvremove 命令各选项及其功能说明如表 5.53 所示。

表 5.53 pvremove 命令各选项及其功能说明

选　项	功 能 说 明	选　项	功 能 说 明
-f	强制删除	-y	所有问题都回答 yes

需要注意的是，当在现实生产环境中部署 LVM 时，要先创建物理卷、卷组、逻辑卷，再创建并挂载文件系统。当想重新部署 LVM 或不再需要使用 LVM 时，需要进行 LVM 的删除操作，其过程正好与创建 LVM 的过程相反，为此，需要提前备份好重要的数据信息，并依次卸载文件系统，删除逻辑卷、卷组、物理卷设备，这个顺序不可有误。

5.2.7 RAID 基础知识

独立磁盘冗余阵列（Redundant Arrays of Independent Disks，RAID）通常简称为磁盘阵列。简单地说，RAID 是由多个独立的高性能磁盘驱动器组成的磁盘子系统，提供了比单个磁盘更高的存储性能和数据冗余技术。

1. RAID 中的关键概念和技术

（1）镜像。

镜像是一种冗余技术，为磁盘提供了保护功能，以防止磁盘发生故障而造成数据丢失。对于

RAID 而言,采用镜像技术将会同时在阵列中产生两个完全相同的数据副本,分布在两个不同的磁盘驱动器组中。镜像提供了完全的数据冗余能力,当一个数据副本失效不可用时,外部系统仍可正常访问另一个副本,不会对应用系统的运行和性能产生影响。此外,镜像不需要额外的计算和校验,用于修复故障非常快,直接复制即可。镜像技术可以从多个副本并发读取数据,提供了更高的读取性能,但不能并行写数据,写多个副本时会导致一定的 I/O 性能降低。

（2）数据条带。

磁盘存储的性能瓶颈在于磁头寻道定位,它是一种慢速机械运动,无法与高速的 CPU 匹配。再者,单个磁盘驱动器性能存在物理极限,I/O 性能非常有限。RAID 由多块磁盘组成,数据条带技术将数据以块的方式分布存储在多个磁盘中,从而可以对数据进行并发处理。这样写入和读取数据即可在多个磁盘中同时进行,并发产生非常高的聚合 I/O,有效地提高整体 I/O 性能,且具有良好的线性扩展性。这在对大容量数据进行处理时效果尤其显著,如果不分块,则数据只能先按顺序存储在磁盘阵列的磁盘中,需要时再按顺序读取。而通过条带技术,可获得数倍于顺序访问的性能提升。

（3）数据校验。

镜像具有安全性高、读取性能高的特点,但冗余开销太大。数据条带通过并发性大幅提高了性能,但未考虑数据安全性、可靠性。数据校验是一种冗余技术,它以校验数据提供数据的安全性,可以检测数据错误,并在能力允许的前提下进行数据重构。相对于镜像,数据校验大幅缩减了冗余开销,用较小的代价换取了极佳的数据完整性和可靠性。数据条带技术提供了性能,数据校验提供了数据安全性,不同等级的 RAID 往往同时结合使用这两种技术。

采用数据校验时,RAID 要在写入数据的同时进行校验计算,并将得到的校验数据存储在 RAID 成员磁盘中。校验数据可以集中保存在某个磁盘或分散存储在多个磁盘中,校验数据也可以分块,不同 RAID 等级的实现各不相同。当其中一部分数据出错时,就可以对剩余数据和校验数据进行反校验计算以重建丢失的数据。相对于镜像技术而言,校验技术节省了大量开销,但由于每次数据读写都要进行大量的校验运算,因此对计算机的运算速度要求很高,必须使用硬件 RAID 控制器。在数据重建恢复方面,校验技术比镜像技术复杂得多且速度慢得多。

2. 常见的 RAID 类型

（1）RAID0。

RAID0 会把连续的数据分散到多个磁盘中进行存取,系统有数据请求时可以被多个磁盘并行执行,每个磁盘执行属于自己的那一部分数据请求。如果要做 RAID0,则一台服务器至少需要两块硬盘,其读写速度是一块硬盘的两倍。如果有 N 块硬盘,则其读写速度是一块硬盘的 N 倍。虽然 RAID0 的读写速度可以提高,但是由于没有数据备份功能,因此安全性会低很多。如图 5.21 所示为 RAID0 技术结构示意图。

RAID0 技术的优缺点分别如下。

优点：充分利用 I/O 总线性能,使其带宽翻倍,读写速度翻倍;充分利用磁盘空间,利用率为 100%。

缺点：不提供数据冗余;无数据校验,无法保证数据的正确性;存在单点故障。

应用场景：对数据完整性要求不高的场景,如日志存储、个人娱乐;对读写效率要求高,而对安全性能要求不高的场景,如图像工作站。

（2）RAID1。

RAID1会通过磁盘数据镜像实现数据冗余,在成对的独立磁盘中产生互为备份的数据。当原始数据繁忙时,可直接从镜像副本中读取数据。同样地,要做RAID1至少需要两块硬盘,当读取数据时,其中一块硬盘会被读取,另一块硬盘会被用作备份。其数据安全性较高,但是磁盘空间利用率较低,只有50%。如图5.22所示为RAID1技术结构示意图。

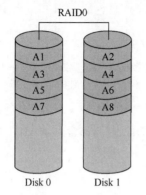

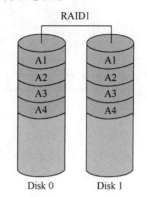

图5.21　RAID0技术结构示意图　　　　图5.22　RAID1技术结构示意图

RAID1技术的优缺点如下。

优点:提供了数据冗余,数据双倍存储;提供了良好的读取性能。

缺点:无数据校验;磁盘利用率低,成本高。

应用场景:存放重要数据的场景,如数据存储领域。

（3）RAID5。

RAID5应该是目前最常见的RAID等级,具备很好的扩展性。当阵列磁盘数量增加时,并行操作的能力随之增加,可支持更多的磁盘,从而拥有更高的容量及更高的性能。RAID5的磁盘可同时存储数据和校验数据,数据块和对应的校验信息保存在不同的磁盘中,当一个数据盘损坏时,系统可以根据同一条带的其他数据块和对应的校验数据来重建损坏的数据。与其他RAID等级一样,重建数据时,RAID5的性能会受到较大的影响。

RAID5兼顾了存储性能、数据安全和存储成本等各方面因素,基本上可以满足大部分的存储应用需求,数据中心大多采用它作为应用数据的保护方案。RAID0大幅提升了设备的读写性能,但不具备容错能力;RAID1虽然十分注重数据安全,但是磁盘利用率太低。RAID5可以理解为RAID0和RAID1的折中方案,是目前综合性能最好的数据保护解决方案,一般而言,中小企业会采用RAID5,大企业会采用RAID10。如图5.23所示为RAID5技术结构示意图。

RAID5技术的优缺点如下。

优点:读写性能高;有校验机制;磁盘空间利用率高。

缺点:磁盘越多,安全性能越差。

应用场景:对安全性能要求高的场景,如金融、数据库、存储等。

（4）RAID01。

RAID01是先做条带化再做镜像,本质是对物理磁盘实现镜像;而RAID10是先做镜像再做条带化,本质是对虚拟磁盘实现镜像。相同的配置下,RAID01比RAID10具有更好的容错能力。

RAID01的数据将同时写入到两个磁盘阵列中,如果其中一个阵列损坏,则其仍可继续工作,

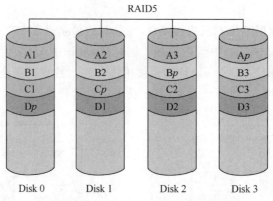

图 5.23 RAID5 技术结构示意图

在保证数据安全性的同时提高了性能。RAID01 和 RAID10 内部都含有 RAID1 模式,因此整体磁盘利用率仅为 50%。如图 5.24 所示为 RAID01 技术结构示意图。

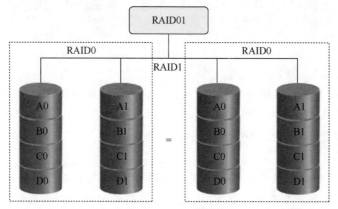

图 5.24 RAID01 技术结构示意图

RAID01 技术的优缺点如下。

优点:提供了较高的 I/O 性能;有数据冗余;无单点故障。

缺点:成本稍高;安全性能比 RAID10 差。

应用场景:特别适用于既有大量数据需要存取,又对数据安全性要求严格的领域,如银行、金融、商业超市、仓储库房、档案管理等。

(5) RAID10。

如图 5.25 所示为 RAID10 技术结构示意图。

RAID10 技术的优缺点如下。

优点:RAID10 的读取性能优于 RAID01;提供了较高的 I/O 性能;有数据冗余;无单点故障;安全性能高。

缺点:成本稍高。

应用场景:特别适用于既有大量数据需要存取,又对数据安全性要求严格的领域,如银行、金融、商业超市、仓储库房、档案管理等。

(6) RAID50。

RAID50 具有 RAID5 和 RAID0 的共同特性。它由两组 RAID5 磁盘组成(其中,每组最少有 3

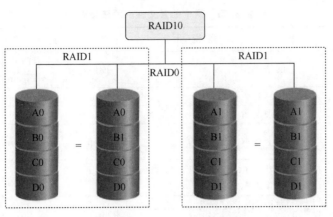

图 5.25　RAID10 技术结构示意图

个磁盘），每一组都使用了分布式奇偶位；而两组 RAID5 磁盘再组建成 RAID0，实现跨磁盘数据读取。RAID50 提供了可靠的数据存储和优秀的整体性能，并支持更大的卷尺寸。即使两个物理磁盘（每个阵列中的一个）发生故障，数据也可以顺利恢复。RAID50 最少需要 6 个磁盘，其适用于高可靠性存储、高读取速度、高数据传输性能的应用场景，包括事务处理和有许多用户存取小文件的办公应用程序。如图 5.26 所示为 RAID50 技术结构示意图。

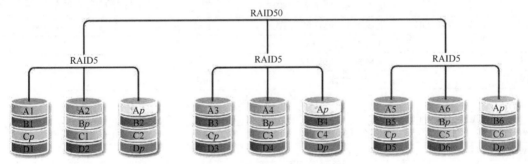

图 5.26　RAID50 技术结构示意图

5.2.8　网络配置管理

Linux 主机要想与网络中的其他主机进行通信，必须进行正确的网络配置，网络配置通常包括主机名、IP 地址、子网掩码、默认网关、DNS 服务器等的配置。

1. 网卡配置文件

网卡 IP 地址配置得是否正确决定了服务器能否相互通信，在 Linux 操作系统中，一切都是文件，因此配置网络服务其实就是编辑网卡配置文件。

在 CentOS 7 以前，网卡配置文件的前缀为 eth，第 1 块网卡为 eth0，第 2 块网卡为 eth1，以此类推；而在 CentOS 7.6 中，网卡配置文件的前缀是 ifcfg，其后为网卡接口名称，它们共同组成了网卡配置文件的名称，如 ifcfg-ens33。

CentOS 7.6 操作系统中的网卡配置文件为/etc/sysconfig/network-scripts/ifcfg-< iface >，其中，iface 为网卡接口名称，本书中是 ens33，网卡配置文件的语法格式，如表 5.54 所示。

表 5.54　网卡配置文件的语法格式

选　项	功　能　说　明	默　认　值	可　选　值
TYPE	网络类型	Ethernet	Ethernet,Wireless,TeamPort,Team,VLAN
PROXY_METHOD	代理配置的方法	none	none,auto
BROWSER_ONLY	代理配置是否仅用于浏览器	no	no,yes
BOOTPROTO	网卡获取 IP 地址的方式	dhcp	none,dhcp,static,shared,ibft,autoip
DEFROUTE	即 default route,是否将此设备设置为默认路由	yes	no,yes
IPV4_FAILURE_FATAL	如果 IPv4 配置失败,是否禁用设备	no	no,yes
IPV6INIT	是否启用 IPv6 的接口	yes	no,yes
IPV6_AUTOCONF	如果 IPv6 配置失败,则是否禁用设备	yes	no,yes
IPV6_DEFROUTE	如果 IPv6 配置失败,则是否禁用设备	yes	no,yes
IPV6_FAILURE_FATAL	如果 IPv6 配置失败,则是否禁用设备	no	no,yes
IPV6_ADDR_GEN_MODE	生成 IPv6 地址的方式	stable-privacy	eui64,stable-privacy
NAME	网络连接的名称		
UUID	用来标识网卡的唯一识别码		
DEVICE	网卡的名称	ens33	
ONBOOT	在开机或重启网卡时是否启动网卡	no	no,yes
HWADDR	硬件 MAC 地址		
IPADDR	IP 地址		
NETMASK	子网掩码		
PREFIX	网络前缀		
GATEWAY	网关		
DNS{1,2}	域名解析器		

配置网络 IP 地址,并查看相关信息。

(1) 打开 Linux 操作系统终端窗口,使用 ifconfig 或 ip address 命令,可以查看本地 IP 地址,如图 5.27 所示。

(2) 编辑网络配置文件/etc/sysconfig/network-scripts/ifcfg-ens33,如图 5.28 所示。

(3) 修改网卡配置文件的内容,如图 5.29 所示。使用 Vim 编辑器进行配置内容的修改,相关修改内容如下。

```
[root@localhost ~]# vim /etc/sysconfig/network-scripts/ifcfg-ens33
修改选项:
BOOTPROTO = dhcp ---> static               //将 DHCP 配置为静态
ONBOOT = no ---> yes                       //是否激活网卡,配置为激活网卡
增加选项:
IPADDR = 195.168.100.100                   //配置 IP 地址
```

```
PREFIX = 24 或 NETMASK = 255.255.255.0              //配置网络子网掩码
GATEWAY = 195.168.100.2                            //配置网关
DNS1 = 8.8.8.8                                      //配置 DNS 地址
[root@localhost ~]# systemctl restart network       //重启网络服务
```

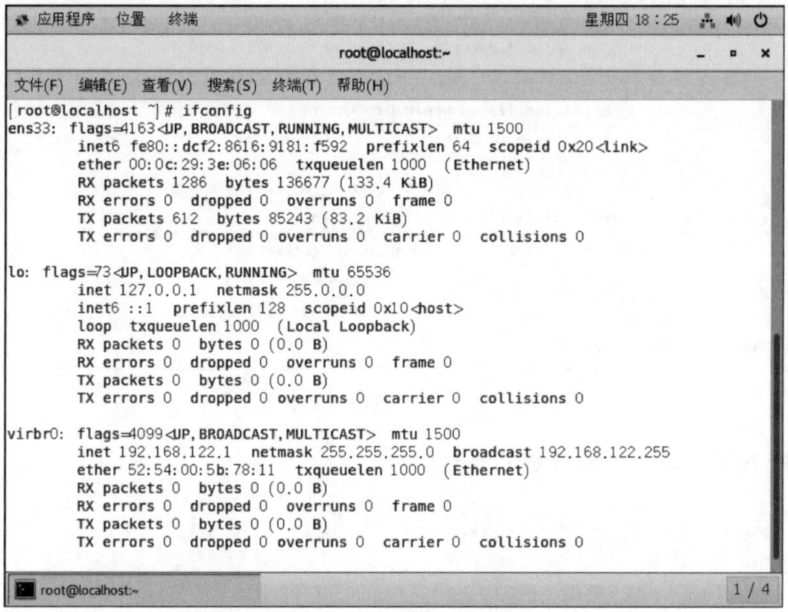

图 5.27　查看本地 IP 地址

图 5.28　编辑网络配置文件

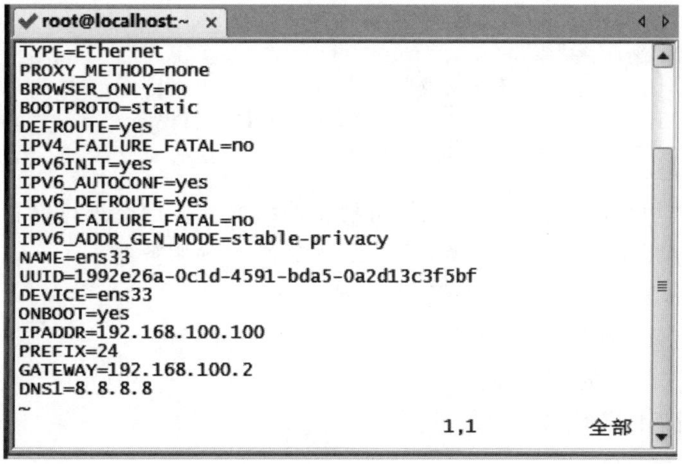

图 5.29　修改网卡配置文件的内容

（4）使用 ifconfig 命令，查看网络配置结果，如图 5.30 所示。

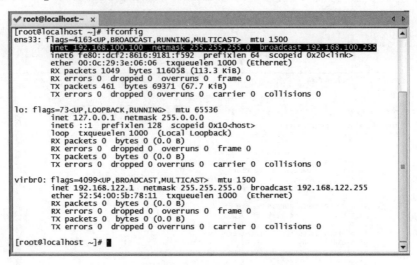

图 5.30　查看网络配置结果

2. 主机名配置文件与主机名解析配置文件

```
[root@localhost ~]# cat /etc/hostname
localhost.localdomain
[root@localhost ~]# cat /etc/hosts
127.0.0.1   localhost localhost.localdomain localhost4 localhost4.localdomain4
::1         localhost localhost.localdomain localhost6 localhost6.localdomain6
[root@localhost ~]#
```

该文件只有一行，记录了本机的主机名，即用户在安装 CentOS 7.6 时指定的主机名，用户可以直接对其进行修改。

注意：直接修改/etc/hostname 中的主机名时，应同时修改/etc/hosts 文件的内容。

3. 域名解析服务器配置文件

```
[root@localhost ~]# cat /etc/resolv.conf
# Generated by NetworkManager
search csg.com              //定义域名的搜索列表
nameserver 8.8.8.8          //定义 DNS 服务器的 IP 地址
[root@localhost ~]#
```

该文件的主要作用是定义 DNS 服务器，可根据网络的具体情况进行设置，它的格式很简单，每一行有一个关键字开关，后接配置参数，可以设置多个 DNS 服务器。

（1）nameserver：定义 DNS 服务器的 IP 地址。

（2）domain：定义本地域名。

（3）search：定义域名的搜索列表。

（4）sortlist：对返回的域名进行排序。

4. 网络常用管理命令

网络常用管理命令如下。

（1）ifconifg 命令管理网络接口。

ifconfig 命令是一个可以用来查看、配置、启用或禁用网络接口的命令。ifconfig 命令可以临时性地配置网卡的 IP 地址、子网掩码、网关等,使用 ifconfig 命令配置的网络相关信息,在主机重启后就不再存在,若需要使其永久有效,则可以将其保存在/etc/sysconfig/network-scripts/ifcfg-ens33 文件中。其命令格式如下。

```
ifconfig [网络设备] [选项]
```

ifconfig 命令各选项及其功能说明如表 5.55 所示。

表 5.55 ifconfig 命令各选项及其功能说明

选　　项	功　能　说　明
up	启动指定网络设备/网卡
down	关闭指定网络设备/网卡
-arp	设置指定网卡是否支持 ARP
-promisc	设置是否支持网卡的 promiscuous 模式,如果选择此参数,则网卡将接收网络中发送给它的所有数据包
-allmulti	设置是否支持多播模式,如果选择此参数,则网卡将接收网络中所有的多播数据包
-a	显示全部接口信息
-s	显示摘要信息
add	给指定网卡配置 IPv6 地址
del	删除给指定网卡配置的 IPv6 地址
network <子网掩码>	设置网卡的子网掩码
tunnel <地址>	建立 IPv4 与 IPv6 之间的隧道通信地址
-broadcast <地址>	为指定网卡设置广播协议
-pointtopoint <地址>	为网卡设置点对点通信协议

① 使用 ifconfig 命令配置网卡相关信息,显示 ens33 的网卡信息,执行命令如下。

```
[root@localhost ~]# ifconifg   ens33
```

执行命令结果如图 5.31 所示。

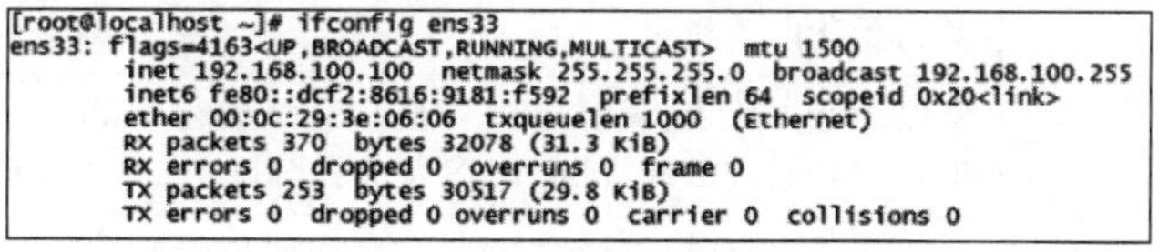

```
[root@localhost ~]# ifconfig ens33
ens33: flags=4163<UP,BROADCAST,RUNNING,MULTICAST>  mtu 1500
        inet 192.168.100.100  netmask 255.255.255.0  broadcast 192.168.100.255
        inet6 fe80::dcf2:8616:9181:f592  prefixlen 64  scopeid 0x20<link>
        ether 00:0c:29:3e:06:06  txqueuelen 1000  (Ethernet)
        RX packets 370  bytes 32078 (31.3 KiB)
        RX errors 0  dropped 0  overruns 0  frame 0
        TX packets 253  bytes 30517 (29.8 KiB)
        TX errors 0  dropped 0  overruns 0  carrier 0  collisions 0
```

图 5.31 显示 ens33 的网卡信息

② 启动和关闭网卡,执行命令如下。

```
[root@localhost ~]# ifconfig ens33 down
[root@localhost ~]# ifconfig ens33 up
```

③ 配置网络接口相关信息,添加 IPv6 地址,进行相关测试,执行命令如下。

```
[root@localhost ~]# ifconfig ens33 add 2000::1/64        //添加 IPv6 地址
[root@localhost ~]# ping - 6 2000::1                      //测试网络连通性
```

```
PING 2000::1(2000::1) 56 data bytes
64 bytes from 2000::1: icmp_seq = 1 ttl = 64 time = 0.085 ms
64 bytes from 2000::1: icmp_seq = 2 ttl = 64 time = 0.103 ms
64 bytes from 2000::1: icmp_seq = 3 ttl = 64 time = 0.109 ms
^C                                            //Ctrl + C 退出
--- 2000::1 ping statistics ---
7 packets transmitted, 7 received, 0 % packet loss, time 6013ms
rtt min/avg/max/mdev = 0.085/0.103/0.109/0.014 ms
[root@localhost ~]# reboot                    //重启操作系统
Last login: Sun Aug 30 19:00:20 2020 from 195.168.100.1
[root@localhost ~]# ping - 6 2000::1          //测试网络连通性
connect: 网络不可达                            //网络不可达
[root@localhost ~]#
```

④ 配置网络接口相关信息,添加 IPv4 地址,启动与关闭 ARP 功能,进行相关测试,执行命令如下。

```
[root@localhost ~]# ifconfig ens33 195.168.100.100 netmask 255.255.255.0 broadcast
195.168.100.255                               //添加 IPv4 地址,加上子网掩码和一个广播地址
[root@localhost ~]# ifconfig ens33 arp        //启动 ARP 功能
[root@localhost ~]# ifconfig ens33 - arp      //关闭 ARP 功能
```

(2) hostnamectl 命令设置并查看主机名。

使用 hostnamectl 命令可以设置并查看主机名。其命令格式如下。

```
hostnamectl  [选项]  [主机名]
```

hostnamectl 命令各选项及其功能说明如表 5.56 所示。

表 5.56 hostnamectl 命令各选项及其功能说明

选　　项	功　能　说　明
-h,--help	显示帮助信息
-version	显示安装包的版本信息
--static	修改静态主机名,也称为内核主机名,是系统在启动时从/etc/hostname 中自动初始化的主机名
--transient	修改瞬态主机名,瞬态主机名是在系统运行时临时分配的主机名,由内核管理,例如,通过 DHCP 或 DNS 服务器分配的 localhost 就是这种形式的主机名
--pretty	修改灵活主机名,灵活主机名是允许使用特殊字符的主机名,即使用 UTF-8 格式的自由主机名,以展示给终端用户
-P, --privileged	在执行之前获得的特权
--no-ask-password	输入的密码不提示
-H, --host=[USER@]HOST	操作远程主机
status	显示当前主机名状态
set-hostname NAME	设置当前主机名
set-icon-name NAME	设置系统主机名
set-chassis NAME	为主机设置 icon 名

使用 hostnamectl 命令设置并查看主机名,执行命令如下。

```
[root@localhost ~]# hostnamectl status
[root@localhost ~]# hostnamectl set - hostname lncc.csg.com
[root@localhost ~]# cat /etc/hostname
[root@localhost ~]# bash
```

① 查看当前主机名,如图 5.32 所示。

```
[root@localhost ~]# hostnamectl status
    Static hostname: localhost.localdomain
        Icon name: computer-vm
          Chassis: vm
        Machine ID: 60561763fdde420a9ff2e80a9a9704ba
          Boot ID: 881236bdaa1c49b8bacf18be3b3cd269
    virtualization: vmware
  Operating System: CentOS Linux 7 (Core)
      CPE OS Name: cpe:/o:centos:centos:7
            Kernel: Linux 3.10.0-957.el7.x86_64
      Architecture: x86-64
```

图 5.32　查看当前主机名

② 设置主机名并查看相关信息,如图 5.33 所示。

```
[root@localhost ~]# hostnamectl  set-hostname lncc.csg.com
[root@localhost ~]# cat /etc/hostname
lncc.csg.com
[root@localhost ~]# bash
[root@lncc ~]# hostnamectl status
    Static hostname: lncc.csg.com
        Icon name: computer-vm
          Chassis: vm
        Machine ID: 60561763fdde420a9ff2e80a9a9704ba
          Boot ID: be2c500f65bd483bbb12ce0fb77c5675
    virtualization: vmware
  Operating System: CentOS Linux 7 (Core)
      CPE OS Name: cpe:/o:centos:centos:7
            Kernel: Linux 3.10.0-957.el7.x86_64
      Architecture: x86-64
```

图 5.33　设置主机名并查看相关信息

（3）route 命令管理路由。

route 命令用来显示并设置 Linux 内核中的网络路由表,route 命令设置的主要是静态路由,要实现两个不同子网的通信,需要一台连接两个网络的路由器或者同时位于两个网络的网关。需要注意的是,直接在命令模式下使用 route 命令添加的路由信息不会永久保存,主机重启之后该路由就失效了,若需要使其永久有效,则可以在/etc/rc.local 中添加 route 命令来保存设置。其命令格式如下。

```
route [选项]
```

route 命令各选项及其功能说明如表 5.57 所示。

表 5.57　route 命令各选项及其功能说明

选　　项	功　能　说　明
-v	详细信息模式
-A	采用指定的地址类型
-n	以数字形式代替主机名形式来显示地址
-net	路由目标为网络
-host	路由目标为主机
-F	显示内核的 FIB 选路表

选　　项	功 能 说 明
-C	显示内核的路由缓存
add	添加一条路由
del	删除一条路由
target	指定目标网络或主机,可以是点分十进制的 IP 地址或主机/网络名
netmask	为添加的路由指定网络掩码
gw	为发往目标网络/主机的任何分组指定网关

使用 route 命令管理路由,执行操作如下。

① 显示当前路由信息,执行命令如下。

```
[root@localhost ~]#route
```

执行命令结果如图 5.34 所示。

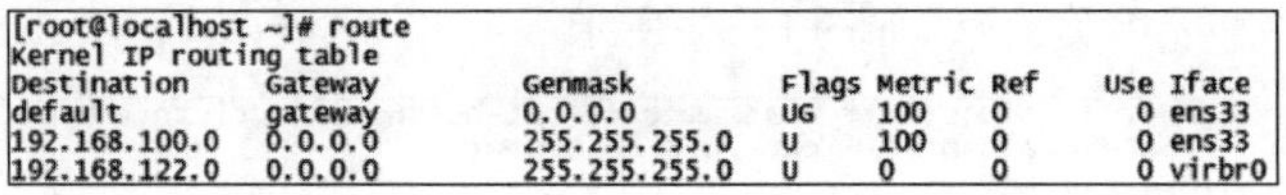

```
[root@localhost ~]# route
Kernel IP routing table
Destination     Gateway          Genmask         Flags Metric Ref    Use Iface
default         gateway          0.0.0.0         UG    100    0        0 ens33
192.168.100.0   0.0.0.0          255.255.255.0   U     100    0        0 ens33
192.168.122.0   0.0.0.0          255.255.255.0   U     0      0        0 virbr0
```

图 5.34　显示当前路由信息

② 增加一条路由,执行命令如下。

```
[root@localhost ~]#route  add  -net  195.168.200.0  netmask  255.255.255.0 dev  ens33
[root@localhost ~]#route
```

执行命令结果如图 5.35 所示。

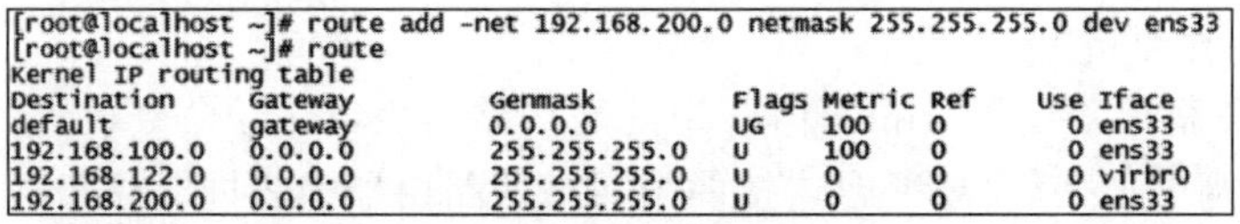

```
[root@localhost ~]# route add -net 192.168.200.0 netmask 255.255.255.0 dev ens33
[root@localhost ~]# route
Kernel IP routing table
Destination     Gateway          Genmask         Flags Metric Ref    Use Iface
default         gateway          0.0.0.0         UG    100    0        0 ens33
192.168.100.0   0.0.0.0          255.255.255.0   U     100    0        0 ens33
192.168.122.0   0.0.0.0          255.255.255.0   U     0      0        0 virbr0
192.168.200.0   0.0.0.0          255.255.255.0   U     0      0        0 ens33
```

图 5.35　增加一条路由

③ 屏蔽一条路由,执行命令如下。

```
[root@localhost ~]#route add -net 195.168.200.0 netmask 255.255.255.0 reject
[root@localhost ~]#route
```

执行命令结果如图 5.36 所示。

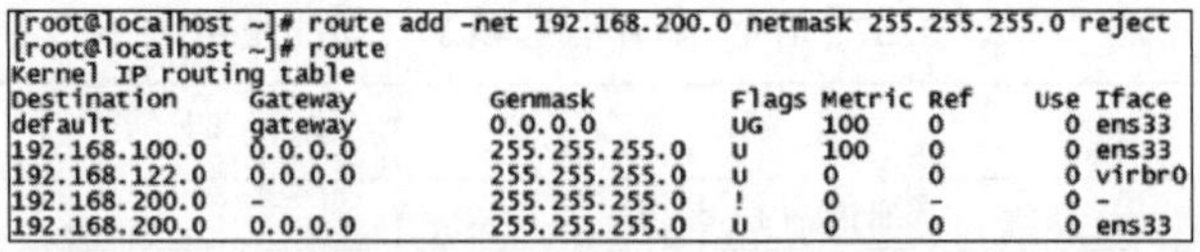

```
[root@localhost ~]# route add -net 192.168.200.0 netmask 255.255.255.0 reject
[root@localhost ~]# route
Kernel IP routing table
Destination     Gateway          Genmask         Flags Metric Ref    Use Iface
default         gateway          0.0.0.0         UG    100    0        0 ens33
192.168.100.0   0.0.0.0          255.255.255.0   U     100    0        0 ens33
192.168.122.0   0.0.0.0          255.255.255.0   U     0      0        0 virbr0
192.168.200.0   -                255.255.255.0   !     0      -        0 -
192.168.200.0   0.0.0.0          255.255.255.0   U     0      0        0 ens33
```

图 5.36　屏蔽一条路由

④ 删除一条屏蔽路由,执行命令如下。

```
[root@localhost ~]#route del -net 195.168.200.0 netmask 255.255.255.0 reject
[root@localhost ~]#route
```

执行命令结果如图 5.37 所示。

```
[root@localhost ~]# route del  -net 192.168.200.0 netmask 255.255.255.0 reject
[root@localhost ~]# route
Kernel IP routing table
Destination     Gateway         Genmask         Flags Metric Ref    Use Iface
default         gateway         0.0.0.0         UG    100    0        0 ens33
192.168.100.0   0.0.0.0         255.255.255.0   U     100    0        0 ens33
192.168.122.0   0.0.0.0         255.255.255.0   U     0      0        0 virbr0
192.168.200.0   0.0.0.0         255.255.255.0   U     0      0        0 ens33
```

图 5.37　删除一条屏蔽路由

（4）ping 命令检测网络连通性。

ping 命令是 Linux 操作系统中使用非常频繁的命令，用来测试主机之间网络的连通性。ping 命令使用的是 ICMP，它发送 ICMP 回送请求消息给目标主机，ICMP 规定，目标主机必须返回 ICMP 回送应答消息给源主机，如果源主机在一定时间内收到应答，则认为主机可达，否则不可达。其命令格式如下。

```
ping [选项] [目标网络]
```

ping 命令各选项及其功能说明如表 5.58 所示。

表 5.58　ping 命令各选项及其功能说明

选　　项	功　能　说　明
-c <完成次数>	设置要求回应的次数
-f	极限检测
-i <时间间隔秒数>	指定收发信息的时间间隔
-l <网络界面>	使用指定的网络界面发送数据包
-n	只输出数值
-p <范本样式>	设置填满数据包的范本样式
-q	不显示指令执行过程，但开关和结尾的相关信息除外
-r	忽略普通的路由表，直接将数据包送到远端主机上
-R	记录路由过程
-s <数据包大小>	设置数据包的大小
-t <存活数值>	设置存活数值的大小
-v	显示指令的详细执行过程

使用 ping 命令检测网络连通性，执行操作如下。

① 在 Linux 操作系统中使用不带选项的 ping 命令后，系统会一直不断地发送检测包，直到按 Ctrl+C 组合键终止，执行命令如下。

```
[root@localhost ~]# ping www.163.com
```

执行命令结果如图 5.38 所示。

```
[root@localhost ~]# ping  www.163.com
PING z163ipv6.v.lnyd.cdnyuan.cn (117.161.120.41) 56(84) bytes of data.
64 bytes from 117.161.120.41 (117.161.120.41): icmp_seq=1 ttl=128 time=29.7 ms
64 bytes from 117.161.120.41 (117.161.120.41): icmp_seq=2 ttl=128 time=30.0 ms
64 bytes from 117.161.120.41 (117.161.120.41): icmp_seq=3 ttl=128 time=29.9 ms
64 bytes from 117.161.120.41 (117.161.120.41): icmp_seq=4 ttl=128 time=30.1 ms
64 bytes from 117.161.120.41 (117.161.120.41): icmp_seq=5 ttl=128 time=29.9 ms
64 bytes from 117.161.120.41 (117.161.120.41): icmp_seq=6 ttl=128 time=30.0 ms
^C
--- z163ipv6.v.lnyd.cdnyuan.cn ping statistics ---
6 packets transmitted, 6 received, 0% packet loss, time 5059ms
rtt min/avg/max/mdev = 29.739/29.976/30.116/0.152 ms
```

图 5.38　使用不带选项的 ping 命令

② 指定回应次数和时间间隔,设置回应次数为 4 次,时间间隔为 1s,执行命令如下。

```
[root@localhost ~]# ping - c 4 - I 1 www.163.com
```

执行命令结果如图 5.39 所示。

```
[root@localhost ~]# ping -c 4 -i 1  www.163.com
PING z163ipv6.v.lnyd.cdnyuan.cn (117.161.120.40) 56(84) bytes of data.
64 bytes from 117.161.120.40 (117.161.120.40): icmp_seq=1 ttl=128 time=45.5 ms
64 bytes from 117.161.120.40 (117.161.120.40): icmp_seq=2 ttl=128 time=47.6 ms
64 bytes from 117.161.120.40 (117.161.120.40): icmp_seq=3 ttl=128 time=50.1 ms
64 bytes from 117.161.120.40 (117.161.120.40): icmp_seq=4 ttl=128 time=36.7 ms

--- z163ipv6.v.lnyd.cdnyuan.cn ping statistics ---
4 packets transmitted, 4 received, 0% packet loss, time 3026ms
rtt min/avg/max/mdev = 36.731/44.997/50.125/5.044 ms
```

图 5.39　指定回应次数和时间间隔

(5) netstat 命令查看网络信息。

netstat 命令是一个综合的网络状态查看命令,可以从显示的 Linux 操作系统的网络状态信息中得知整个 Linux 操作系统的网络情况,包括网络连接、路由表、接口状态、网络链路和组播成员等。其命令格式如下。

```
netstat [选项]
```

netstat 命令各选项及其功能说明,如表 5.59 所示。

表 5.59　netstat 命令各选项及其功能说明

选　　项	功　能　说　明
-a,--all	显示所有连接中的端口 Socket
-A <网络类型>,--<网络类型>	列出该网络类型连接中的相关地址
-c,--continuous	持续列出网络状态
-C,--cache	显示路由器配置的缓存信息
-e,--extend	显示网络其他相关信息
-F,--fib	显示 FIB
-g,--groups	显示组播成员名单
-h,--help	在线帮助
-i,--interfaces	显示网络界面信息表单
-l,--listening	显示监控中的服务器的 Socket
-M,--masquerade	显示伪装的网络连接
-n,--numeric	直接使用 IP 地址,而不通过域名服务器
-N,--netlink,--sysmbolic	显示网络硬件外围设备的符号连接名称
-o,--times	显示计时器
-p,--programs	显示正在使用的 Socket 的程序识别码和程序名称
-r,--route	显示路由表
-s,--statistics	显示网络工作信息统计表
-t,--tcp	显示 TCP 的连接状况
-u,--udp	显示 UDP 的连接状况
-v,--verbose	显示指令执行过程
-V,--version	显示版本信息

使用 netstat 命令查看网络状态相关信息,执行操作如下。

① 查看网络接口列表信息,执行命令如下。

```
[root@localhost ~]# netstat -i
```

执行命令结果如图 5.40 所示。

```
[root@localhost ~]# netstat -i
Kernel Interface table
Iface       MTU     RX-OK RX-ERR RX-DRP RX-OVR   TX-OK TX-ERR TX-DRP TX-OVR Flg
ens33      1500       357      0      0      0     177      0      0      0 BMRU
lo        65536         0      0      0      0       0      0      0      0 LRU
virbr0     1500         0      0      0      0       0      0      0      0 BMU
```

图 5.40　查看网络接口列表信息

② 查看网络所有连接端口的信息,执行命令如下。

```
[root@localhost ~]# netstat -an | more
```

执行命令结果如图 5.41 所示。

```
[root@localhost ~]# netstat -an | more
Active Internet connections (servers and established)
Proto Recv-Q Send-Q Local Address           Foreign Address         State
tcp        0      0 0.0.0.0:111             0.0.0.0:*               LISTEN
tcp        0      0 0.0.0.0:6000            0.0.0.0:*               LISTEN
tcp        0      0 192.168.122.1:53        0.0.0.0:*               LISTEN
tcp        0      0 0.0.0.0:22              0.0.0.0:*               LISTEN
tcp        0      0 127.0.0.1:631           0.0.0.0:*               LISTEN
tcp        0      0 127.0.0.1:25            0.0.0.0:*               LISTEN
tcp        0     52 192.168.100.100:22      192.168.100.1:54202     ESTABLISHED
tcp6       0      0 :::111                  :::*                    LISTEN
tcp6       0      0 :::6000                 :::*                    LISTEN
tcp6       0      0 :::22                   :::*                    LISTEN
tcp6       0      0 ::1:631                 :::*                    LISTEN
tcp6       0      0 ::1:25                  :::*                    LISTEN
udp        0      0 0.0.0.0:5353            0.0.0.0:*
udp        0      0 192.168.122.1:53        0.0.0.0:*
udp        0      0 0.0.0.0:67              0.0.0.0:*
udp        0      0 0.0.0.0:111             0.0.0.0:*
udp        0      0 0.0.0.0:53376           0.0.0.0:*
udp        0      0 127.0.0.1:323           0.0.0.0:*
udp        0      0 0.0.0.0:799             0.0.0.0:*
udp6       0      0 :::111                  :::*
udp6       0      0 ::1:323                 :::*
udp6       0      0 :::799                  :::*
raw6       0      0 :::58                   :::*                    7
Active UNIX domain sockets (servers and established)
Proto RefCnt Flags       Type       State         I-Node   Path
unix  2      [ ACC ]     STREAM     LISTENING     55143    @/tmp/dbus-sSJVjReE
unix  2      [ ACC ]     STREAM     LISTENING     25858    /run/lvm/lvmetad.socket
unix  2      [ ACC ]     STREAM     LISTENING     55834    @/tmp/dbus-TU4CV0ZYwO
unix  2      [ ACC ]     STREAM     LISTENING     45842    /run/gssproxy.sock
unix  2      [ ACC ]     STREAM     LISTENING     54422    @/tmp/.X11-unix/X0
unix  2      [ ACC ]     STREAM     LISTENING     56086    @/tmp/.ICE-unix/10260
unix  2      [ ACC ]     STREAM     LISTENING     53813    /var/run/libvirt/libvirt-sock
unix  2      [ ACC ]     STREAM     LISTENING     53815    /var/run/libvirt/libvirt-sock-ro
unix  2      [ ACC ]     STREAM     LISTENING     53817    /var/run/libvirt/libvirt-admin-sock
--More--
```

图 5.41　查看网络所有连接端口的信息

③ 查看网络所有 TCP 端口连接信息,执行命令如下。

```
[root@localhost ~]# netstat -at
```

执行命令结果如图 5.42 所示。

```
[root@localhost ~]# netstat -at
Active Internet connections (servers and established)
Proto Recv-Q Send-Q Local Address           Foreign Address         State
tcp        0      0 0.0.0.0:sunrpc          0.0.0.0:*               LISTEN
tcp        0      0 0.0.0.0:x11             0.0.0.0:*               LISTEN
tcp        0      0 localhost.locald:domain 0.0.0.0:*               LISTEN
tcp        0      0 0.0.0.0:ssh             0.0.0.0:*               LISTEN
tcp        0      0 localhost:ipp           0.0.0.0:*               LISTEN
tcp        0      0 localhost:smtp          0.0.0.0:*               LISTEN
tcp        0     52 localhost.localdoma:ssh 192.168.100.1:57345     ESTABLISHED
tcp6       0      0 [::]:sunrpc             [::]:*                  LISTEN
tcp6       0      0 [::]:x11                [::]:*                  LISTEN
tcp6       0      0 [::]:ssh                [::]:*                  LISTEN
tcp6       0      0 localhost:ipp           [::]:*                  LISTEN
tcp6       0      0 localhost:smtp          [::]:*                  LISTEN
```

图 5.42　查看网络所有 TCP 端口连接信息

④ 查看网络组播成员名单信息,执行命令如下。

```
[root@localhost ~]# netstat -g
```

```
[root@localhost ~]# netstat -g
IPv6/IPv4 Group Memberships
Interface       RefCnt Group
--------------- ------ ---------------------
lo              1      all-systems.mcast.net
ens33           1      224.0.0.251
ens33           1      all-systems.mcast.net
virbr0          1      224.0.0.251
virbr0          1      all-systems.mcast.net
lo              1      ff02::1
lo              1      ff01::1
ens33           1      ff02::1:ff81:f592
ens33           1      ff02::1
ens33           1      ff01::1
virbr0          1      ff02::1
virbr0          1      ff01::1
virbr0-nic      1      ff02::1
virbr0-nic      1      ff01::1
```

图 5.43　查看网络组播成员名单信息

执行命令结果如图 5.43 所示。

（6）nslookup 命令 DNS 解析。

nslookup 命令是常用域名查询命令，用于查询 DNS 信息，其有两种工作模式，即交互模式和非交互模式。在交互模式下，用户可以向 DNS 服务器查询各类主机、域名信息，或者输出域名中的主机列表；在非交互模式下，用户可以针对一个主机或域名获取特定的名称或所需信息。其命令格式如下。

```
nslookup 域名
```

使用 nslookup 命令进行域名查询，执行操作如下。

① 在交互模式下，使用 nslookup 命令查询域名相关信息，直到用户按 Ctrl＋C 组合键退出查询模式，执行命令如下。

```
[root@localhost ~]# nslookup
```

执行命令结果如图 5.44 所示。

```
[root@localhost ~]# nslookup
> www.lncc.edu.cn
Server:         8.8.8.8
Address:        8.8.8.8#53

Non-authoritative answer:
Name:   www.lncc.edu.cn
Address: 202.199.187.105
> www.163.com
Server:         8.8.8.8
Address:        8.8.8.8#53

Non-authoritative answer:
www.163.com     canonical name = www.163.com.163jiasu.com.
www.163.com.163jiasu.com        canonical name = www.163.com.bsgslb.cn.
www.163.com.bsgslb.cn   canonical name = z163ipv6.v.bsgslb.cn.
z163ipv6.v.bsgslb.cn    canonical name = z163ipv6.v.lnyd.cdnyuan.cn.
Name:   z163ipv6.v.lnyd.cdnyuan.cn
Address: 117.161.120.40
Name:   z163ipv6.v.lnyd.cdnyuan.cn
Address: 117.161.120.37
Name:   z163ipv6.v.lnyd.cdnyuan.cn
Address: 117.161.120.38
Name:   z163ipv6.v.lnyd.cdnyuan.cn
Address: 117.161.120.41
Name:   z163ipv6.v.lnyd.cdnyuan.cn
Address: 117.161.120.35
Name:   z163ipv6.v.lnyd.cdnyuan.cn
Address: 117.161.120.36
Name:   z163ipv6.v.lnyd.cdnyuan.cn
Address: 117.161.120.39
Name:   z163ipv6.v.lnyd.cdnyuan.cn
Address: 117.161.120.34
>
```

图 5.44　在交互模式下查询域名相关信息

② 在非交互模式下，使用 nslookup 命令查询域名相关信息，执行命令如下。

```
[root@localhost ~]# nslookup www.163.com
```

执行命令结果如图 5.45 所示。

（7）traceroute 命令跟踪路由。

traceroute 命令用于追踪网络数据包的路由途径，通过 traceroute 命令可以知道源计算机到达互联网另一端的主机的路径。其命令格式如下。

```
[root@localhost ~]# nslookup www.163.com
Server:         8.8.8.8
Address:        8.8.8.8#53

Non-authoritative answer:
www.163.com     canonical name = www.163.com.163jiasu.com.
www.163.com.163jiasu.com.       canonical name = www.163.com.bsgslb.cn.
www.163.com.bsgslb.cn   canonical name = z163ipv6.v.bsgslb.cn.
z163ipv6.v.bsgslb.cn    canonical name = z163ipv6.v.lnyd.cdnyuan.cn.
Name:   z163ipv6.v.lnyd.cdnyuan.cn
Address: 117.161.120.36
Name:   z163ipv6.v.lnyd.cdnyuan.cn
Address: 117.161.120.38
Name:   z163ipv6.v.lnyd.cdnyuan.cn
Address: 117.161.120.35
Name:   z163ipv6.v.lnyd.cdnyuan.cn
Address: 117.161.120.40
Name:   z163ipv6.v.lnyd.cdnyuan.cn
Address: 117.161.120.41
Name:   z163ipv6.v.lnyd.cdnyuan.cn
Address: 117.161.120.37
Name:   z163ipv6.v.lnyd.cdnyuan.cn
Address: 117.161.120.39
Name:   z163ipv6.v.lnyd.cdnyuan.cn
Address: 117.161.120.34
```

图 5.45　在非交互模式下查询域名相关信息

traceroute　[选项]　[目标主机或 IP 地址]

traceroute 命令各选项及其功能说明如表 5.60 所示。

表 5.60　traceroute 命令各选项及其功能说明

选　　项	功 能 说 明
-d	使用 Socket 层级的排错功能
-f <存活数值>	设置第一个检测数据包的存活数值的大小
-g <网关>	设置来源路由网关,最多可设置 8 个
-i <网络界面>	使用指定的网络界面发送数据包
-l	使用 ICMP 回应取代 UDP 资料信息
-m <存活数值>	设置检测数据包的最大存活数值的大小
-n	直接使用 IP 地址而非主机名称
-p <通信端口>	设置 UDP 的通信端口
-q	发送数据包检测次数
-r	忽略普通的路由表,直接将数据包送到远端主机上
-s <来源地址>	设置本地主机发送数据包的 IP 地址
-t <服务类型>	设置检测数据包的 TOS 数值
-v	显示指令的详细执行过程

使用 traceroute 命令追踪网络数据包的路由途径,执行操作如下。

① 查看本地到网易(www.163.com)的路由访问情况,直到按 Ctrl+C 组合键终止,执行命令如下。

[root@localhost ~]# **traceroute - q 4 www.163.com**

执行命令结果如图 5.46 所示。

```
[root@localhost ~]# traceroute -q 4  www.163.com
traceroute to www.163.com (117.161.120.38), 30 hops max, 60 byte packets
 1  gateway (192.168.100.2)  0.165 ms  0.139 ms  0.156 ms  0.116 ms
 2  * * * *
 3  * * * *
 4  * * * *
 5  * * * *
 6  * * * *
 7  * * * *
 8  * * * *
 9  * * * *^C
```

图 5.46　查看本地到网易(www.163.com)的路由访问情况

说明:记录按序号从 1 开始,每个记录就是一跳,一跳表示一个网关,可以看到每行有 4 个时间,单位都是 ms,这其实就是探测数据包向每个网关发送 4 个数据包,网关响应后返回的时间,有时会看到一些行是以"*"符号表示的,出现这样的情况,可能是因为防火墙拦截了 ICMP 的返回信息,所以得不到相关的数据包返回数据。

② 将跳数设置为 5 后,查看本地到 www.163.com 的路由访问情况,执行命令如下。

```
[root@localhost ~]# traceroute -m 5 www.163.com
```

执行命令结果如图 5.47 所示。

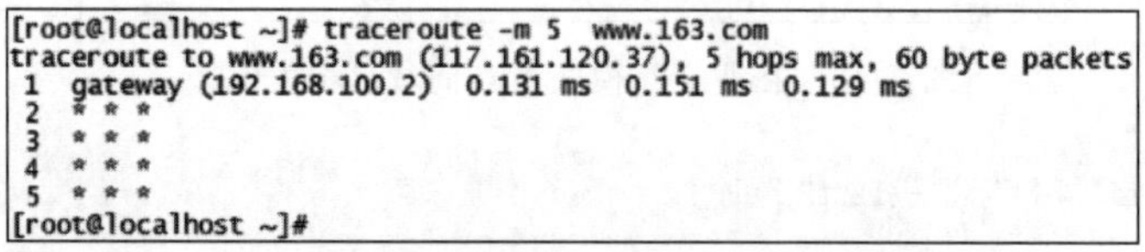

```
[root@localhost ~]# traceroute -m 5 www.163.com
traceroute to www.163.com (117.161.120.37), 5 hops max, 60 byte packets
 1  gateway (192.168.100.2)  0.131 ms  0.151 ms  0.129 ms
 2  * * *
 3  * * *
 4  * * *
 5  * * *
[root@localhost ~]#
```

图 5.47　设置跳数后的路由访问情况

③ 查看路由访问情况,显示 IP 地址,不查看主机名,执行命令如下。

```
[root@localhost ~]# traceroute -n www.163.com
```

执行命令结果如图 5.48 所示。

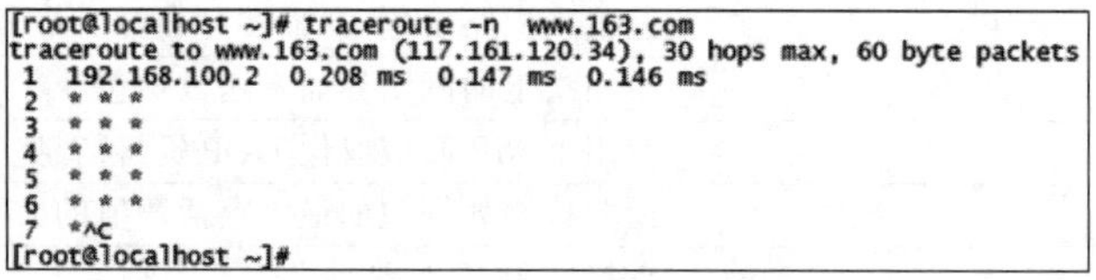

```
[root@localhost ~]# traceroute -n www.163.com
traceroute to www.163.com (117.161.120.34), 30 hops max, 60 byte packets
 1  192.168.100.2  0.208 ms  0.147 ms  0.146 ms
 2  * * *
 3  * * *
 4  * * *
 5  * * *
 6  * * *
 7  *^C
[root@localhost ~]#
```

图 5.48　显示 IP 地址,不查看主机名

(8) ip 命令网络配置。

ip 命令是 iproute2 软件包中的一个强大的网络配置命令,用来显示或操作路由、网络设备、策略路由和隧道等,它能够替代一些传统的网络管理命令,如 ifconfig、route 等。其命令格式如下。

```
ip [选项]  [操作对象]  [命令]  [参数]
```

ip 命令各选项及其功能说明如表 5.61 所示。

表 5.61　ip 命令各选项及其功能说明

选　项	功　能　说　明
-V,-Version	输出 IP 的版本信息并退出
-s,-stats,-statistics	输出更为详尽的信息,如果这个选项出现两次或者多次,则输出的信息会更加详尽
-f,-family	后面接协议种类,包括 inet、inet6 或 link,用于强调使用的协议种类
-4	-family inet 的简写
-6	-family inet6 的简写
-o,oneline	对每行记录都使用单行输出,换行用字符代替,如果需要使用 wc、grep 等命令处理 IP 地址的输出,则会用到这个选项
-r,-resolve	查询域名解析系统,用获得的主机名代替主机 IP 地址

ip命令各操作对象及其功能说明如表5.62所示。

表5.62 ip命令各操作对象及其功能说明

操 作 对 象	功 能 说 明	操 作 对 象	功 能 说 明
link	网络设备	rule	路由策略数据库中的规则
address	一个设备的协议地址(IPv4或者IPv6)	maddress	多播地址
neighbor	ARP或者NDISC缓冲区条目	mroute	多播路由缓冲区条目
route	路由表条目	tunnel	IP中的通道

iproute2是Linux操作系统中管理控制TCP/IP网络和流量的新一代工具包,旨在替代工具链(net-tools),即人们比较熟悉的ifconfig、arp、route、netstat等命令。net-tools和iproute2命令的对比,如表5.63所示。

表5.63 net-tools和iproute2命令的对比

net-tools命令	iproute2命令	net-tools命令	iproute2命令
arp -na	ip neigh	netstat -i	ip -s link
ifconfig	ip link	netstat -g	ip addr
ifconfig -a	ip addr show	netstat -l	is -l
ifconfig -help	ip help	netstat -r	ip route
ifconfig -s	ip -s link	route add	ip route add
ifconfig eth0 up	ip link set eth0 up	route del	ip route del
ipmaddr	ip maddr	route -n	ip route show
iptunnel	ip tunnel	vconfig	ip link
netstat	ss		

使用ip命令配置网络信息,执行操作如下。

① 使用ip命令查看网络地址配置情况,执行命令如下。

```
[root@localhost ~]# ip address show
```

执行命令结果如图5.49所示。

图5.49 使用ip命令查看网络地址配置情况

② 使用ip命令查看链路配置情况,执行命令如下。

```
[root@localhost ~]# ip link
```

执行命令结果如图5.50所示。

```
[root@localhost ~]# ip link
1: lo: <LOOPBACK,UP,LOWER_UP> mtu 65536 qdisc noqueue state UNKNOWN mode DEFAULT group
default qlen 1000
    link/loopback 00:00:00:00:00:00 brd 00:00:00:00:00:00
2: ens33: <BROADCAST,MULTICAST,UP,LOWER_UP> mtu 1500 qdisc pfifo_fast state UP mode DEF
AULT group default qlen 1000
    link/ether 00:0c:29:a7:60:fd brd ff:ff:ff:ff:ff:ff
3: virbr0: <NO-CARRIER,BROADCAST,MULTICAST,UP> mtu 1500 qdisc noqueue state DOWN mode D
EFAULT group default qlen 1000
    link/ether 52:54:00:5b:78:11 brd ff:ff:ff:ff:ff:ff
4: virbr0-nic: <BROADCAST,MULTICAST> mtu 1500 qdisc pfifo_fast master virbr0 state DOWN
 mode DEFAULT group default qlen 1000
    link/ether 52:54:00:5b:78:11 brd ff:ff:ff:ff:ff:ff
[root@localhost ~]#
```

图 5.50　使用 ip 命令查看链路配置情况

③ 使用 ip 命令查看路由表信息,执行命令如下。

[root@localhost ~]# **ip route**

执行命令结果如图 5.51 所示。

```
[root@localhost ~]# ip route
default via 192.168.100.2 dev ens33 proto static metric 100
192.168.100.0/24 dev ens33 proto kernel scope link src 192.168.100.100 metric 100
192.168.122.0/24 dev virbr0 proto kernel scope link src 192.168.122.1
```

图 5.51　使用 ip 命令查看路由表信息

④ 使用 ip 命令查看链路信息,执行命令如下。

[root@localhost ~]# **ip link show ens33**

执行命令结果如图 5.52 所示。

```
[root@localhost ~]# ip link show ens33
2: ens33: <BROADCAST,MULTICAST,UP,LOWER_UP> mtu 1500 qdisc pfifo_fast state UP mode DEFAULT
 group default qlen 1000
    link/ether 00:0c:29:3e:06:06 brd ff:ff:ff:ff:ff:ff
[root@localhost ~]#
```

图 5.52　使用 ip 命令查看链路信息

⑤ 使用 ip 命令查看接口统计信息,执行命令如下。

[root@localhost ~]# **ip -s link ls ens33**

执行命令结果如图 5.53 所示。

```
[root@localhost ~]# ip  -s  link  ls  ens33
2: ens33: <BROADCAST,MULTICAST,UP,LOWER_UP> mtu 1500 qdisc pfifo_fast state UP mode DEFAULT
group default qlen 1000
    link/ether 00:0c:29:3e:06:06 brd ff:ff:ff:ff:ff:ff
    RX: bytes  packets  errors  dropped overrun mcast
    168032     1604     0       0       0       0
    TX: bytes  packets  errors  dropped carrier collsns
    109553     785      0       0       0       0
[root@localhost ~]#
```

图 5.53　使用 ip 命令查看接口统计信息

⑥ 使用 ip 命令查看 ARP 表信息,执行命令如下。

[root@localhost ~]# **ip neigh show**

执行命令结果如图 5.54 所示。

```
[root@localhost ~]# ip neigh show
192.168.100.2 dev ens33 lladdr 00:50:56:ff:1b:ec STALE
192.168.100.1 dev ens33 lladdr 00:50:56:c0:00:08 REACHABLE
```

图 5.54　使用 ip 命令查看 ARP 表信息

5.3.1　RAID配置基本命令

创建4个大小都为2GB的磁盘,并将其中3个创建为RAID5阵列磁盘,1个创建为热备磁盘。

1. 添加磁盘

添加4个大小都为2GB的磁盘,如图5.55所示。添加完成后,重新启动系统,使用 fdisk -l | grep sd 命令进行查看,可以看到4个磁盘已经被系统检测到,说明磁盘安装成功,如图5.56所示。

图5.55　添加4个新磁盘

```
[root@localhost ~]# fdisk -l | grep sd
磁盘 /dev/sda: 42.9 GB, 42949672960 字节, 83886080 个扇区
/dev/sda1   *        2048     2099199     1048576   83  Linux
/dev/sda2         2099200    83886079    40893440   8e  Linux LVM
磁盘 /dev/sdb: 2147 MB, 2147483648 字节, 4194304 个扇区
磁盘 /dev/sdc: 2147 MB, 2147483648 字节, 4194304 个扇区
磁盘 /dev/sde: 2147 MB, 2147483648 字节, 4194304 个扇区
磁盘 /dev/sdd: 2147 MB, 2147483648 字节, 4194304 个扇区
```

图5.56　磁盘安装成功

2. 对磁盘进行初始化

由于 RAID5 要用到整块磁盘,因此使用 fdisk 命令创建分区,此时,需要将整块磁盘创建成一个主分区,将分区类型改为 fd(Linux raid autodetect),如图 5.57 所示,设置完成后保存并退出,执行命令如下。

```
[root@localhost ~]# fdisk - l  | grep sd
[root@localhost ~]# fdisk /dev/sdb
```

```
[root@localhost ~]# fdisk /dev/sdb
欢迎使用 fdisk (util-linux 2.23.2).

更改将停留在内存中,直到您决定将更改写入磁盘。
使用写入命令前请三思。

Device does not contain a recognized partition table
使用磁盘标识符 0x2839ca58 创建新的 DOS 磁盘标签。

命令(输入 m 获取帮助): n
Partition type:
   p   primary (0 primary, 0 extended, 4 free)
   e   extended
Select (default p): p
分区号 (1-4, 默认 1):
起始 扇区 (2048-4194303, 默认为 2048):
将使用默认值 2048
Last 扇区, +扇区 or +size{K,M,G} (2048-4194303, 默认为 4194303):
将使用默认值 4194303
分区 1 已设置为 Linux 类型, 大小设为 2 GiB

命令(输入 m 获取帮助): t
已选择分区 1
Hex 代码(输入 L 列出所有代码): fd
已将分区"Linux"的类型更改为"Linux raid autodetect"
命令(输入 m 获取帮助): w
The partition table has been altered!

Calling ioctl() to re-read partition table.
正在同步磁盘.
[root@localhost ~]# fdisk -l | grep sdb
磁盘 /dev/sdb: 2147 MB, 2147483648 字节, 4194304 个扇区
/dev/sdb1          2048    4194303     2096128    fd  Linux raid autodetect
```

图 5.57　创建主分区并将分区类型改为 fd

使用同样的方法,设置另外 3 个硬盘,创建主分区并将分区类型改为 fd,使用 fdisk -l | grep sd[b-e]命令进行查看,磁盘初始化设置完成,执行命令如下。

```
[root@localhost ~]# fdisk - l  |  grep sd[b-e]
```

执行命令结果如图 5.58 所示。

```
[root@localhost ~]# fdisk -l | grep sd[b-e]
磁盘 /dev/sdb: 2147 MB, 2147483648 字节, 4194304 个扇区
/dev/sdb1          2048    4194303     2096128    fd  Linux raid autodetect
磁盘 /dev/sdc: 2147 MB, 2147483648 字节, 4194304 个扇区
/dev/sdc1          2048    4194303     2096128    fd  Linux raid autodetect
磁盘 /dev/sde: 2147 MB, 2147483648 字节, 4194304 个扇区
/dev/sde1          2048    4194303     2096128    fd  Linux raid autodetect
磁盘 /dev/sdd: 2147 MB, 2147483648 字节, 4194304 个扇区
/dev/sdd1          2048    4194303     2096128    fd  Linux raid autodetect
```

图 5.58　磁盘初始化设置完成

3. 创建 RAID5 及其热备份

mdadm 是多磁盘和设备管理(Multiple Disk and Device Administration)的简称,是 Linux 操作系统中的一种标准的软件 RAID 管理工具。在 Linux 操作系统中,目前以虚拟块设备方式实现软件 RAID,利用多个底层的块设备虚拟出一个新的虚拟设备,并利用条带化技术将数据块均匀分布到多个磁盘中以提高虚拟设备的读写性能,利用不同的数据冗余算法来保护用户数据不会因为某个块设备发生故障而完全丢失,且能在设备被替换后将丢失的数据恢复到新的设备中。

目前,虚拟块设备支持 RAID0、RAID1、RAID4、RAID5、RAID6 和 RAID10 等不同的冗余级别和集成方式,也支持由多个 RAID 阵列的层叠构成的阵列。

mdadm 命令格式如下。

```
mdadm [模式] [选项]
```

mdadm 命令各模式及其功能说明、各选项及其功能说明分别如表 5.64 和表 5.65 所示。

表 5.64　mdadm 命令各模式及其功能说明

模　　式	功　能　说　明
-A,--assemble	加入一个以前定义的阵列
-B,--build	创建一个逻辑阵列
-C,--create	创建一个新的阵列
-Q,--query	查看一个设备,判断它是一个虚拟块设备还是一个虚拟块设备阵列的一部分
-D,--detail	输出一个或多个虚拟块设备的详细信息
-E,--examine	输出设备中的虚拟块设备的超级块的内容
-F,--follow,--monitor	选择 Monitor 模式
-G,--grow	改变在用阵列的大小或形态

表 5.65　mdadm 命令各选项及其功能说明

选　　项	功　能　说　明
-a,--auto{=no,yes,md,mdp,part,p}	自动创建对应的设备,yes 表示会自动在/dev 下创建 RAID 设备
-l,--level=	指定要创建的 RAID 的级别(例如,-l 5 或--level=5 表示创建 RAID5)
-n,--raid-devices=	指定阵列中可用 device 数目(例如,-n 3 或--raid-devices=3 表示使用 3 块硬盘来创建 RAID)
-x,--spare-devices=	指定初始阵列的热备磁盘数量(例如,-x 1 或--spare-devices=1 表示热备磁盘只有 1 块)
-f,--fail	使一个 RAID 磁盘发生故障
-r,--remove	移除一个故障的 RAID 磁盘
--add	添加一个 RAID 磁盘
-s,--scan	扫描配置文件或/proc/mdstat 以搜寻丢失的信息
-S(大写)	停止 RAID 磁盘阵列
R,--run	阵列中的某一部分出现在其他阵列或文件系统中时,mdadm 会确认该阵列,使用此选项后将不做确认

使用 mdadm 命令直接将 4 个磁盘中的 3 个创建为 RAID5 阵列,1 个创建为热备磁盘,执行命令如下。

```
[root@localhost ~]# mdadm -- create /dev/md0 -- auto = yes -- level = 5 -- raid - devices = 3 -- spare - devices = 1 /dev/sd[b - e]1
[root@localhost ~]# mdadm - C /dev/md0 - a yes - l 5 - n 3 - x 1 /dev/sd[b - e]1
```

执行命令结果如图 5.59 所示。

对于初学者,建议使用如下完整命令。

```
mdadm -- create /dev/md0 -- auto = yes -- level = 5 -- raid - devices = 3 -- spare - devices = 1
/dev/sd[b-e]1
```

```
[root@localhost ~]# mdadm --create  /dev/md0 --auto=yes --level=5 --raid-devices=3 --spare-devices=1 /dev/sd[b-e]1
mdadm: Defaulting to version 1.2 metadata
mdadm: array /dev/md0 started.

[root@localhost ~]# mdadm -C /dev/md0 -a yes -l 5 -n 3 -x 1 /dev/sd[b-e]1
mdadm: Defaulting to version 1.2 metadata
mdadm: array /dev/md0 started.
```

图 5.59　创建 RAID5 阵列

创建 RAID5 阵列,执行命令如下。

```
[root@localhost ~]# mdadm - D /dev/md0
```

执行命令结果如图 5.60 所示。

```
[root@localhost ~]# mdadm -D /dev/md0
/dev/md0:
            Version : 1.2
      Creation Time : Thu Aug 27 22:28:04 2020
         Raid Level : raid5
         Array Size : 4188160 (3.99 GiB 4.29 GB)
      Used Dev Size : 2094080 (2045.00 MiB 2144.34 MB)
       Raid Devices : 3
      Total Devices : 4
        Persistence : Superblock is persistent

        Update Time : Thu Aug 27 22:30:01 2020
              State : clean
     Active Devices : 3
    Working Devices : 4
     Failed Devices : 0
      Spare Devices : 1

             Layout : left-symmetric
         Chunk Size : 512K

 Consistency Policy : resync

               Name : localhost.localdomain:0  (local to host localhost.localdomain)
               UUID : 084c63a1:99c580c3:19a4a6e8:80668dc1
             Events : 19

    Number   Major   Minor   RaidDevice State
       0       8       17        0      active sync   /dev/sdb1
       1       8       33        1      active sync   /dev/sdc1
       4       8       49        2      active sync   /dev/sdd1

       3       8       65        -      spare   /dev/sde1
```

图 5.60　查看 RAID5 阵列状态

如果对命令比较熟悉,则可以使用简写命令 mdadm -C /dev/md0 -a yes -l 5 -n 3 -x 1 /dev/sd[b-e]1 创建 RAID5 阵列。这两条命令的功能完全一样,其中"/dev/sd[b-e]1"可以写成"/dev/sdb1 /dev/sdc1 /dev/sdd1 /dev/sde1",也可以写成"/dev/sd[b,c,d,e]1",这里通过"[b-e]"将重复的项目简化。

创建完成之后,使用 mdadm -D /dev/md0 命令查看 RAID5 阵列状态,如图 5.60 所示。从图 5.60 中可以看出,/dev/sdb1、/dev/sdc1 和/dev/sdd1 组成了 RAID5 阵列,而/dev/sde1 为热备磁盘,显示结果的主要字段的含义如下。

(1) Version:版本。

(2) Creation Time:创建时间。

(3) Raid Level:RAID 的级别。

(4) Array Size:阵列容量。

(5) Active Devices:活动的磁盘数目。

(6) Working Devices:所有的磁盘数目。

(7) Failed Devices:出现故障的磁盘数目。

(8) Spare Devices:热备份的磁盘数目。

4. 添加 RAID5 阵列

添加 RAID5 阵列到配置文件/etc/mdadm.conf 中，默认此文件是不存在的，执行命令如下。

```
[root@localhost ~]# echo  'DEVICE  /dev/sd[b-e]1 ' >> /etc/mdadm.conf
[root@localhost ~]# mdadm -Ds >> /etc/mdadm.conf
[root@localhost ~]# cat /etc/mdadm.conf
```

执行命令结果如图 5.61 所示。

```
[root@localhost ~]# echo 'DEVICE /dev/sd[b-e]1' >> /etc/mdadm.conf
[root@localhost ~]# mdadm -Ds   >> /etc/mdadm.conf
mdadm: Unknown keyword 'DEVICE
[root@localhost ~]# cat    /etc/mdadm.conf
'DEVICE /dev/sd[b-e]1'
ARRAY /dev/md0 metadata=1.2 spares=1 name=localhost.localdomain:0 UUID=a641a8af:adb107d0:c4414430:ba55ad59
```

图 5.61　添加 RAID5 阵列

5. 格式化磁盘阵列

使用 mkfs.xfs /dev/md0 命令对磁盘阵列/dev/md0 进行格式化，执行命令如下。

```
[root@localhost ~]# mkfs
[root@localhost ~]# mkfs.xfs  /dev/md0
```

执行命令结果如图 5.62 所示。

```
[root@localhost ~]# mkfs
mkfs       mkfs.btrfs    mkfs.cramfs   mkfs.ext2    mkfs.ext3    mkfs.ext4    mkfs.fat    mkfs.minix    mkfs.msdos    mkfs.vfat    mkfs.xfs
[root@localhost ~]# mkfs.xfs /dev/md0
meta-data=/dev/md0              isize=512    agcount=8, agsize=130944 blks
         =                      sectsz=512   attr=2, projid32bit=1
         =                      crc=1        finobt=0, sparse=0
data     =                      bsize=4096   blocks=1047040, imaxpct=25
         =                      sunit=128    swidth=256 blks
naming   =version 2             bsize=4096   ascii-ci=0 ftype=1
log      =internal log          bsize=4096   blocks=2560, version=2
         =                      sectsz=512   sunit=8 blks, lazy-count=1
realtime =none                  extsz=4096   blocks=0, rtextents=0
```

图 5.62　格式化硬盘阵列

6. 挂载磁盘阵列

将磁盘阵列挂载后即可使用，也可以把挂载项写入/etc/fstab 文件中，此时可实现自动挂载，即使用 echo '/dev/md0 /mnt/raid5 xfs defaults 0 0' >> /etc/fstab 命令，这样下次系统重新启动后即可使用，执行命令如下。

```
[root@localhost ~]# mkdir /mnt/raid5
[root@localhost ~]# mount /dev/md0 /mnt/raid5
[root@localhost ~]# ls -l /mnt/raid5
[root@localhost ~]# echo '/dev/md0 /mnt/raid5 xfs defaults 0 0 ' >> /etc/fstab
```

执行命令结果如图 5.63 所示。

```
[root@localhost ~]# mkdir /mnt/raid5
[root@localhost ~]# mount /dev/md0 /mnt/raid5
[root@localhost ~]# ls -l /mnt/raid5
总用量 0
[root@localhost ~]# echo '/dev/md0 /mnt/raid5 xfs defaults 0 0 ' >> /etc/fstab
[root@localhost ~]# tail -3 /etc/fstab
UUID=6d58086e-0a6b-4399-93dc-c2016ea17fe0 /boot                 xfs       defaults       0 0
/dev/mapper/centos-swap swap                      swap      defaults       0 0
/dev/md0  /mnt/raid5 xfs defaults 0 0
```

图 5.63　挂载磁盘阵列

查看磁盘挂载使用情况，执行命令如下。

```
[root@localhost ~]# df -hT
```

执行命令结果如图 5.64 所示。

```
[root@localhost ~]# df -hT
文件系统              类型       容量    已用   可用  已用%  挂载点
/dev/mapper/centos-root  xfs      36G   4.2G    31G   12%  /
devtmpfs             devtmpfs   1.9G      0   1.9G    0%  /dev
tmpfs                tmpfs      1.9G      0   1.9G    0%  /dev/shm
tmpfs                tmpfs      1.9G    13M   1.9G    1%  /run
tmpfs                tmpfs      1.9G      0   1.9G    0%  /sys/fs/cgroup
/dev/sda1            xfs       1014M   179M   836M   18%  /boot
tmpfs                tmpfs      378M    12K   378M    1%  /run/user/42
tmpfs                tmpfs      378M      0   378M    0%  /run/user/0
/dev/md0             xfs        4.0G    33M   4.0G    1%  /mnt/raid5
```

图 5.64　查看磁盘挂载使用情况

5.3.2　RAID5 阵列实例配置

测试以热备磁盘替换阵列中的磁盘并同步数据,移除损坏的磁盘,添加一个新磁盘作为热备磁盘,并删除 RAID 阵列。

1. 写入测试文件

在 RAID5 阵列上写入一个大小为 10MB 的文件,将其命名为 10M_file,以供数据恢复时测试使用,并显示该设备中的内容,执行命令如下。

```
[root@localhost ~]# cd  /mnt/raid5
[root@localhost raid5]# dd if = /dev/zero  of = 10M_file  count = 1  bs = 10M
[root@localhost raid5]# ls - l
```

执行命令结果如图 5.65 所示。

```
[root@localhost ~]# cd  /mnt/raid5
[root@localhost raid5]# dd  if=/dev/zero  of=10M_file  count=1  bs=10M
记录了1+0 的读入
记录了1+0 的写出
10485760字节(10 MB)已复制, 0.00785943 秒, 1.3 GB/秒
[root@localhost raid5]# ls  -l
总用量 10240
-rw-r--r--. 1 root root 10485760 8月  28 05:49 10M_file
```

图 5.65　写入测试文件

2. RAID 设备的数据恢复

如果 RAID 设备中的某个磁盘损坏,则系统会自动停止该磁盘的工作,使热备磁盘代替损坏的磁盘继续工作。例如,假设/dev/sdc1 损坏,更换损坏的 RAID 设备中成员的方法是先使用 mdadm /dev/md0 --fail /dev/sdc1 或 mdadm /dev/md0 -f /dev/sdc1 命令将损坏的 RAID 成员标记为失效,再使用 mdadm -D /dev/md0 命令查看 RAID 阵列信息,发现热备磁盘/dev/sde1 已经自动替换了损坏的/dev/sdc1,且文件没有损坏,执行命令如下。

```
[root@localhost ~]# mdadm  /dev/md0  - f  /dev/sdc1
[root@localhost ~]# mdadm  - D  /dev/md0
[root@localhost ~]# ls - l
```

执行命令结果如图 5.66 所示。

3. 移除损坏的磁盘

使用 mdadm /dev/md0 -r /dev/sdc1 或 mdadm /dev/md0 --remove /dev/sdc1 命令移除损坏的磁盘/dev/sdc1,再次查看信息,可以看到 Failed Devices 字段数值变为 0,执行命令如下。

```
[root@localhost ~]# mdadm  /dev/md0  -r  /dev/sdc1
[root@localhost ~]# mdadm  -D  /dev/md0
```

```
[root@localhost raid5]# mdadm  /dev/md0  -f  /dev/sdc1
mdadm: Unknown keyword 'DEVICE
mdadm: set /dev/sdc1 faulty in /dev/md0
[root@localhost raid5]# mdadm  -D  /dev/md0
mdadm: Unknown keyword 'DEVICE
/dev/md0:
           Version : 1.2
     Creation Time : Fri Aug 28 05:06:13 2020
        Raid Level : raid5
        Array Size : 4188160 (3.99 GiB 4.29 GB)
     Used Dev Size : 2094080 (2045.00 MiB 2144.34 MB)
      Raid Devices : 3
     Total Devices : 4
       Persistence : Superblock is persistent

       Update Time : Fri Aug 28 06:06:18 2020
             State : clean
    Active Devices : 3
   Working Devices : 3
    Failed Devices : 1
     Spare Devices : 0

            Layout : left-symmetric
        Chunk Size : 512K

Consistency Policy : resync

              Name : localhost.localdomain:0  (local to host localhost.localdomain)
              UUID : a641a8af:adb107d0:c4414430:ba55ad59
            Events : 37

    Number   Major   Minor   RaidDevice State
       0       8       17        0      active sync   /dev/sdb1
       3       8       65        1      active sync   /dev/sde1
       4       8       49        2      active sync   /dev/sdd1

       1       8       33        -      faulty   /dev/sdc1

[root@localhost raid5]# ls  -l
总用量 10240
-rw-r--r--. 1 root root 10485760 8月  28 05:49 10M_file
```

图 5.66　RAID5 设备的数据恢复

执行命令结果如图 5.67 所示。

```
[root@localhost ~]# mdadm /dev/md0 -r /dev/sdc1
mdadm: hot removed /dev/sdc1 from /dev/md0
[root@localhost ~]# mdadm  -D  /dev/md0
/dev/md0:
           Version : 1.2
     Creation Time : Fri Aug 28 18:18:39 2020
        Raid Level : raid5
        Array Size : 4188160 (3.99 GiB 4.29 GB)
     Used Dev Size : 2094080 (2045.00 MiB 2144.34 MB)
      Raid Devices : 3
     Total Devices : 3
       Persistence : Superblock is persistent

       Update Time : Fri Aug 28 18:21:25 2020
             State : clean
    Active Devices : 3
   Working Devices : 3
    Failed Devices : 0
     Spare Devices : 0

            Layout : left-symmetric
        Chunk Size : 512K

Consistency Policy : resync

              Name : localhost.localdomain:0  (local to host localhost.localdomain)
              UUID : ad8d67fb:d6ac0c3f:e27ac3f2:207124a7
            Events : 38

    Number   Major   Minor   RaidDevice State
       0       8       17        0      active sync   /dev/sdb1
       3       8       65        1      active sync   /dev/sde1
       4       8       49        2      active sync   /dev/sdd1
```

图 5.67　移除损坏的磁盘

4. 添加新的磁盘作为热备磁盘

添加新的磁盘,可以看到新增的磁盘/dev/sdf,执行命令如下。

```
[root@localhost ~]#fdisk  -l  grep  sd
[root@localhost ~]#fdisk  /dev/sdf
[root@localhost ~]#mkfs.xfs  /dev/sdf1
```

执行命令结果如图 5.68 所示。

使用 mdadm /dev/md0 --add /dev/sdf1 或 mdadm /dev/md0 --a /dev/sdf1 命令,在阵列中添加

```
[root@localhost ~]# fdisk -l | grep sd
磁盘 /dev/sda: 42.9 GB, 42949672960 字节, 83886080 个扇区
/dev/sda1   *      2048    2099199    1048576   83  Linux
/dev/sda2        2099200   83886079   40893440   8e  Linux LVM
磁盘 /dev/sdb: 2147 MB, 2147483648 字节, 4194304 个扇区
/dev/sdb1         2048    4194303    2096128   fd  Linux raid autodetect
磁盘 /dev/sdc: 2147 MB, 2147483648 字节, 4194304 个扇区
/dev/sdc1         2048    4194303    2096128   fd  Linux raid autodetect
磁盘 /dev/sdf: 2147 MB, 2147483648 字节, 4194304 个扇区
磁盘 /dev/sde: 2147 MB, 2147483648 字节, 4194304 个扇区
/dev/sde1         2048    4194303    2096128   fd  Linux raid autodetect
磁盘 /dev/sdd: 2147 MB, 2147483648 字节, 4194304 个扇区
/dev/sdd1         2048    4194303    2096128   fd  Linux raid autodetect
[root@localhost ~]# fdisk /dev/sdf
欢迎使用 fdisk (util-linux 2.23.2)。

更改将停留在内存中，直到您决定将更改写入磁盘。
使用写入命令前请三思。

Device does not contain a recognized partition table
使用磁盘标识符 0x052457d2 创建新的 DOS 磁盘标签。

命令(输入 m 获取帮助)：p

磁盘 /dev/sdf: 2147 MB, 2147483648 字节, 4194304 个扇区
Units = 扇区 of 1 * 512 = 512 bytes
扇区大小(逻辑/物理)：512 字节 / 512 字节
I/O 大小(最小/最佳)：512 字节 / 512 字节
磁盘标签类型: dos
磁盘标识符: 0x052457d2

   设备 Boot     Start        End     Blocks   Id  System

命令(输入 m 获取帮助)：n
Partition type:
   p   primary (0 primary, 0 extended, 4 free)
   e   extended
Select (default p): p
分区号 (1-4，默认 1)：
起始 扇区 (2048-4194303，默认为 2048)：
将使用默认值 2048
Last 扇区, +扇区 or +size{K,M,G} (2048-4194303，默认为 4194303)：
将使用默认值 4194303
分区 1 已设置为 Linux 类型，大小设为 2 GiB

命令(输入 m 获取帮助)：t
已选择分区 1
Hex 代码(输入 L 列出所有代码)：fd
已将分区"Linux"的类型更改为"Linux raid autodetect"

命令(输入 m 获取帮助)：w
The partition table has been altered!

Calling ioctl() to re-read partition table.
正在同步磁盘。
[root@localhost ~]# mkfs.xfs /dev/sdf1
```

图 5.68　新增的磁盘/dev/sdf

一块新的磁盘/dev/sdf1，添加之后其会自动变为热备磁盘，查看相关信息，执行命令如下。

```
[root@localhost ~]# mdadm  /dev/md0  --add  /dev/sdf1
[root@localhost ~]# mdadm  -D  /dev/md0
```

执行命令结果如图 5.69 所示。

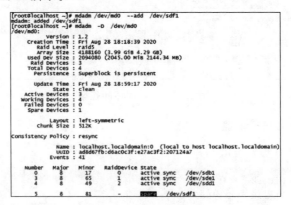

图 5.69　查看相关信息

5. 删除 RAID 阵列

RAID 阵列的删除一定要慎重，操作不当可能会导致系统无法启动，操作步骤如下。

（1）如果系统中配置了自动挂载功能，则应该使用 Vim 编辑器删除/etc/fstab 文件中的 RAID 的相关启动信息，即删除信息"/dev/md0 /mnt/raid5 xfs defaults 0 0"。

（2）卸载 RAID 磁盘挂载（使用 umount /mnt/raid5 命令）。

（3）停止 RAID 磁盘工作（使用 mdadm -S /dev/md0 命令）。

（4）删除 RAID 中的相关磁盘（使用 mdadm --misc --zero-superblock /dev/sd[b,d-f]1 命令）。

（5）删除 RAID 相关配置文件（使用 rm -f /etc/mdadm.conf 命令）。

（6）使用 mdadm -D /dev/md0 命令查看 RAID5 阵列相关情况，可以看出已经删除了 RAID5 阵列，执行命令如下。

```
[root@localhost ~]# vim /etc/fstab
[root@localhost ~]# tail -3 /etc/fstab
[root@localhost ~]# umount /mnt/raid5
[root@localhost ~]# mdadm -S /dev/md0
[root@localhost ~]# mdadm --misc --zero-superblock /dev/sd[b,d-f]1
[root@localhost ~]# rm -f /etc/mdadm.conf
[root@localhost ~]# mdadm -D /dev/md0
```

执行命令结果如图 5.70 所示。

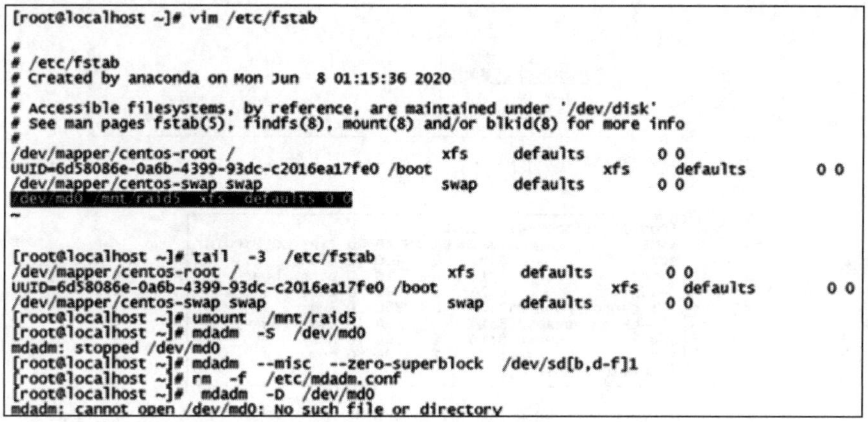

图 5.70　删除 RAID5 阵列

5.3.3　磁盘扩容配置

当主机磁盘空间不足时，需要对主机磁盘进行扩容，操作过程如下。

（1）本案例在虚拟机中添加 20GB 磁盘进行操作演示，如图 5.71 所示。

（2）添加磁盘完成后，重启虚拟机，使用命令查看主机磁盘情况，执行命令如下。

```
[root@localhost ~]# lsblk
```

执行命令结果如图 5.72 所示。

（3）使用命令对磁盘进行分区，执行命令如下。

```
[root@localhost ~]# fdisk /dev/sdb
```

图 5.71　添加磁盘

```
[root@localhost ~]# lsblk
NAME            MAJ:MIN RM  SIZE RO TYPE MOUNTPOINT
sda               8:0    0   40G  0 disk
├─sda1            8:1    0    1G  0 part /boot
└─sda2            8:2    0   39G  0 part
  ├─centos-root 253:0    0   35G  0 lvm  /
  └─centos-swap 253:1    0    4G  0 lvm  [SWAP]
sdb               8:16   0   20G  0 disk
sr0              11:0    1  4.3G  0 rom
[root@localhost ~]#
```

图 5.72　主机磁盘情况

执行命令结果如图 5.73 所示。

```
[root@localhost ~]# fdisk  /dev/sdb
欢迎使用 fdisk (util-linux 2.23.2)。

更改将停留在内存中,直到您决定将更改写入磁盘。
使用写入命令前请三思。

Device does not contain a recognized partition table
使用磁盘标识符 0xffe9c397 创建新的 DOS 磁盘标签。

命令(输入 m 获取帮助): n
Partition type:
   p   primary (0 primary, 0 extended, 4 free)
   e   extended
Select (default p): p
分区号 (1-4, 默认 1):
起始 扇区 (2048-41943039, 默认为 2048):
将使用默认值 2048
Last 扇区, +扇区 or +size{K,M,G} (2048-41943039, 默认为 41943039):
将使用默认值 41943039
分区 1 已设置为 Linux 类型, 大小设为 20 GiB

命令(输入 m 获取帮助): w
The partition table has been altered!

Calling ioctl() to re-read partition table.
正在同步磁盘。
[root@localhost ~]#
```

图 5.73　主机磁盘分区

（4）使用命令对磁盘进行格式化,执行命令如下。

```
[root@localhost ~]# lsblk
[root@localhost ~]# mkfs.xfs  /dev/sdb1
```

执行命令结果如图5.74所示。

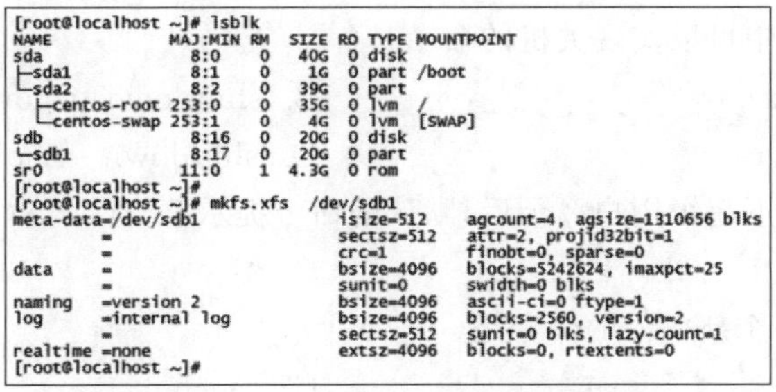

图5.74 云主机磁盘格式化

（5）添加新LVM到已有的LVM组中,实现扩容,加载生效,执行命令如下。

```
[root@localhost ~]# pvcreate  /dev/sdb1
[root@localhost ~]# vgextend  centos  /dev/sdb1
[root@localhost ~]# lvextend  -L  500G  /dev/mapper/centos-root
[root@localhost ~]# xfs_growfs  /dev/centos/root
[root@localhost ~]# fsadm resize  /dev/mapper/centos-root
[root@localhost ~]# df -hT
```

执行命令结果如图5.75所示。

图5.75 主机磁盘扩容

课后习题

1. 选择题

（1）下列中不是Linux操作系统的特点的是（   ）。

　　A. 多用户　　　B. 单任务　　　C. 开放性　　　D. 设备独立性

(2) Linux 最早是由计算机爱好者(　　)开发的。

    A. Linus Torvalds   B. Andrew S. Tanenbaum

    C. K. Thompson   D. D. Ritchie

(3) 下列中(　　)是自由软件。

    A. Windows XP   B. UNIX   C. Linux   D. MAC

(4) Linux 操作系统中可以实现关机的命令是(　　)。

    A. shutdown -k now   B. shutdown -r now

    C. shutdown -c now   D. shutdown -h now

(5) Linux 操作系统下超级用户登录后,默认的命令提示符为(　　)。

    A. !   B. #   C. $ D. @

(6) 可以用来建立一个新文件的命令是(　　)。

    A. cp   B. rm   C. touch   D. more

(7) 命令行的自动补齐功能要使用到(　　)键。

    A. Alt   B. Shift   C. Ctrl   D. Tab

(8) 在下列命令中,用于显示当前目录路径的命令是(　　)。

    A. cd   B. ls   C. stat   D. pwd

(9) 在下列命令中,用于将文本文件内容加以排序的命令是(　　)。

    A. wc   B. file   C. sort   D. tail

(10) 在给定文件中查找与设定条件相符字符串的命令是(　　)。

    A. grep   B. find   C. head   D. gzip

(11) 在 Vim 的命令模式中,输入(　　)不能进入末行模式。

    A. :   B. i   C. ?   D. /

(12) 在 Vim 的命令模式中,输入(　　)不能进入编辑模式。

    A. o   B. a   C. e   D. i

(13) 使用(　　)操作符,可以输出重定向到指定的文件中,追加文件内容。

    A. >   B. >>   C. <   D. <<

(14) 使用(　　)操作符,可以输出重定向到指定的文件中,替换文件内容。

    A. >   B. >>   C. <   D. <<

2. 简答题

(1) 简述 Linux 的发展历史以及特性。

(2) 简述 Shell 命令的基本格式。

(3) 简述 Vim 编辑器的基本工作模式有哪几种,并简述其主要作用。

(4) 简述 RAID 中的关键概念和技术。

(5) 简述常见的 RAID 类型。

项目6

Kubernetes集群配置与管理

学习目标

- 容器编排基本知识、Kubernetes 概述、Kubernetes 的设计理念、Kubernetes 体系结构、Kubernetes 核心概念、Kubernetes 集群部署方式、Kubectl 工具的基本使用以及 Pod 调度策略与管理等相关理论知识。
- 掌握 Kubernetes 集群安装与部署、Kubectl 工具基本使用、Pod 的创建与管理、Deployment 控制器配置与管理、Server 的创建与管理以及 Kubernetes 容器管理等相关知识与技能。

6.1 项目陈述

Docker 本身非常适合用于管理单个容器,但真正的生产环境还会涉及多个容器的封装和服务之间的协同处理。这些容器必须跨多个服务器主机进行部署与连接,单一的管理方式满足不了业务需求。Kubernetes 是一个可以实现跨主机管理容器化应用程序的系统,是容器化应用程序和服务生命周期管理平台,它的出现不仅解决了多容器之间数据传输与沟通的瓶颈,而且还促进了容器技术的发展。本章讲解容器编排基本知识、Kubernetes 概述、Kubernetes 的设计理念、Kubernetes 体系结构、Kubernetes 核心概念、Kubernetes 集群部署方式、Kubectl 工具的基本使用以及 Pod 调度策略与管理等相关理论知识,项目实践部分讲解 Kubernetes 集群安装与部署、Kubectl 工具基本使用、Pod 的创建与管理、Deployment 控制器配置与管理、Server 的创建与管理以及 Kubernetes 容器管理等相关知识与技能。

6.2 必备知识

6.2.1 容器编排基本知识

企业中的系统架构是实现系统正常运行和服务高可用、高并发的基础。随着时代与科技的发展,系统架构经过了三个阶段的演变,实现了从早期单一服务器部署到现在的容器部署方式的改变。

1. 企业架构的演变

企业架构经历了传统时代、虚拟化时代与容器化时代的演变过程。

(1) 传统时代。

早期企业在物理服务器上运行应用程序,无法为服务器中的应用程序定义资源边界,导致系统资源分配不均匀。例如,一台物理服务器上运行着多个应用程序,可能存在一个应用程序占用大部分资源的情况,其他应用程序的可用资源因此减少,造成程序运行表现不佳。当然也可以在多台物理服务器上运行不同的应用程序,但这样资源并未得到充分利用,也增加了企业维护物理服务器的成本。

(2) 虚拟化时代。

虚拟化技术可以在物理服务器上虚拟出硬件资源,以便在服务器的 CPU 上运行多个虚拟机(VM),每个 VM 不仅可以在虚拟化硬件上运行包括操作系统在内的所有组件,而且相互之间可以保持系统和资源的隔离,从而在一定程度上提高了系统的安全性。虚拟化有利于更好地利用物理服务器中的资源,实现更好的可扩展性,从而降低硬件成本。

(3) 容器化时代。

容器化技术类似于虚拟化技术,不同的是容器化技术是操作系统级的虚拟化,而不是硬件级的虚拟化。每个容器都具有自己的文件系统、CPU、内存、进程空间等,并且它们使用的计算资源是可以被限制的。应用服务运行在容器中,各容器可以共享操作系统。因此,容器化技术具有轻质、宽松隔离的特点。因为容器与底层基础架构和主机文件系统隔离,所以跨云和操作系统的快速分发得以实现。

2. 常见的容器编排工具

容器的出现和普及为开发者提供了良好的平台和媒介,使开发和运维工作变得更加简单与高效。随着企业业务和需求的增长,在大规模使用容器技术后,如何对这些运行的容器进行管理成为首要问题。在这种情况下,容器编排工具应运而生,最具代表性的有以下三种。

(1) Apache 公司的 Mesos。

Mesos 是 Apache 旗下的开源分布式资源管理框架,由美国加州大学伯克利分校的 AMPLab(Algorithms Machine and People Lab,算法、计算机和人实验室)开发。Mesos 早期通过了万台节点验证,2014 年之后又被广泛使用在 eBay、Twitter 等大型互联网公司的生产环境中。

(2) Docker 公司三剑客。

容器诞生后,Docker 公司就意识到单一容器体系的弊端,为了能够有效地解决用户的需求和集群中的瓶颈,Docker 公司相继推出 Machine、Compose、Swarm 项目。

Machine 项目由 Go 语言编写,可以实现 Docker 运行环境的安装与管理。实现批量在指定节点或平台上安装并启动 Docker 服务。

Compose 项目由 Python 语言编写,可以实现基于 Docker 容器多应用服务的快速编排,其前身是开源项目 Fig。Compose 项目使用户可以通过单独 YAML 文件批量创建自定义的容器,并通过应用程序接口(Application Programming Interface,API)对集群中的 Docker 服务进行管理。

Swarm 项目基于 Go 语言编写,支持原生态的 Docker API 和 Docker 网络插件,很容易实现跨主机集群部署。

（3）Google 公司的 Kubernetes。

Kubernetes（来自希腊语，意为"舵手"，因为单词 k 与 s 之间有 8 个字母，所以业内人士喜欢称其为 K8S）基于 Go 语言开发，是 Google 公司发起并维护的开源容器集群管理系统，底层基于 Docker、rkt 等容器技术，其前身是 Google 公司开发的 Borg 系统。Borg 系统在 Google 内部已经应用了十几年，曾管理超过 20 亿个容器。经过多年的经验积累，Google 公司将 Borg 系统完善后贡献给了开源社区，并将其重新命名为 Kubernetes。

6.2.2　Kubernetes 概述

Kubernetes 系统支持用户通过模板定义服务配置，用户提交配置信息后，系统会自动完成对应用容器的创建、部署、发布、伸缩、更新等操作。系统发布以来吸引了 Red Hat、CentOS 等知名互联网公司与容器爱好者的关注，是目前容器集群管理系统中优秀的开源项目之一。

1. Kubernetes 简介

Kubernetes 是开源的容器集群管理系统，可以实现容器集群的自动化部署、自动扩缩容、维护等功能。它既是一款容器编排工具，也是全新的基于容器技术的分布式架构领先方案。在 Docker 技术的基础上，为容器化的应用提供部署运行、资源调度、服务发现和动态伸缩等功能，提高了大规模容器集群管理的便捷性。

Kubernetes 一个核心的特点就是能够自主地管理容器，来保证云平台中的容器按照用户的期望状态运行着（如用户想让 Apache 一直运行，用户不需要关心怎么去做，Kubernetes 会自动去监控，然后重启、新建。总之，让一直 Apache 提供服务），管理员可以加载一个微型服务，让规划器来找到合适的位置。同时，Kubernetes 也提供系统提升工具以及人性化服务，让用户能够方便地部署自己的应用。

在 Kubernetes 中，基本调度单元称为"pod"通过该种抽象类别可以把更高级别的抽象内容增加到容器化组件，所有的容器均在 Pod 中运行，一个 Pod 可以承载一个或者多个相关的容器，同一个 Pod 中的容器会部署在同一个物理机器上并且能够共享资源。容器集为分组容器增加了一个抽象层，可帮助调用工作负载，并为这些容器提供所需的联网和存储等服务。

一个 Pod 也可以包含 0 个或者多个磁盘卷组（volumes），这些卷组将会以目录的形式提供给一个容器，或者被所有 Pod 中的容器共享，对于用户创建的每个 Pod，系统会自动选择那个健康并且有足够容量的机器，然后创建类似容器的容器。当容器创建失败时，容器会被 node agent 自动重启，这个 node agent 叫作 kubelet。但是，如果是 Pod 失败或者机器故障，它不会自动转移并且启动，除非用户定义了 replication controller。

Kubernetes 的目标是让部署容器化的应用简单并且高效，它提供了应用部署、规划、更新、维护的一种机制。Kubernetes 是一种可自动实施 Linux 容器操作的开源平台。它可以帮助用户省去应用容器化过程的许多手动部署和扩展操作。也就是说，用户可以将运行 Linux 容器的多组主机聚集在一起，借助 Kubernetes 编排功能，用户可以构建跨多个容器的应用服务、跨集群调度、扩展这些容器，并长期持续管理这些容器的健康状况。

有了 Kubernetes 便可切实采取一些措施来提高 IT 安全性。而且，这些集群可跨公共云、私有云或混合云部署主机。因此，对于要求快速扩展的云原生应用而言，Kubernetes 是理想的托管

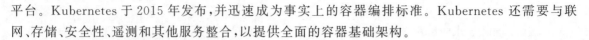

平台。Kubernetes 于 2015 年发布,并迅速成为事实上的容器编排标准。Kubernetes 还需要与联网、存储、安全性、遥测和其他服务整合,以提供全面的容器基础架构。

2. Kubernetes 的优势

Kubernetes 系统不仅可以实现跨集群调度、水平扩展、监控、备份、灾难恢复,还可以解决大型互联网集群中多任务处理的瓶颈。Kubernetes 遵循微服务架构理论,将整个系统划分为多个功能各异的组件。各组件结构清晰、部署简单,可以非常方便地运行于系统环境之中。利用容器的扩容机制,系统将容器归类,形成"容器集"(Pod),用于帮助用户调度工作负载(Work Load),并为这些容器提供联网和存储服务。

2017 年 Google 的搜索热度报告中显示,Kubernetes 搜索热度已经超过了 Mesos 和 Docker Swarm,这也标志着 Kubernetes 在容器编排市场逐渐占有主导地位。

近几年容器技术得到广泛应用,使用 Kubernetes 系统管理容器的企业也在不断增加,Kubernetes 系统的主要功能如表 6.1 所示。

表 6.1 Kubernetes 系统的主要功能

主 要 功 能	详 解
自我修复	在节点产生故障时,会保证预期的副本数量不会减少,会在产生故障的同时,停止健康检查失败的容器并部署新的容器,保证上线服务不会中断
存储部署	Kubernetes 挂载外部存储系统,将这些存储作为集群资源的一部分来使用,增加存储使用的灵活性
自动部署和回滚更新	Kubernetes 采用滚动更新策略更新应用,一次更新一个 Pod,当更新过程中出现问题,Kubernetes 会进行回滚更新,保证升级业务不受影响
弹性伸缩	Kubernetes 可以使用命令或基于 CPU 使用情况,自动快速扩容和缩容应用程序,保证在高峰期的高可用性和业务低档期回收资源,减少运行成本
提供认证和授权	可以控制用户是否有权限使用 API 进行操作,精细化权限分配
资源监控	工作节点中集成 Advisor 资源收集工具,可以快速实现对集群资源的监控
密匙和配置管理	Kubernetes 允许存储和管理敏感信息,如密码、OAuth 令牌和 SSH 密钥。用户可以部署和更新机密和应用程序配置,而无须重建容器映像,也不会在堆栈配置中暴露机密
服务发现和负载均衡	为多个容器提供统一的访问入口(内部 IP 和一个 DNS 名称),并且将所有的容器进行负载均衡,集群内应用可以通过 DNS 名称完成相互之间的访问

Kubernetes 提供的这些功能去除了不必要的限制和规范,使应用程序开发者能够从繁杂的运维中解放出来,获得了更大的发挥空间。

3. 深入理解 Kubernetes

Kubernetes 在容器层面而非硬件层面运行,因此它不仅提供了 PaaS 产品的部署、扩展、负载平衡、日志记录和监控功能,还提供了构建开发人员平台的构建块,在重要的地方保留了用户选择灵活性。Kubernetes 的特征如下。

(1) Kubernetes 支持各种各样的工作负载,包括无状态、有状态和数据处理的工作负载。如果应用程序可以在容器中运行,那么它也可以在 Kubernetes 上运行。

(2) 不支持部署源代码和构建的应用程序,其持续集成、交付和部署工作流程由企业自行部署。

(3) Kubernetes 只是一个平台,它不提供应用程序级服务,包括中间件(如消息总线)、数据处理框架(如 Spark)、数据库(如 MySQL)、高速缓存、集群存储系统(如 Ceph)等。

(4) Kubernetes 不提供或授权配置语言(如 jsonnet),只提供了一个声明性的 API,用户可以通过任意形式的声明性规范来实现所需要的功能。

6.2.3　Kubernetes 的设计理念

大多数用户希望 Kubernetes 项目带来的体验是确定的:有应用的容器镜像,能在一个给定的集群上把这个应用运行起来,此外,用户还希望 Kubernetes 具有提供路由网关、水平扩展、监控、备份、灾难恢复等一系列运维的能力。这些其实就是经典 PaaS 项目的能力,用户使用 Docker 公司的 Compose+Swarm 项目,完全可以很方便地自己开发出这些功能。而如果 Kubernetes 项目只停留在拉取用户镜像、运行容器和提供常见的运维功能,就很难和"原生态"的 Docker Swarm 项目竞争,与经典的 PaaS 项目相比也难有优势可言。

1. Kubernetes 项目着重解决的问题

运行在大规模集群中的各种任务之间存在着千丝万缕的关系。如何处理这些关系,是作业编排和管理系统的难点。这种关系在各种技术场景中随处可见,例如,Web 应用与数据库之间的访问关系,负载均衡器和后端服务之间的代理关系,门户应用与授权组件之间的调用关系。同属于一个服务单位的不同功能之间,也存在这样的关系,例如,Web 应用与日志搜集组件之间的文件交换关系。

在容器普及前,传统虚拟化环境对这种关系的处理方法都是"粗粒度"的。很多并不相关的应用被部署在同一台虚拟机中,也许是因为这些应用之间偶尔会互相发起几个 HTTP 请求。更常见的是,把应用部署在虚拟机之后,还需要手动维护协作处理日志搜集、灾难恢复、数据备份等辅助工作的守护进程。

容器技术在功能单位的划分上有着独一无二的"细粒度"优势。使用容器技术可以将那些原先挤在同一个虚拟机里的应用、组件、守护进程分别做成镜像,然后运行在专属的容器中。进程互不干涉,各自拥有资源配额,可以被调度到整个集群里的任何一台机器上。这正是 PaaS 系统最理想的工作状态,也是所谓"微服务"思想得以落地的先决条件。为了解决容器间需要"紧密协作"的难题,Kubernetes 系统中使用了 Pod 这种抽象的概念来管理各种资源;当需要一次性启动多个应用实例时,可以通过系统中的多实例管理器 Deployment 实现;当需要通过一个固定的 IP 地址和端口以负载均衡的方式访问 Pod 时,可以通过 Service 实现。

2. Kubernetes 项目对容器间的访问进行了分类

在服务器上运行的应用服务频繁进行交互访问和信息交换。在常规环境下,这些应用往往会被直接部署在同一台机器上,通过本地主机(Local Host)通信并在本地磁盘目录中交换文件。在 Kubernetes 项目中,这些运行的容器被划分到同一个 Pod 内,并共享 Namespace 和同一组数据卷,从而达到高效率交换信息的目的。

还有另外一些常见的需求,如 Web 应用对数据库的访问。在生产环境中它们不会被部署在同一台机器上,这样即使 Web 应用所在的服务器宕机,数据库也不会受影响。容器的 IP 地址等信息不是固定的,为了使 Web 应用可以快速找到数据库容器的 Pod,Kubernetes 项目提供了一种名为 Service 的服务。Service 服务的主要作用是作为 Pod 的代理入口(Portal),代替 Pod 对外暴露一个固定的网络地址。这样,运行 Web 应用的 Pod,就只需要关心数据库 Pod 提供的 Service 信息。

6.2.4 Kubernetes 体系结构

Kubernetes 对计算资源进行了更高层次的抽象,通过将容器进行细致的组合,将最终的应用服务交给用户。Kubernetes 在模型建立之初就考虑了容器跨机连接的要求,支持多种网络解决方案。同时在 Service 层构建集群范围的软件定义网络(Software Defined Network,SDN),其目的是将服务发现和负载均衡放置到容器可达的范围。这种透明的方式便利了各个服务间的通信,并为微服务架构的实践提供了平台基础。而在 Pod 层次上,作为 Kubernetes 可操作的最小对象,其特征更是对微服务架构的原生支持。

1. 集群体系结构

Kubernetes 集群主要由控制节点 Master(部署高可用需要两个以上)和多个工作节点 Node 组成,两种节点上分别运行着不同的组件来维持集群高效稳定的运转,另外还需要集群状态存储系统(etcd)来提供数据存储服务,一切都基于分布式的存储系统。Kubernetes 集群中各节点和 Pod 的对应关系,如图 6.1 所示。

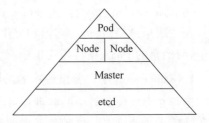

图 6.1 Kubernetes 集群中各节点和 Pod 的对应关系

在 Kubernetes 的系统架构中,Kubernetes 节点有运行应用容器必备的服务,而这些都是受 Master 的控制,Master 节点上主要运行着 API Server、Controller Manager 和 Scheduler 组件,而每个 Node 节点上主要运行着 Kubelet、Kubernetes Proxy 和容器引擎。除此之外,完整的集群服务还依赖一些附加的组件,如 kubeDNS、Heapster、Ingress Controller 等。

2. Master 节点与相关组件

控制节点 Master 是整个集群的网络中枢,主要负责组件或者服务进程的管理和控制,例如,追踪其他服务器健康状态、保持各组件之间的通信、为用户或者服务提供 API。

Master 中的组件可以在集群中的任何计算机上运行。但是,简单起见,设置时通常会在一台计算机上部署和启动所有主组件,并且不在此计算机上运行用户容器。在控制节点 Master 中所部署的组件包括以下三种。

(1) API Server。

API Server 是整个集群的网关,作为 Kubernetes 系统的入口,其内部封装了核心对象的"增""删""改""查"操作,以 REST API 方式供外部客户和内部组件调用,就像是机场的"联络室"。

(2) Scheduler 调度器。

该组件监视新创建且未分配工作节点的 Pod,并根据不同的需求将其分配到工作节点中。同时负责集群的资源调度、组件抽离。

(3) Controller Manager 控制器管理器。

Controller Manager 是所有资源对象的自动化控制中心,大多数对集群的操作都是由几个被称为控制器的进程执行的,这些进程被集成于 kube-controller-manager 守护进程中。实现的主要功能如下。

① 生命周期功能:Namespace 创建,Event、Pod、Node 和级联垃圾的回收。

② API 业务逻辑功能:ReplicaSet 执行的 Pod 扩展等。

Kubernetes 主要控制器及其功能,如表 6.2 所示。

表 6.2　Kubernetes 主要控制器及其功能

控制器名称	功　能
Deployment Controller	管理维护 Deployment,关联 Deployment 和 Replication Controller,保证运行指定数量的 Pod。当 Deployment 更新时,控制实现 Replication Controller 和 Pod 的更新
Node Controller	管理维护 Node,定期检查 Node 的健康状态,标识出(失效|未失效)的 Node 节点
Namespace Controller	管理维护 Namespace,定期清理无效的 Namespace,包括 Namespace 下的 API 对象,如 Pod、Service 等
Service Controller	管理维护 Service,提供负载以及服务代理
EndPoints Controller	管理维护 Endpoints,关联 Service 和 Pod,创建 Endpoints 为 Service 的后端,当 Pod 发生变化时,实时更新 Endpoints
Service Account Controller	管理维护 Service Account,为每个 Namespace 创建默认的 Service Account,同时为 Service Account 创建 Service Account Secret
Persistent Volume Controller	管理维护 Persistent Volume 和 Persistent Volume Claim,为新的 Persistent Volume Claim 分配 Persistent Volume 进行绑定,为释放的 Persistent Volume 执行清理回收
Daemon Set Controller	管理维护 Daemon Set,负责创建 Daemon Pod,保证指定的 Node 上正常地运行 Daemon Pod
Job Controller	管理维护 Job,为 Jod 创建一次性任务 Pod,保证完成 Job 指定完成的任务数目
Pod Autoscaler Controller	实现 Pod 的自动伸缩,定时获取监控数据,进行策略匹配,当满足条件时执行 Pod 的伸缩动作

另外,Kubernetes 1.16 以后的版本还加入了云控制器管理组件,用来与云提供商交互。

3. Node 节点与相关组件

Node 节点是集群中的工作节点(在早期的版本中也被称为 Minion),主要负责接收 Master 的工作指令并执行相应的任务。当某个 Node 节点宕机时,Master 节点会将负载切换到其他的工作节点上,Node 节点与 Master 节点的关系,如图 6.2 所示。

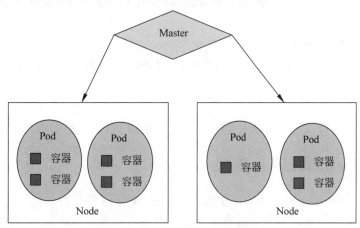

图 6.2　Node 节点与 Master 节点的关系

Node 节点上所部署的组件包括以下三种。

(1) Kubelet。

Kubelet 组件主要负责管控容器,它会从 API Server 接收 Pod 的创建请求,然后进行相关的启

动和停止容器操作。同时,Kubelet 监控容器的运行状态并"汇报"给 API Server。

(2) Kubernetes Proxy。

Kubernetes Proxy 组件负责为 Pod 创建代理服务,从 API Server 获取所有的 Service 信息,并创建相关的代理服务,实现 Service 到 Pod 的请求路由和转发。Kubernetes Proxy 在 Kubernetes 层级的虚拟转发网络中扮演着重要的角色。

(3) Docker Engine。

Docker Engine 主要负责本机的容器创建和管理工作。

4. 集群状态存储组件

Kubernetes 集群中所有的状态信息都存储于 etcd 数据库中。etcd 以高度一致的分布式键值存储,在集群中是独立的服务组件,可以实现集群发现、共享配置以及一致性保障(如数据库主节点选择、分布式锁)等功能。在生产环境中,建议以集群的方式运行 etcd 并保证其可用性。

etcd 不仅可提供键值存储,还可以提供监听(Watch)机制。键值发生改变时 etcd 会通知 AIP Server,并由其通过 Watch API 向客户端输出。读者可以访问 Kubernetes 官方网站查看更多的 etcd 说明。

5. 其他组件

Kubernetes 集群还支持 DNS、Web UI 等插件,用于提供更完善的集群功能,这些插件的命名空间资源属于命名空间 kube-system。下面列出了 5 种常用的插件及其主要功能。

(1) DNS。

域名系统(Domain Name System,DNS)插件用于集群中的主机名、IP 地址的解析。

(2) Web UI。

Web UI(用户界面)是提供可视界面的插件,允许用户通过界面来管理集群中运行的应用程序。

(3) Container Resource Monitoring。

Container Resource Monitoring(容器资源监视器)用于容器中的资源监视,并在数据库中记录这些资源分配。

(4) Cluster-level Logging。

Cluster-level Logging(集群级日志)是用于集群中日志记录的插件,负责保存容器日志与搜索存储的中央日志信息。

(5) Ingress Controller。

Ingress Controller 可以定义路由规则并在应用层实现 HTTP(S)负载均衡机制。

6.2.5 Kubernetes 核心概念

要想深入理解 Kubernetes 系统的特性与工作机制,不仅需要理解系统关键资源对象的概念,还要明确这些资源对象在系统中所扮演的角色。下面将介绍与 Kubernetes 集群相关的概念和术语,Kubernetes 集群架构如图 6.3 所示。

1. Pod

Pod(直译为豆荚)是 Kubernetes 中的最小管理单位(容器运行在 Pod 中),一个 Pod 可以包含一个或多个相关容器。在同一个 Pod 内的容器可以共享网络名称空间和存储资源,也可以由本地的回环接

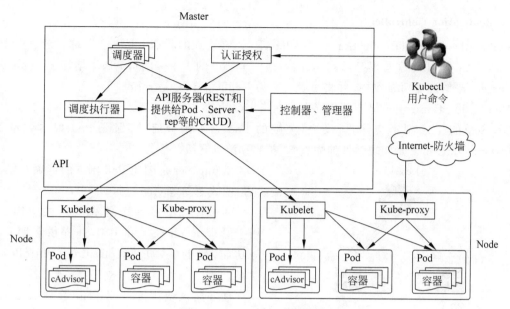

图 6.3 Kubernetes 集群架构

口(lo)直接通信,但彼此又在 Mount、User 和 PID 等命名空间上保持隔离。Pod 抽象图,如图 6.4 所示。

2. Label 和 Selector

Label(标签)是资源标识符,用来区分不同对象的属性。Label 本质上是一个键值对(Key-Value),可以在对象创建时或者创建后进行添加和修改。Label 可以附加到各种资源对象上,一个资源对象可以定义任意数量的 Label。用户可以通过给指定的资源对象捆绑一个或多个 Label 来实现多维度的资源分组管理功能,以便于灵活地进行资源分配、调度、配置、部署等管理工作。

Selector(选择器)是一个通过匹配 Label 来定义资源之间关系的表达式。给某个资源对象定义一个 Label,相当于给它打一个标签,随后可以通过 Label Selector(标签选择器)查询和筛选拥有某些 Label 的资源对象,Label 与 Pod 的关系,如图 6.5 所示。

图 6.4 Pod 抽象图

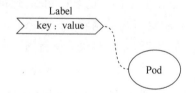

图 6.5 Label 与 Pod 的关系

3. Pause 容器

Pause 容器用于 Pod 内部容器之间的通信,是 Pod 中比较特殊的"根容器"。它打破了 Pod 中命名空间的限制,不仅是 Pod 的网络接入点,而且还在网络中扮演着"中间人"的角色。每个 Pod 中都存在一个 Pause 容器,其中运行着进程用来通信。Pause 容器与其他进程的关系,如图 6.6 所示。

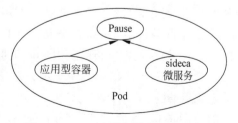

图 6.6 Pause 容器与其他进程的关系

4. Replication Controller

Pod 的副本控制器(Replication Controller,RC),在现在的版本中是一个总称。老版本中使用 Replication Controller 来管理 Pod 副本(副本指一个 Pod 的多个实例),新版本增加了 Replica Set、Deployment 来管理 Pod 的副本,并将三者统称为 Replication Controller。

Replication Controller 保证了集群中存在指定数量的 Pod 副本。当集群中副本的数量大于指定数量,多余的 Pod 副本会停止,反之,欠缺的 Pod 副本则会启动,保证 Pod 副本数量不变。Replication Controller 是实现弹性伸缩、动态扩容和滚动升级的核心。

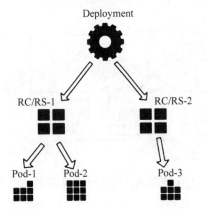

图 6.7 Deployment 与 ReplicaSet(RS)的关系

ReplicaSet 是创建 Pod 副本的资源对象,并提供声明式更新等功能。

Deployment 是一个更高层次的 API 对象,用于管理 ReplicaSet 和 Pod,并提供声明式更新等功能,比老版本的 Replication Controller 稳定性高。

官方建议使用 Deployment 管理 ReplicaSet,而不是直接使用 ReplicaSet,这就意味着可能永远不需要直接操作 ReplicaSet 对象,而 Deployment 将会是使用最频繁的资源对象。Deployment 与 ReplicaSet(RS)的关系,如图 6.7 所示。

5. StatefulSet

在 Kubernetes 系统集群中,Pod 的管理对象 StatefulSet 用于管理系统中有状态的集群,如 MySQL、MongoDB、ZooKeeper 集群等。这些集群中的每个节点都有固定的 ID,集群中的成员通过 ID 相互通信,且集群规模是比较固定的。另外,为了能够在其他节点上恢复某个失败的节点,这种集群中的 Pod 需要挂载到共享存储的磁盘上。在删除或者重启 Pod 后,Pod 的名称和 IP 地址会发生改变,为了解决这个问题,Kubernetes v1.5 版本中加入了 StatefulSet 控制器。

StatefulSet 可以使 Pod 副本的名称和 IP 地址在整个生命周期中保持不变,从而使 Pod 副本按照固定的顺序启动、更新或者删除。StatefulSet 有唯一的网络标识符(IP 地址),适用于需要持久存储、有序的部署、扩展、删除和滚动更新的应用程序。

6. Service

Service 其实就是经常提起的微服务架构中的一个“微服务”,网站由多个具备不同业务能力而又彼此独立的微服务单元所组成,服务之间通过 TCP/UDP 进行通信,从而形成了强大而又灵活的弹性网络,拥有强大的分布式能力、弹性扩展能力、容错能力。

Service 服务提供统一的服务访问入口和服务代理与发现机制,前端的应用(Front-end Pod)通过 Service 提供的入口访问一组 Pod 集群。当 Kubernetes 集群中存在 DNS 附件时,Service 服务会自动创建一个 DNS 名称用于服务发现,将外部的流量引入集群内部,并将到达 Service 的请求分发到后端的 Pod 对象上。

因此,Service 本质上是一个四层代理服务。Pod、RC、Service、Label Selector 四者的关系,如图 6.8 所示。

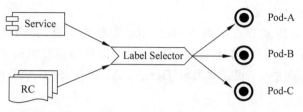

图 6.8 Pod、RC、Service、Label Selector 四者的关系

7. Namespace

集群中存在许多资源对象,这些资源对象可以是不同的项目、用户等。Namespace(命名空间)将这些资源对象从逻辑上进行隔离并设定控制策略,以便不同分组在共享整个集群资源时还可以被分别管理。

8. Volume

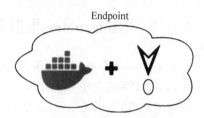

图 6.9 Endpoint 抽象图

Volume(存储卷)是集群中的一种共享存储资源,为应用服务提供存储空间。Volume 可以被 Pod 中的多个容器使用和挂载,也可以使用于容器之间共享数据。

9. Endpoint

Endpoint 是一个抽象的概念,主要用于标识服务进程的访问点。可以理解为"容器端口号＋Pod 的 IP 地址＝Endpoint"。Endpoint 抽象图,如图 6.9 所示。

6.2.6 Kubernetes 集群部署方式

学习 Kubernetes 必须有环境的支撑,搭建出企业级应用环境是一名合格的运维人员必须掌握的技能。部署集群前需要明确各组件的安装架构,做好规划,防止在工作时出现服务错乱的情况。其次,要整合环境资源,减少不必要的资源浪费。

1. 官方提供的集群部署方式

Kubernetes 系统支持四种方式在本地服务器或者云端上部署集群,用户可以根据不同的需求灵活选择,下面介绍这些安装方式的特点。

(1)使用 Minikube 工具安装。

Minikube 是一种能够在计算机或者虚拟机(VM)内轻松运行单节点 Kubernetes 集群的工具,可实现一键部署。这种方式安装的系统在企业中大多数被当作测试系统使用。

(2)使用 yum 安装。

通过直接使用 epel-release yum 源来安装 Kubernetes 集群,这种安装方式的优点是速度快,但只能安装 Kubernetes v1.5 及以下的版本。

(3)使用二进制编译安装。

使用二进制编译包部署集群,用户需要下载发行版的二进制包,手动部署每个组件,组成 Kubernetes 集群。这种部署方式比较灵活,用户可以根据自身需求自定义配置,而且性能比较稳定。虽然二进制方式可以提供稳定的集群状态,但是这种方式部署步骤非常烦琐,一些细小的错误就会导致系统运行失败。

（4）使用 Kubeadm 工具安装。

Kubeadm 是一种支持多节点部署 Kubernetes 集群的工具，该方式提供 kubeadm init 和 kubeadm join 命令插件，使用户可轻松地部署企业级的高可用集群架构。在 Kubernetes 1.13 版本中，Kubeadm 工具已经进入了可正式发布（General Availability，GA）阶段。

2. Kubeadm 简介

Kubeadm 是芬兰高中生卢卡斯·科尔德斯特伦（Lucas Käldström）在 17 岁时用业余时间完成的一个社区项目。用户可以使用 Kubeadm 工具构建出一个最小化的 Kubernetes 可用集群，但其余的附件，如安装监控系统、日志系统、UI 界面等，需要管理员按需自行安装。

Kubeadm 主要集成了 kubeadm init 和 kube join 工具。其中，kubeadm init 工具负责部署 Master 节点上的各个组件并将其快速初始化，kubeadm join 工具负责将 Node 节点快速加入集群。kubeadm 还支持令牌认证（bootstrap Token），因此逐渐成为企业青睐的部署方式。

6.2.7 Kubernetes 集群管理策略

Kubernetes 集群就像一个复杂的城市交通系统，里面运行着各种工作负载。对一名集群管理者来说，如何让系统有序且高效地运行是必须要面对的问题。现实生活中，人们可以通过红绿灯进行交通的调度，在 Kubernetes 集群中，则可以通过各种调度器来实现对工作负载的调度。

1. Pod 调度策略概述

Kubernetes 集群中运行着许多 Pod，使用单一的创建方式很难满足业务的需求。因此在实际生产环境中，用户可以通过 RC、Deployment、DaemonSet、Job、CronJob 等控制器完成对一组 Pod 副本的创建、调度和全生命周期的自动控制任务。下面对生产环境中遇到的一些情况和需求以及相应的解决方法进行说明。

（1）需要将 Pod 的副本全部运行在指定的一个或者一些节点上。

在搭建 MySQL 数据库集群时，为了提高存储效率，需要将相应的 Pod 调度到具有 SSD 磁盘的目标节点上。为了实现上述需求，首先，需要给具有 SSD 磁盘的 Node 节点都打上自定义标签（如"disk＝ssd"）；其次，需要在 Pod 定义文件中设定 NodeSelector 选项的值为"disk:ssd"。这样，Kubernetes 在调度 Pod 副本时，会先按照 Node 的标签过滤出合适的目标节点，然后选择一个最佳节点进行调度。如果需要选择多种目标节点（如 SSD 磁盘的节点或者超高速硬盘的节点），则可以通过 NodeAffinity（节点亲和性设置）来实现。

（2）需要将指定的 Pod 运行在相同或者不同节点。

在实际的生产环境中，需要将 MySQL 数据库与 Redis 中间件进行隔离，两者不能被调度到同一个目标节点上，此时可以使用 PodAffinity 调度策略。

2. 定向调度

NodeSelector 可以实现 Pod 的定向调度，它是节点约束最简单的形式。可以在 Pod 定义文件中的 pod.spec 定义项中加入该字段，并指定键值对的映射。为了使 Pod 可以在指定节点上运行，该节点必须要有与 Pod 标签属性相匹配的标签或键值对。

3. Node 亲和性调度

Affinity/Anti-affinity（亲和/反亲和）标签可以实现比 NodeSelect 更加灵活的调度选择，极大地扩展了约束的条件,其具有以下特点。

(1) 语言更具表现力。

(2) 指出的规则可以是软限制,而不是硬限制。因此,即使调度程序无法满足要求,Pod仍可能被调度到节点上。

(3) 用户可以限制节点(或其他拓扑域)上运行的其他Pod上的标签,从而解决一些特殊Pod不能共存的问题。

NodeAffinity是用于替换NodeSelector的全新调度策略,目前提供以下两种节点亲和性表达式。

① requiredDuringSchedulingIgnoredDuringExecution。

必须满足指定的规则才可以将Pod调度到Node上(与nodeSelector类似,但语法不同),相当于硬限制。

② PreferredDuringSchedulingIgnoredDuringExecution。

优先调度满足指定规则的Pod,但并不强制调度,相当于软限制。多个优先级还可以设置权重值来定义执行的先后顺序。

限制条件中IgnoredDuringExecution部分表示如果一个Pod所在的节点在Pod运行期间标签发生了变更,不再满足该Pod的节点上的相似性规则,则系统将忽略Node上标签的变化,该Pod仍然可以继续在该节点运行。

使用NodeAffinity规则时应该注意以下事项。

(1) 如果同时指定nodeSelector和nodeAffinity,Node节点只有同时满足这两个条件,才能将Pod调度到候选节点上。

(2) 如果在matchExpressions中关联了多个nodeSelectorTerms,则只有一个节点满足matchExpressions所有条件的情况下,才能将Pod调度到该节点上。

(3) 如果删除或更改了Node节点的标签,则运行在该节点上的Pod不会被删除。

preferredDuringSchedulingIgnoredDuringExecution内Weight(权重)值的范围是1~100。对于满足所有调度要求(资源请求或RequiredDuringScheduling亲和性表达式)的每个节点,调度程序将通过遍历此字段的元素并在该节点的匹配项中添加权重来计算总和MatchExpressions,然后将该分数与该节点的其他优先级函数的分数组合,优选总得分高的节点。

4. Pod 亲和与互斥调度

Pod间的亲和与互斥功能让用户可以根据节点上正在运行的Pod的标签(而不是节点的标签)进行判断和调度,对节点和Pod两个条件进行匹配。这种规则可以描述为:如果在具有标签X的Node上运行了一个或者多个符合条件Y的Pod,那么Pod可以(如果是互斥的情况,则为拒绝)运行在这个Node上。

需要注意的是,Pod间的亲和力和反亲和力涉及大量数据的处理,这可能会大大减慢在大型集群中的调度,所以不建议在有数百个或更多节点的集群中使用。

Pod亲和与互斥的条件设置和节点亲和相同,也有以下两种表达式。

① requiredDuringSchedulingIgnoredDuringExecution。

② preferredDuringSchedulingIgnoredDuringExecution。

Pod的亲和力被定义在Pod内Spec.affinity下的Affinity子字段中,Pod的互斥性则被定义在同一层级的 PodAntiAffinity 子字段中。

5．ConfigMap 基本概念

在生产环境中经常会遇到需要修改应用服务配置文件的情况,传统的修改方式不仅会影响到服务的正常运行,操作步骤也很烦琐。为了解决这个问题,Kubernetes 1.2 版本开始引入了ConfigMap 功能,用于将应用的配置信息与程序的配置信息分离。这种方式不仅可以实现应用程序的复用,还可以通过不同的配置实现更灵活的功能。在创建容器时,用户可以将应用程序打包为容器镜像,然后通过环境变量或者外接挂载文件进行配置注入。

ConfigMap 是以 key:value 的形式保存配置项,既可以用于表示一个变量的值(如 config=info),也可以用于表示一个完整配置文件的内容。ConfigMap 在容器中的典型用法如下。

(1) 将配置项设置为容器内的环境变量。

(2) 将启动参数设置为环境变量。

(3) 以 Volume 的形式挂载到容器内部的文件或目录。

在 Kubernetes 中创建好 ConfigMap 后,容器可以通过以下两种方法使用 ConfigMap 中的内容。

(1) 通过环境变量获取 ConfigMap 中的内容。

(2) 通过 Volume 挂载的方式将 ConfigMap 中的内容挂载为容器内部的文件或目录。

Kubernetes 中使用 ConfigMap 的注意事项如下。

(1) ConfigMap 必须在 Pod 之前创建。

(2) ConfigMap 受到命名空间限制,只有处于相同命名空间中的 Pod 才可以引用。

(3) Kubelet 只支持可以被 API Server 管理的 Pod 使用 ConfigMap,静态 Pod 无法引用ConfigMap。

(4) Pod 对 ConfigMap 进行挂载操作时,在容器内部只能挂载为目录,无法挂载为文件。

6．资源限制与管理

在大多数情况下,定义 Pod 时并没有指定系统资源限制,此时,系统会默认该 Pod 使用的资源很少,并将其随机调度到任何可用的 Node 节点中。当节点中某个 Pod 的负载突然增大时,节点就会出现资源不足的情况,为了避免系统死机,该节点会随机清理一些 Pod 以释放资源。但节点中还有些如数据库存储、界面登录等比较重要的 Pod 在提供服务,即使在资源不足的情况下也要保持这些 Pod 的正常运行。为了避免这些 Pod 被清理,需要在集群中设置资源限制,以保证核心服务可以正常运行。

Kubernetes 系统中核心服务的保障机制如下。

(1) 通过资源配额来指定 Pod 占用的资源。

(2) 允许集群中的资源被超额分配,以提高集群中资源的利用率。

(3) 为 Pod 划分等级,确保不同等级的 Pod 有不同的服务质量(Quality of Service,QoS),系统资源不足时,会优先清理低等级的 Pod,以确保高等级的 Pod 正常运行。

系统中主要的资源包括 CPU、图形处理器(Graphics Processing Unit,GPU)和 Memory,大多数情况下应用服务很少使用 GPU 资源。

6.2.8　Kubectl 工具基本使用

Kubectl 是一个用于操作 Kubernetes 集群的命令行接口,利用 Kubectl 工具可以在集群中实现各种功能。Kubectl 作为客户端工具,其功能和 Systemctl 工具很相似,用户可以通过指令实现对 Kubernetes 集群中资源对象的基础操作。

1. Kubectl 命令行工具

Kubectl 命令行工具主要有四部分参数,其基本语法格式如下。

```
kubectl [command] [type] [name] [flags]
```

语句中各部分参数的含义如下。

[command]子命令,用于 Kubernetes 集群中的资源对象,如 create、delete、describe、get、apply 等。

[type]资源对象类型,此参数区分大小写且能以单、复数的形式表示,如 pod、pods。以下三种是等价的。

```
kubectl get pod pod1
kubectl get pods pod1
kubectl get po pod1
```

[name]资源对象的名称,此参数区分大小写。如果在命令中不指定该参数,系统将返回对象类型的全部 type 列表。如命令"kubectl get pods"和"kubectl get pod nginx-test1",前者将会显示所有的 Pod,后者只显示 name 为 nginx-test1 的 Pod。

[flags]是 kubectl 子命令的可选参数,如"-l"或者"--labels"表示为 Pod 对象设定自定义的标签。

2. Kubectl 子命令及参数选项

Kubectl 子命令及参数选项如下。

（1）Kubectl 常用子命令。

Kubectl 常用子命令及功能说明,如表 6.3 所示。

表 6.3　Kubectl 常用子命令及功能说明

子　命　令	功　能　说　明
kubectl annotate	更新资源的注解
kubectl api-versions	以"组/版本"的格式输出服务端支持的 API 版本
kubectl apply	通过文件名或控制台输入,对资源进行配置
kubectl attach	连接到一个正在运行的容器
kubectl autoscale	对 replication controller 进行自动伸缩
kubectl cluster-info	输出集群信息
kubectl config	修改 kubeconfig 配置文件
kubectl create	通过文件名或控制台输入,创建资源
kubectl delete	通过文件名、控制台输入、资源名或者 label selector 删除资源
kubectl describe	输出指定的一个或多个资源的详细信息

子 命 令	功 能 说 明
kubectl edit	编辑服务端的资源
kubectl exec	在容器内部执行命令
kubectl expose	输入 rc、svc 或 Pod,并将其暴露为新的 kubernetes service
kubectl get	输出一个或多个资源
kubectl label	更新资源的 label
kubectl logs	输出 Pod 中一个容器的日志
kubectl namespace	(已停用)设置或查看当前使用的 namespace
kubectl patch	通过控制台输入更新资源中的字段
kubectl port-forward	将本地端口转发到 Pod
kubectl proxy	为 Kubernetes API Server 启动代理服务器
kubectl replace	通过文件名或控制台输入替换资源
kubectl rolling-update	对指定的 replication controller 执行滚动升级
kubectl run	在集群中使用指定镜像启动容器
kubectl scale	为 replication controller 设置新的副本数
kubectl version	输出服务端和客户端的版本信息

(2) Kubectl 命令参数选项。

Kubectl 命令参数选项及功能说明,如表 6.4 所示。

表 6.4　Kubectl 命令参数选项及功能说明

参 数 选 项	功 能 说 明
--alsologtostderr[=false]	同时输出日志到标准错误控制台和文件
--api-version=""	和服务端交互使用的 API 版本
--certificate-authority=""	用以进行认证授权的.cert 文件路径
--client-certificate=""	TLS 使用的客户端证书路径
--client-key=""	TLS 使用的客户端密钥路径
--cluster=""	指定使用的 kubeconfig 配置文件中的集群名
--context=""	指定使用的 kubeconfig 配置文件中的环境名
--insecure-skip-tls-verify[=false]	如果为 true,将不会检查服务器凭证的有效性,这会导致 HTTPS 链接变得不安全
--kubeconfig=""	命令行请求使用的配置文件路径
--log-backtrace-at=0	当日志长度超过定义的行数时,忽略堆栈信息
--log-dir=""	如果不为空,将日志文件写入此目录
--log-flush-frequency=5s	刷新日志的最大时间间隔
--logtostderr[=true]	输出日志到标准错误控制台,不输出到文件
--match-server-version[=false]	要求服务端和客户端版本匹配
--namespace=""	如果不为空,命令将使用此 namespace
--password=""	APIServer 进行简单认证使用的密码
-s,--server=""	Kubernetes API Server 的地址和端口号
--stderrthreshold=2	高于此级别的日志将被输出到错误控制台
--token=""	认证到 APIServer 使用的令牌
--user=""	指定使用的 kubeconfig 配置文件中的用户名
--username=""	APIServer 进行简单认证使用的用户名
--v=0	指定输出日志的级别
--vmodule=""	指定输出日志的模块

6.3　项目实施

6.3.1　Kubernetes 集群安装与部署

Kubernetes 系统由一组可执行程序组成,读者可以在 GitHub 开源代码库的 Kubernetes 项目页面内下载所需的二进制文件包或源代码包。

Kubernetes 支持的容器包括 Docker、Containerd、CRI-O 和 Frakti。本书中使用 Docker 作为容器运行环境。

1. 部署系统要求

部署 Kubernetes 集群使用的是三台 CentOS 系统的虚拟机,其中一台作为 Master 节点,另外两台作为 Node 节点,虚拟主机的系统配置信息,如表 6.5 所示。

表 6.5　虚拟主机的系统配置信息

节点名称	节点 IP 地址	CPU 配置	内存配置
Master	192.168.100.100	4 Core	8GB
Node01	192.168.100.101	4 Core	8GB
Node02	192.168.100.102	4 Core	8GB

在部署集群前需要修改各节点的主机名,配置节点间的主机名解析。注意,以下操作在所有节点上都需要执行,这里只给出在 Master 节点上的操作步骤,执行命令如下。

```
[root@localhost ~]# echo Master >> /etc/hostname          //修改主机名,重启后生效
[root@localhost ~]# cat /etc/hostname
localhost.localdomain
Master
[root@localhost ~]#
[root@localhost ~]# echo "192.168.100.100 Master" >> /etc/hosts
[root@localhost ~]# echo "192.168.100.101 Node01" >> /etc/hosts
[root@localhost ~]# echo "192.168.100.102 Node02" >> /etc/hosts
[root@localhost ~]# cat /etc/hosts
127.0.0.1   localhost localhost.localdomain localhost4 localhost4.localdomain4
::1         localhost localhost.localdomain localhost6 localhost6.localdomain6
192.168.100.100 Master
192.168.100.101 Node01
192.168.100.102 Node02
[root@localhost ~]# reboot                                //重新启动
[root@Master ~]#
[root@Master ~]# cat /etc/sysconfig/network-scripts/ifcfg-ens33
TYPE=Ethernet
PROXY_METHOD=none
BROWSER_ONLY=no
BOOTPROTO=static
DEFROUTE=yes
IPV4_FAILURE_FATAL=no
IPV6INIT=yes
```

```
IPV6_AUTOCONF = yes
IPV6_DEFROUTE = yes
IPV6_FAILURE_FATAL = no
IPV6_ADDR_GEN_MODE = stable - privacy
NAME = ens33
UUID = 6aeed638 - c2cd - 46e4 - a246 - 0a0adc384819
DEVICE = ens33
ONBOOT = yes
IPADDR = 192.168.100.100
PREFIX = 24
GATEWAY = 192.168.100.2
DNS1 = 114.114.114.114
[root@Master ~]#
```

2. 关闭防火墙与禁用 SELinux

Kubernetes 的 Master 节点与 Node 节点间会有大量的网络通信,为了避免安装过程中不必要的报错,需要将系统的防火墙关闭,同时在主机上禁用 SELinux,执行命令如下。

```
[root@Master ~]# iptables - F && iptables - X && iptables - Z    //清除所有防火墙规则
[root@Master ~]# iptables - save
[root@Master ~]# systemctl stop firewalld
[root@Master ~]# systemctl disable firewalld
```

SELinux 有两种禁用方式,分为临时禁用与永久性禁用。
临时禁用 SELinux,执行命令如下。

```
[root@Master ~]# setenforce 0              //设置 SELinux 为 Permissive 模式
[root@Master ~]# getenforce                //查看 SELinux 模式
Permissive
[root@Master ~]#
```

永久禁用 SELinux 服务需要编辑文件/etc/selinux/config,将 SELinux 修改为 disabled,执行命令如下。

```
[root@Master ~]# vim /etc/selinux/config
SELINUX = disabled                          //将 SELINUX = enforcing 改为 disabled
```

3. 关闭系统 Swap

从 Kubernetes 1.8 版本开始,部署集群时需要关闭系统的 Swap(交换分区)。如果不关闭 Swap,则默认配置下的 Kubelet 将无法正常启动。用户可以通过两种方式关闭 Swap。

(1) 通过修改 Kubelet 的启动参数"-fail-swap-on=false"更改这个限制。

(2) 使用 swapoff -a 参数来修改/etc/fstab 文件,使用♯将 Swap 自动挂载配置注释。

```
[root@Master ~]# swapoff - a
[root@Master ~]# sed - i "s/\/dev\/mapper\/centos - swap/\ #\/dev\/mapper\/centos - swap/g" /etc/fstab
[root@Master ~]# vim /etc/fstab
[root@Master ~]# cat /etc/fstab
```

```
…(省略部分内容)
#  /dev/mapper/centos - swap swap        swap      defaults      0 0
[root@Master ~]# reboot
[root@Master ~]# free - m
       tota       used        free       shared   buff/cache  available
Mem: 7803        368         6993       14        441         7136
Swap: 0          0           0
[root@Master ~]#
```

通过 free -m 命令的执行结果可以看出,Swap 关闭。再次提醒,以上操作需要在所有节点上执行。

4. 主机时间同步

如果各主机可以访问互联网,直接启动各主机上的 chronyd 服务即可;否则需要使用本地的时间服务器,确保各主机时间同步,启动 chronyd 服务,执行命令如下。

```
[root@Master ~]# systemctl start chronyd. service
[root@Master ~]# systemctl enable chronyd. service
[root@Master ~]# yum - y install ntpdate
[root@Master ~]# ntpdate ntp1. aliyun. com
30 Apr 21:46:44 ntpdate[20023]: adjust time server 120.25.115.20 offset - 0.021769 sec
[root@Master ~]#
```

以上操作完后,需要重启计算机,以便配置修改生效。

5. 安装 Docker 与镜像下载

Kubeadm 在构建集群过程中要访问 gcr. io(谷歌镜像仓库)并下载相关的 Docker 镜像,所以需要确保主机可以正常访问此站点。如果无法访问该站点,用户可以访问国内的镜像仓库(如清华镜像站)下载相关镜像。镜像下载完成后,修改为指定的 tag(标签)即可。

(1) Kubeadm 需要 Docker 环境,因此要在各节点上安装并启动 Docker,安装必需的软件包,其中,yum-utils 提供 yum-config-manager 工具,devicemapper 存储驱动程序需要 device-mapper-persistent-data 和 lvm2,执行命令如下。

```
[root@Master ~]# yum install - y yum - utils device - mapper - persistent - data lvm2
```

设置 Docker CE 稳定版的仓库地址,考虑到国内访问 Docker 官方镜像不方便,这里提供的是阿里云的镜像仓库源,执行命令如下。

```
[root@Master ~]# yum - config - manager -- add - repo
http://mirrors.aliyun.com/docker - ce/linux/centos/docker - ce.repo
```

如果不使用阿里云的镜像仓库源,改用 Docker 官方的源,创建 docker-ce. repo 文件,执行命令如下。

```
[root@Master ~]# yum - config - manager -- add - repo
https://download.docker.com/linux/centos/docker - ce.repo
```

(2) 安装 Docker,安装最新版本的 Docker CE 和 containerd,执行命令如下。

```
[root@Master ~]# yum install - y docker - ce docker - ce - cli containerd.io
```

（3）启动 Docker,查看当前版本并进行测试,执行命令如下。

```
[root@Master ~]# systemctl start docker                 //启动 Docker
[root@Master ~]# systemctl enable docker                //开机启动 Docker
```

（4）显示当前 Docker 版本,执行命令如下。

```
[root@Master ~]# docker version
Client: Docker Engine - Community
Version:           20.10.14
API version:       1.41
Go version:        go1.16.15
Git commit:        a224086
Built:             Thu Mar 24 01:49:57 2022
OS/Arch:           linux/amd64
Context:           default
Experimental:      true
Cannot connect to the Docker daemon at unix:///var/run/docker.sock. Is the docker daemon running?
[root@Master ~]#
```

6. 安装 Kubeadm 和 Kubelet

配置 Kubeadm 和 Kubelet 的 Repo 源,并在所有节点上安装 Kubeadm 和 Kubelet 工具,执行命令如下。

```
[root@Master ~]# vim /etc/yum.repos.d/kubernetes.repo
[root@Master ~]# cat /etc/yum.repos.d/kubernetes.repo
[kubernetes]
name = kubernetes
baseurl = https://mirrors.aliyun.com/kubernetes/yum/repos/kubernetes - el7 - x86_64
enabled = 1
gpgcheck = 0
repo_gpgcheck = 0
gpgkey = https://mirrors.aliyun.com/kubernetes/yum/doc/yum - key.gpg https://mirrors.aliyun.com/
[root@Master ~]#
```

配置完 Kubeadm 和 Kubelet 的 Repo 源后即可进行安装操作,执行命令如下。

```
[root@Master ~]# yum makecache fast                 //下载安装信息并缓存到本地
已加载插件:fastestmirror, langpacks
Loading mirror speeds from cached hostfile
 * base: mirrors.neusoft.edu.cn
 * extras: mirrors.aliyun.com
 * updates: mirrors.aliyun.com
base
| 3.6 kB 00:00:00
docker - ce - stable
| 3.5 kB 00:00:00
extras
| 2.9 kB 00:00:00
```

```
kubernetes
| 1.4 kB 00:00:00
updates
| 2.9 kB 00:00:00
kubernetes/primary
| 108 kB 00:00:00
kubernetes
794/794
元数据缓存已建立
[root@Master ~]# yum install - y kubelet kubeadm kubectl ipvsadm
已加载插件:fastestmirror, langpacks
Loading mirror speeds from cached hostfile
 * base: mirrors.neusoft.edu.cn
 * extras: mirrors.aliyun.com
 * updates: mirrors.aliyun.com
正在解决依赖关系
--> 正在检查事务
---> 软件包 ipvsadm.x86_64.0.1.27 - 8.el7 将被安装
---> 软件包 kubeadm.x86_64.0.1.23.6 - 0 将被安装
--> 正在处理依赖关系 kubernetes - cni >= 0.8.6,它被软件包 kubeadm - 1.23.6 - 0.x86_64 需要
…(省略部分安装内容)
已安装:
ipvsadm.x86_64 0:1.27 - 8.el7              kubeadm.x86_64 0:1.23.6 - 0
kubectl.x86_64 0:1.23.6 - 0               kubelet.x86_64 0:1.23.6 - 0
作为依赖被安装:
conntrack - tools.x86_64 0:1.4.4 - 7.el7 cri - tools.x86_64 0:1.23.0 - 0
kubernetes - cni.x86_64 0:0.8.7 - 0
libnetfilter_cthelper.x86_64 0:1.0.0 - 11.el7
libnetfilter_cttimeout.x86_64 0:1.0.0 - 7.el7
libnetfilter_queue.x86_64 0:1.0.2 - 2.el7_2
socat.x86_64 0:1.7.3.2 - 2.el7
完毕!
[root@Master ~]# kubeadm version
kubeadm version: &version. Info { Major:" 1 ", Minor:" 23 ", GitVersion:" v1. 23. 6 ", GitCommit:
"ad3338546da947756e8a88aa6822e9c11e7eac22", GitTreeState:"clean", BuildDate:"2022 - 04 - 14T08:48:
05Z", GoVersion:"go1.17.9", Compiler:"gc", Platform:"linux/amd64"}
[root@Master ~]#
```

7. 将桥接的 IPv4 流量传递到 iptables

Kubelet 安装完成后,通过配置网络转发参数以确保集群能够正常通信,执行命令如下。

```
[root@Master ~]# cat > /etc/sysctl.d/k8s.conf << EOF
> net.ipv4.ip_forward = 1
> net.bridge.bridge - nf - call - ip6tables = 1
> net.bridge.bridge - nf - call - iptables = 1
> EOF
[root@Master ~]# cat /etc/sysctl.d/k8s.conf
net.ipv4.ip_forward = 1
net.bridge.bridge - nf - call - ip6tables = 1
net.bridge.bridge - nf - call - iptables = 1
[root@Master ~]# sysctl -- system                 //使配置生效
 * Applying /usr/lib/sysctl.d/00 - system.conf ...
 * Applying /usr/lib/sysctl.d/10 - default - yama - scope.conf ...
```

```
kernel.yama.ptrace_scope = 0
 * Applying /usr/lib/sysctl.d/50 - default.conf ...
kernel.sysrq = 16
kernel.core_uses_pid = 1
net.ipv4.conf.default.rp_filter = 1
net.ipv4.conf.all.rp_filter = 1
net.ipv4.conf.default.accept_source_route = 0
net.ipv4.conf.all.accept_source_route = 0
net.ipv4.conf.default.promote_secondaries = 1
net.ipv4.conf.all.promote_secondaries = 1
fs.protected_hardlinks = 1
fs.protected_symlinks = 1
 * Applying /usr/lib/sysctl.d/60 - libvirtd.conf ...
fs.aio - max - nr = 1048576
 * Applying /etc/sysctl.d/99 - sysctl.conf ...
 * Applying /etc/sysctl.d/k8s.conf ...
 * Applying /etc/sysctl.conf ...
[root@Master ~]#
```

如果在执行上述命令后出现"net.bridge.bridge-nf-call-iptables"相关信息的报错,则需要重新加载 br_netfilter 模块,执行命令如下。

```
[root@Master ~]# modprobe br_netfilter                    //重新加载 br_netfilter 模块
[root@Master ~]# sysctl - p /etc/sysctl.d/k8s.conf
net.ipv4.ip_forward = 1
net.bridge.bridge - nf - call - ip6tables = 1
net.bridge.bridge - nf - call - iptables = 1
[root@Master ~]#
```

8. 加载 IPVS 相关内核模块

Kubernetes 运行中需要非永久性地加载相应的 IPVS 内核模块,可以将其添加在开机启动项中,执行命令如下。

```
[root@Master ~]# cat > /etc/sysconfig/modules/ipvs.modules << EOF
> #!/bin/bash
> modprobe -- ip_vs
> modprobe -- ip_vs_rr
> modprobe -- ip_vs_wrr
> modprobe -- ip_vs_sh
> modprobe -- nf_conntrack_ipv4
> EOF
[root@Master ~]# chmod 755 /etc/sysconfig/modules/ipvs.modules
[root@Master ~]# bash /etc/sysconfig/modules/ipvs.modules
[root@Master ~]# lsmod | grep - e ip_vs - e nf_conntrack_ipv4
ip_vs_sh          12688 0
ip_vs_wrr         12697 0
ip_vs_rr          12600 0
ip_vs             145497 6 ip_vs_rr,ip_vs_sh,ip_vs_wrr
nf_conntrack_ipv4 15053 3
nf_defrag_ipv4    12729 1 nf_conntrack_ipv4
```

```
nf_conntrack              133095 7 ip_vs,nf_nat,nf_nat_ipv4,xt_conntrack,nf_nat_masquerade_ipv4,nf_
conntrack_netlink,nf_conntrack_ipv4
libcrc32c                 12644 4 xfs,ip_vs,nf_nat,nf_conntrack
[root@Master ~]#
```

上面的脚本创建了/etc/sysconfig/modules/ipvs.modules 文件，保证在节点重启后能自动加载所需模块。使用 lsmod | grep -e ip_vs -e nf_conntrack_ipv4 命令查看是否已经正确加载所需的内核模块。

9. 更改 Docker cgroup 驱动

在/etc/docker/daemon.json 文件中添加如下内容，执行命令如下。

```
[root@Master ~]# vim /etc/docker/daemon.json
[root@Master ~]# cat /etc/docker/daemon.json
{
"exec-opts": ["native.cgroupdriver=systemd"]
}
[root@Master ~]# systemctl restart docker          //重新启动
[root@Master ~]#
```

10. 初始化 Master 节点

在 Master 节点和各 Node 节点的 Docker 和 Kubelet 设置完成后，即可在 Master 节点上执行 kubeadm init 命令初始化集群。kubeadm init 命令支持两种初始化方式，一是通过命令选项传递参数来设定，二是使用 YAML 格式的专用配置文件设定更详细的配置参数。本实例将使用第一种较为简单的初始化方式。在 Master 节点执行 kubeadm init 命令即可实现对 Master 节点的初始化操作，执行命令如下。

```
[root@Master ~]# kubeadm init \
> --apiserver-advertise-address=192.168.100.100 \
> --image-repository registry.aliyuncs.com/google_containers \
> --kubernetes-version v1.23.6 \
> --service-cidr=10.96.0.0/12 \
> --pod-network-cidr=10.244.0.0/16
[init] Using Kubernetes version: v1.23.6
[preflight] Running pre-flight checks
[preflight] Pulling images required for setting up a Kubernetes cluster
[preflight] This might take a minute or two, depending on the speed of your internet connection
[preflight] You can also perform this action in beforehand using 'kubeadm config images pull'
[certs] Using certificateDir folder "/etc/kubernetes/pki"
[certs] Generating "ca" certificate and key
[certs] Generating "apiserver" certificate and key
[certs] apiserver serving cert is signed for DNS names [kubernetes kubernetes.default kubernetes.
default.svc kubernetes.default.svc.cluster.local master] and IPs [10.96.0.1 192.168.100.100]
[certs] Generating "apiserver-kubelet-client" certificate and key
[certs] Generating "front-proxy-ca" certificate and key
[certs] Generating "front-proxy-client" certificate and key
[certs] Generating "etcd/ca" certificate and key
[certs] Generating "etcd/server" certificate and key
[certs] etcd/server serving cert is signed for DNS names [localhost master] and IPs [192.168.100.100
127.0.0.1 ::1]
```

```
[certs] Generating "etcd/peer" certificate and key
[certs] etcd/peer serving cert is signed for DNS names [localhost master] and IPs [192.168.100.100
127.0.0.1 ::1]
[certs] Generating "etcd/healthcheck-client" certificate and key
[certs] Generating "apiserver-etcd-client" certificate and key
[certs] Generating "sa" key and public key
[kubeconfig] Using kubeconfig folder "/etc/kubernetes"
[kubeconfig] Writing "admin.conf" kubeconfig file
[kubeconfig] Writing "kubelet.conf" kubeconfig file
[kubeconfig] Writing "controller-manager.conf" kubeconfig file
[kubeconfig] Writing "scheduler.conf" kubeconfig file
[kubelet-start] Writing kubelet environment file with flags to file "/var/lib/kubelet/kubeadm-
flags.env"
[kubelet-start] Writing kubelet configuration to file "/var/lib/kubelet/config.yaml"
[kubelet-start] Starting the kubelet
[control-plane] Using manifest folder "/etc/kubernetes/manifests"
[control-plane] Creating static Pod manifest for "kube-apiserver"
[control-plane] Creating static Pod manifest for "kube-controller-manager"
[control-plane] Creating static Pod manifest for "kube-scheduler"
[etcd] Creating static Pod manifest for local etcd in "/etc/kubernetes/manifests"
[wait-control-plane] Waiting for the kubelet to boot up the control plane as static Pods from
directory "/etc/kubernetes/manifests". This can take up to 4m0s
[apiclient] All control plane components are healthy after 6.004278 seconds
[upload-config] Storing the configuration used in ConfigMap "kubeadm-config" in the "kube-
system" Namespace
[kubelet] Creating a ConfigMap "kubelet-config-1.23" in namespace kube-system with the
configuration for the kubelets in the cluster
NOTE: The "kubelet-config-1.23" naming of the kubelet ConfigMap is deprecated. Once the
UnversionedKubeletConfigMap feature gate graduates to Beta the default name will become just "kubelet-
config". Kubeadm upgrade will handle this transition transparently.
[upload-certs] Skipping phase. Please see --upload-certs
[mark-control-plane] Marking the node master as control-plane by adding the labels: [node-role.
kubernetes.io/master(deprecated) node-role.kubernetes.io/control-plane node.kubernetes.io/
exclude-from-external-load-balancers]
[mark-control-plane] Marking the node master as control-plane by adding the taints [node-role.
kubernetes.io/master:NoSchedule]
[bootstrap-token] Using token: rlsspf.rcq246qxatnmrels
[bootstrap-token] Configuring bootstrap tokens, cluster-info ConfigMap, RBAC Roles
[bootstrap-token] configured RBAC rules to allow Node Bootstrap tokens to get nodes
[bootstrap-token] configured RBAC rules to allow Node Bootstrap tokens to post CSRs in order for nodes
to get long term certificate credentials
[bootstrap-token] configured RBAC rules to allow the csrapprover controller automatically approve
CSRs from a Node Bootstrap Token
[bootstrap-token] configured RBAC rules to allow certificate rotation for all node client
certificates in the cluster
[bootstrap-token] Creating the "cluster-info" ConfigMap in the "kube-public" namespace
[kubelet-finalize] Updating "/etc/kubernetes/kubelet.conf" to point to a rotatable kubelet client
certificate and key
[addons] Applied essential addon: CoreDNS
[addons] Applied essential addon: kube-proxy
Your Kubernetes control-plane has initialized successfully!
To start using your cluster, you need to run the following as a regular user:
mkdir -p $HOME/.kube
```

```
sudo cp - i /etc/kubernetes/admin.conf $ HOME/.kube/config
sudo chown $ (id - u):$ (id - g) $ HOME/.kube/config
Alternatively, if you are the root user, you can run:
export KUBECONFIG = /etc/kubernetes/admin.conf
You should now deploy a pod network to the cluster.
Run "kubectl apply - f [podnetwork].yaml" with one of the options listed at:
https://kubernetes.io/docs/concepts/cluster - administration/addons/
Then you can join any number of worker nodes by running the following on each as root:
kubeadm join 192.168.100.100:6443 - - token 7dmwvb.eiyir06xdkygpz0i \
    - - discovery - token - ca - cert - hash sha256:fc69907bb402380da40f3046c797b9e12c9f86dd8c44bff
eac510d5b3113882b
[root@Master ~]#
```

上面的内容记录了系统完成初始化的过程,从代码中可以看出,Kubernetes 集群初始化会进行如下相关操作过程。

(1) [init]: 使用的版本。

(2) [certs]: 生成相关的各种证书。

(3) [kubeconfig]: 生成 kubeconfig 文件。

(4) [kubelet-start]: 配置启动 Kubelet。

(5) [control-plane]: 创建 Pod 控制平台。

(6) [upload-config]: 升级配置文件。

(7) [kubelet]: 创建 ConfigMap 配置文件。

(8) [bootstrap-token]: 生成 token。

另外,在加载结果的最后会出现配置 Node 节点加入集群的 token 指令:"kubeadm join 192.168.100.100:6443 --token 7dmwvb.eiyir06xdkygpz0i \--discovery-token-ca-cert-hash sha256:fc69907bb402380da40f3046c797b9e12c9f86dd8c44bffeac510d5b3113882b",后面审批 Node 节点加入集群时需要该指令。

注意:如果安装不成功,需要重新配置 kubeadm init,可以执行 kubeadm reset 命令来进行重新部署安装环境,然后再执行 kubeadm init 命令。

11. 将 Node 节点加入 Master 群集

将 Master 中生成的 token 指令连接到 Node 节点,以节点 Node01 为例,执行命令如下。

```
[root@Node01 ~]# kubeadm join 192.168.100.100:6443 - - token 7dmwvb.eiyir06xdkygpz0i \
>         - - discovery - token - ca - cert - hash sha256:fc69907bb402380da40f3046c797b9e12c9f86dd8c
44bffeac510d5b3113882b
[preflight] Running pre - flight checks
[preflight] Reading configuration from the cluster...
[preflight] FYI: You can look at this config file with 'kubectl - n kube - system get cm kubeadm - config
- o yaml'
[kubelet - start] Writing kubelet configuration to file "/var/lib/kubelet/config.yaml"
[kubelet - start] Writing kubelet environment file with flags to file "/var/lib/kubelet/kubeadm -
flags.env"
[kubelet - start] Starting the kubelet
[kubelet - start] Waiting for the kubelet to perform the TLS Bootstrap...
This node has joined the cluster:
* Certificate signing request was sent to apiserver and a response was received.
```

```
* The Kubelet was informed of the new secure connection details.
Run 'kubectl get nodes' on the control-plane to see this node join the cluster.
[root@Node01 ~]#
```

以同样的方式,将节点 Node02 也加入该群集,这里不再赘述。

12. 配置 Kubectl 工具环境

Kubectl 默认会在执行的用户 home 目录下面的.kube 目录下寻找 config 文件,配置 Kubectl 工具,执行命令如下。

```
[root@Master ~]# mkdir -p $HOME/.kube
[root@Master ~]# cp -i /etc/kubernetes/admin.conf $HOME/.kube/config
[root@Master ~]# chown $(id -u):$(id -g) $HOME/.kube/config
[root@Master ~]#
```

13. 启动 Kubelet 服务并查看状态

Kubelet 配置完成后,即可启动服务,执行命令如下。

```
[root@Master ~]# systemctl daemon-reload
[root@Master ~]# systemctl enable kubelet && systemctl restart kubelet
[root@Master ~]# systemctl status kubelet
• kubelet.service - kubelet: The Kubernetes Node Agent
Loaded: loaded (/usr/lib/systemd/system/kubelet.service; enabled; vendor preset: disabled)
Drop-In: /usr/lib/systemd/system/kubelet.service.d
         └─10-kubeadm.conf
Active: active (running) since 日 2022-05-01 23:04:59 CST; 6s ago
  Docs: https://kubernetes.io/docs/
Main PID: 22839 (kubelet)
 Tasks: 15
 Memory: 40.2M
 CGroup: /system.slice/kubelet.service
         └─22839 /usr/bin/kubelet --bootstrap-kubeconfig=/etc/kubernetes/bootstrap-
kubelet.conf --kubeconfig=/etc/kubernetes/kubelet.conf --config=/var/lib/kubelet/config.yaml
--network-plug...
5 月 01 23:05:01 Master kubelet[22839]: I0501 23:05:01.390654 22839 reconciler.go:157] "Reconciler:
start to sync state"
5 月 01 23:05:01 Master kubelet[22839]: E0501 23:05:01.560371 22839 kubelet.go:1742] "Failed creating a
mirror pod for" err="pods \"kube-apiserver-master\" already exists" pod="...erver-master"
5 月 01 23:05:01 Master kubelet[22839]: E0501 23:05:01.759670 22839 kubelet.go:1742] "Failed creating a
mirror pod for" err="pods \"kube-scheduler-master\" already exists" pod="...duler-master"
5 月 01 23:05:01 Master kubelet[22839]: E0501 23:05:01.958882 22839 kubelet.go:1742] "Failed creating a
mirror pod for" err="pods \"etcd-master\" already exists" pod="kube-system/etcd-master"
5 月 01 23:05:02 Master kubelet[22839]: I0501 23:05:02.155191 22839 request.go:665] Waited for
1.087437972s due to client-side throttling, not priority and fairness, request: PO...e-system/pods
5 月 01 23:05:02 Master kubelet[22839]: E0501 23:05:02.160378 22839 kubelet.go:1742] "Failed creating a
mirror pod for" err="pods \"kube-controller-manager-master\" already exis...nager-master"
5 月 01 23:05:02 Master kubelet[22839]: E0501 23:05:02.492214 22839 configmap.go:200] Couldn't get
configMap kube-system/kube-proxy: failed to sync configmap cache: timed out wa...the condition
5 月 01 23:05:02 Master kubelet[22839]: E0501 23:05:02.492345 22839 nestedpendingoperations.go:335]
Operation for "{volumeName:kubernetes.io/configmap/9ae6773d-2edc-4a89-9581-d5...87 +0800 CST
```

```
5 月 01 23:05:04 Master kubelet[22839]: I0501 23:05:04.899184 22839 cni.go:240] "Unable to update
cni config" err = "no networks found in /etc/cni/net.d"
5 月 01 23:05:05 Master kubelet[22839]: E0501 23:05:05.156489 22839 kubelet.go:2386] "Container
runtime network not ready" networkReady = "NetworkReady = false reason:NetworkPluginN...ninitialized"
Hint: Some lines were ellipsized, use - l to show in full.
[root@Master ~]#
```

14. 查看集群状态

在集群 Master 控制节点平台上,检查集群状态,执行命令如下。

```
[root@Master ~]# kubectl get nodes
NAME       STATUS     ROLES                   AGE     VERSION
master     NotReady   control - plane,master  7m14s   v1.23.6
node01     NotReady   < none >                86s     v1.23.6
node02     NotReady   < none >                15s     v1.23.6
[root@Master ~]# kubectl get cs
Warning: v1 ComponentStatus is deprecated in v1.19 +
NAME                   STATUS     MESSAGE                          ERROR
scheduler              Healthy    ok
controller - manager   Healthy    ok
etcd - 0               Healthy    {"health":"true","reason":""}
[root@Master ~]#
```

通过 kubectl get nodes 命令执行结果可以看出,Master 和 Node 节点为 NotReady 状态,这是因为还没有安装网络。

15. 配置安装网络插件

在 Master 节点安装网络插件,下载网络插件的相关配置文件,执行命令如下。

```
[root@Master ~]# cd ~ && mkdir - p flannel && cd flannel
[root@Master flannel]# wget \
https://raw.githubusercontent.com/coreos/flannel/v0.14.0/Documentation/kube - flannel.yml
[root@Master flannel]# ll
总用量 8
- rw - r - - r - - 1 root root 5034 5 月  2 08:37 kube - flannel.yml
[root@Master flannel]# cat kube - flannel.yml | grep image
        image: quay.io/coreos/flannel:v0.14.0                   //版本为 v0.14.0
        image: quay.io/coreos/flannel:v0.14.0
[root@Master flannel]# kubectl apply - f kube - flannel.yml     //应用网络插件配置
podsecuritypolicy.policy/psp.flannel.unprivileged created
clusterrole.rbac.authorization.k8s.io/flannel created
clusterrolebinding.rbac.authorization.k8s.io/flannel created
serviceaccount/flannel created
configmap/kube - flannel - cfg created
daemonset.apps/kube - flannel - ds created
[root@Master flannel]#
```

应用网络插件配置,大约 3min 后系统将自动完成网络配置,重新将 Node 节点加入到集群中,此时查看集群状态,可以看到 Master 和 Node 节点由 NotReady 变为 Ready 状态,执行命令如下。

```
[root@Master flannel]# kubectl get nodes
NAME     STATUS    ROLES                    AGE    VERSION
master   Ready     control-plane,master     82m    v1.23.6
node01   Ready     <none>                   67m    v1.23.6
node02   Ready     <none>                   54m    v1.23.6
[root@Master flannel]#
```

如果需要重新配置网络环境,需要删除网络配置,执行命令如下。

```
[root@Master flannel]# kubectl delete -f kube-flannel.yml
```

16. Node 节点退出集群

如果需要将节点退出集群,可以在相应的节点执行 kubeadm reset 命令进行重新设置,这里以节点 Node02 为例,执行命令如下。

```
[root@Node02 ~]# kubeadm reset
```

此时在 Master 节点查看群集状态,可以看到节点 Node02 的状态已经变为 NotReady,删除节点 Node02,执行命令如下。

```
[root@Master flannel]# kubectl get nodes
NAME     STATUS      ROLES                    AGE     VERSION
master   Ready       control-plane,master     24m     v1.23.6
node01   Ready       <none>                   9m32s   v1.23.6
node02   NotReady    <none>                   4m23s   v1.23.6
[root@Master flannel]#
[root@Master flannel]# kubectl delete nodes node02
node "node02" deleted
[root@Master flannel]#
[root@Master flannel]# kubectl get nodes
NAME     STATUS    ROLES                    AGE    VERSION
master   Ready     control-plane,master     27m    v1.23.6
node01   Ready     <none>                   12m    v1.23.6
[root@Master flannel]#
```

6.3.2　Kubectl 基本命令配置管理

Kubectl 是一个用于操作 Kubernetes 集群的命令行接口,利用 Kubectl 工具可以在集群中实现各种功能,Kubectl 子命令参数较多,读者应该多加练习,掌握常用子命令的用法。

1. 获取帮助

在集群中可以使用 kubectl help 命令来获取相关帮助,执行命令如下。

```
[root@Master ~]# kubectl --help
kubectl controls the Kubernetes cluster manager.
Find more information at: https://kubernetes.io/docs/reference/kubectl/overview/
Basic Commands (Beginner):                        //基本命令(入门)
create          Create a resource from a file or from stdin
expose          Take a replication controller, service, deployment or pod and expose it as a new
Kubernetes service
```

run	在集群中运行一个指定的镜像	
set	为 objects 设置一个指定的特征	

Basic Commands (Intermediate): //基本命令(中级)

explain	Get documentation for a resource
get	显示一个或更多 resources
edit	在服务器上编辑一个资源
delete	Delete resources by file names, stdin, resources and names, or by resources and label selector

Deploy Commands: //部署命令

rollout	Manage the rollout of a resource
scale	Set a new size for a deployment, replica set, or replication controller
autoscale	Auto - scale a deployment, replica set, stateful set, or replication controller

Cluster Management Commands: //集群命令

certificate	修改 certificate 资源
cluster - info	Display cluster information
top	Display resource (CPU/memory) usage
cordon	标记 node 为 unschedulable
uncordon	标记 node 为 schedulable
drain	Drain node in preparation for maintenance
taint	更新一个或者多个 node 上的 taints

Troubleshooting and Debugging Commands: //故障排除和调试命令

describe	显示一个指定 resource 或者 group 的 resources 详情
logs	输出容器在 pod 中的日志
attach	Attach 到一个运行中的 container
exec	在一个 container 中执行一个命令
port - forward	Forward one or more local ports to a pod
proxy	运行一个 proxy 到 Kubernetes API server
cp	Copy files and directories to and from containers
auth	Inspect authorization
debug	Create debugging sessions for troubleshooting workloads and nodes

Advanced Commands: //高级命令

diff	Diff the live version against a would - be applied version
apply	Apply a configuration to a resource by file name or stdin
patch	Update fields of a resource
replace	Replace a resource by file name or stdin
wait	Experimental: Wait for a specific condition on one or many resources
kustomize	Build a kustomization target from a directory or URL.

Settings Commands: //设置命令

label	更新在这个资源上的 labels
annotate	更新一个资源的注解
completion	Output shell completion code for the specified shell (bash, zsh or fish)

Other Commands: //其他命令

alpha	Commands for features in alpha
api - resources	Print the supported API resources on the server
api - versions	Print the supported API versions on the server, in the form of "group/version"
config	修改 kubeconfig 文件
plugin	Provides utilities for interacting with plugins
version	输出 client 和 server 的版本信息

Usage: //格式用法

```
kubectl [flags] [options]
Use "kubectl < command > -- help" for more information about a given command.
Use "kubectl options" for a list of global command - line options (applies to all commands).
[root@Master ~]#
```

2. 查看类命令

Kubectl 查看类命令如下。

(1) 获取节点和服务版本信息。

```
#kubectl get nodes
```

(2) 获取节点和服务版本信息,并查看附加信息。

```
#kubectl get nodes - o wide
```

(3) 获取 Pod 信息,默认是 default 名称空间。

```
#kubectl get pod
```

(4) 获取 Pod 信息,默认是 default 名称空间,并查看附加信息,如：Pod 的 IP 及在哪个节点运行。

```
#kubectl get pod - o wide
```

(5) 获取指定名称空间的 Pod。

```
#kubectl get pod - n kube - system
```

(6) 获取指定名称空间中的指定 Pod。

```
#kubectl get pod - n kube - system podName
```

(7) 获取所有名称空间的 Pod。

```
#kubectl get pod - A
```

(8) 查看 Pod 的详细信息,以 YAML 格式或 JSON 格式显示。

```
#kubectl get pods - o yaml
#kubectl get pods - o json
```

(9) 查看 Pod 的标签信息。

```
#kubectl get pod - A -- show - labels
```

(10) 根据 Selector(label query)来查询 pod。

```
#kubectl get pod - A -- selector = "k8s - app = kube - dns"
```

```
#查看运行 Pod 的环境变量。
```

```
#kubectl exec podName env
```

(11) 查看指定 Pod 的日志。

```
#kubectl logs - f -- tail 500 - n kube - system kube - apiserver - k8s - master
```

（12）查看所有名称空间的 service 信息。

```
#kubectl get svc - A
```

（13）查看指定名称空间的 service 信息。

```
#kubectl get svc - n kube - system
```

（14）查看 componentstatuses 信息。

```
#kubectl get cs
```

（15）查看所有 configmaps 信息。

```
#kubectl get cm - A
```

（16）查看所有 serviceaccounts 信息。

```
#kubectl get sa - A
```

（17）查看所有 daemonsets 信息。

```
#kubectl get ds - A
```

（18）查看所有 deployments 信息。

```
#kubectl get deploy - A
```

（19）查看所有 replicasets 信息。

```
#kubectl get rs - A
```

（20）查看所有 statefulsets 信息。

```
#kubectl get sts - A
```

（21）查看所有 jobs 信息。

```
#kubectl get jobs - A
```

（22）查看所有 ingresses 信息。

```
#kubectl get ing - A
```

（23）查看有哪些名称空间。

```
#kubectl get ns
```

（24）查看 Pod 的描述信息。

```
#kubectl describe pod podName
#kubectl describe pod - n kube - system kube - apiserver - k8s - master
```

（25）查看指定名称空间中指定 deploy 的描述信息。

```
# kubectl describe deploy - n kube - system coredns
```

（26）查看 node 或 pod 的资源使用情况。
需要 heapster 或 metrics-server 支持

```
# kubectl top node
# kubectl top pod
```

（27）查看集群信息。

```
# kubectl cluster - info
# kubectl cluster - info dump
```

（28）查看各组件信息，192.168.100.100 为 Master 机器。

```
# kubectl - s https://192.168.100.100:6443 get componentstatuses
```

3. 操作类命令

Kubectl 操作类命令如下。
（1）创建资源。

```
# kubectl create - f xxx. yaml
```

（2）应用资源。

```
# kubectl apply - f xxx. yaml
```

（3）应用资源，该目录下的所有.yaml，.yml,或.json 文件都会被使用。

```
# kubectl apply - f
```

（4）创建 test 名称空间。

```
# kubectl create namespace test
```

（5）删除资源。

```
# kubectl delete - f xxx. yaml
# kubectl delete - f
```

（6）删除指定的 Pod。

```
# kubectl delete pod podName
```

（7）删除指定名称空间的指定 pod。

```
# kubectl delete pod - n test podName
```

（8）删除其他资源。

```
# kubectl delete svc svcName
# kubectl delete deploy deployName
# kubectl delete ns nsName
```

（9）强制删除。

```
# kubectl delete pod podName - n nsName -- grace - period = 0 -- force
# kubectl delete pod podName - n nsName -- grace - period = 1
# kubectl delete pod podName - n nsName -- now
```

（10）编辑资源。

```
# kubectl edit pod podName
```

4．进阶操作类命令

Kubectl 进阶操作类命令如下。

（1）kubectl exec：进入 Pod 启动的容器。

```
# kubectl exec - it podName - n nsName /bin/sh
```

（2）kubectl label：添加 label 值。

```
# kubectl label nodes k8s - node01 zone = north              //为指定节点添加标签
# kubectl label nodes k8s - node01 zone -                    //为指定节点删除标签
# kubectl label pod podName - n nsName role - name = test    //为指定 Pod 添加标签
# kubectl label pod podName - n nsName role - name = dev -- overwrite   //修改 lable 标签值
# kubectl label pod podName - n nsName role - name -         //删除 lable 标签
```

（3）Kubectl 滚动升级。

```
# kubectl apply - f myapp - deployment - v2. yaml           //通过配置文件滚动升级
# kubectl set image deploy/myapp - deployment
myapp = "registry. cn - beijing. aliyuncs. com/google_registry/myapp:v3"   //通过命令滚动升级
# kubectl rollout undo deploy/myapp - deployment
```

或者：

```
# kubectl rollout undo deploy myapp - deployment             //Pod 回滚到前一个版本
# kubectl rollout undo deploy/myapp - deployment -- to - revision = 2   //回滚到指定历史版本
```

（4）# kubectl scale：动态伸缩。

```
# kubectl scale deploy myapp - deployment -- replicas = 5    //动态伸缩
# kubectl scale -- replicas = 8 - f myapp - deployment - v2. yaml
                        //动态伸缩,根据资源类型和名称伸缩,其他配置
```

6.3.3　Pod 的创建与管理

在 Kubernetes 集群中可以通过两种方式创建 Pod,下面将详细介绍这两种方式。

1. 使用命令创建 Pod

(1) 为了方便实验,拉取镜像文件 nginx 与 centos,使用本地镜像创建一个名为 nginx-test01 且运行 Nginx 服务的 Pod,执行命令如下。

```
[root@Master ~]# docker pull nginx
[root@Master ~]# docker pull centos
[root@Master ~]# docker images
[root@Master ~]# kubectl run -- image = nginx:latest nginx - test01
pod/nginx - test01 created
[root@Master ~]#
```

(2) 检查 Pod 是否创建成功,执行命令如下。

```
[root@Master ~]# kubectl get pods
NAME             READY      STATUS      RESTARTS      AGE
nginx - test01   1/1        Running     0             22s
[root@Master ~]#
```

(3) 查看 Pod 的描述信息,执行命令如下。

```
[root@Master ~]# kubectl describe pods nginx - test01
Name:              nginx - test01
Namespace:         default
Priority:          0
Node:              node01/192.168.100.101
Start Time:        Mon, 02 May 2022 19:07:15 + 0800
Labels:            run = nginx - test01
Annotations:       < none >
Status:            Running
IP:                10.244.1.11
IPs:
  IP: 10.244.1.11
Containers:
  nginx - test01:
    Container ID:
docker://98c14f3adbcf135c17668120ae81a10756c3b2a71eb9a73703bcd76d2022fd39
    Image:             nginx:latest
    Image ID:
docker - pullable://nginx@sha256:859ab6768a6f26a79bc42b231664111317d095a4f04e4b6fe79ce37b3d199097
    Port:              < none >
    Host Port:         < none >
    State:             Running
      Started:         Mon, 02 May 2022 19:07:20 + 0800
    Ready:             True
    Restart Count: 0
    Environment:       < none >
    Mounts:
      /var/run/secrets/kubernetes.io/serviceaccount from kube - api - access - kfwz2 (ro)
Conditions:
  Type            Status
  Initialized     True
  Ready           True
```

```
ContainersReady          True
PodScheduled             True
Volumes:
  kube - api - access - kfwz2:
    Type:                Projected (a volume that contains injected data from multiple sources)
    TokenExpirationSeconds: 3607
    ConfigMapName:       kube - root - ca.crt
    ConfigMapOptional:   < nil >
    DownwardAPI:         true
QoS Class:               BestEffort
Node - Selectors:        < none >
Tolerations:             node.kubernetes.io/not - ready:NoExecute op = Exists for 300s
                         node.kubernetes.io/unreachable:NoExecute op = Exists for 300s
Events:
  Type     Reason      Age    From               Message
  ----     ------      ----   ----               -------
  Normal   Scheduled   47s    default - scheduler   Successfully assigned
default/nginx - test01 to node01
  Normal   Pulling     47s    kubelet            Pulling image "nginx:latest"
  Normal   Pulled      43s    kubelet            Successfully pulled image
"nginx:latest" in 4.574295015s
  Normal   Created     43s    kubelet            Created container nginx - test01
  Normal   Started     42s    kubelet            Started container nginx - test01
[root@Master ~]#
```

（4）Pod 创建完成后，获取 Nginx 所在的 Pod 的内部 IP 地址，执行命令如下。

```
[root@Master ~]# kubectl get pod nginx - test01 - o wide
```

命令执行结果，如图 6.10 所示。

```
[root@Master ~]# kubectl get pod nginx-test01 -o wide
NAME          READY   STATUS    RESTARTS   AGE   IP            NODE     NOMINATED NODE   READINESS GATES
nginx-test01  1/1     Running   0          23m   10.244.1.11   node01   <none>           <none>
[root@Master ~]#
```

图 6.10　获取 nginx-test01 的信息

Pod 信息中的字段含义，如表 6.6 所示。

表 6.6　Pod 信息中的字段含义

Pod 字段	含　义
NAME	Pod 的名称
READY	Pod 的准备状况，Pod 包含的容器总数/准备就绪的容器数目
STATUS	Pod 的状态
RESTARTS	Pod 的重启次数
AGE	Pod 的运行时间
IP	Pod 的 pod-network-cidr 网络地址
NODE	Pod 的运行节点
NOMAINTED NODE	Pod 的没有目标位置节点
READINESS GATES	Pod 就绪状态检查，判断 Container、Pod、Endpoint 的状态是否就绪

根据上述命令的执行结果可以看出，nginx-test01 的 IP 地址为 10.244.1.11。通过命令行工具 curl 测试在集群内任意节点是否都可以访问该 Nginx 服务，执行命令如下。

```
[root@Master ~]# curl 10.244.1.11
<!DOCTYPE html>
<html>
<head>
<title>Welcome to nginx!</title>
<style>
html { color-scheme: light dark; }
body { width: 35em; margin: 0 auto;
font-family: Tahoma, Verdana, Arial, sans-serif; }
</style>
</head>
<body>
<h1>Welcome to nginx!</h1>
<p>If you see this page, the nginx web server is successfully installed and
working. Further configuration is required.</p>
<p>For online documentation and support please refer to
<a href="http://nginx.org/">nginx.org</a>.<br/>
Commercial support is available at
<a href="http://nginx.com/">nginx.com</a>.</p>
<p><em>Thank you for using nginx.</em></p>
</body>
</html>
[root@Master ~]#
```

根据执行结果可以看出,使用 curl 工具成功连接到了 Pod 的 Nginx 服务。

(5)强制删除多个 Pod,执行命令如下。

```
[root@Master ~]# kubectl delete pod ubuntu-test02 centos-test03 --force
warning: Immediate deletion does not wait for confirmation that the running resource has been
terminated. The resource may continue to run on the cluster indefinitely.
pod "ubuntu-test02" force deleted
pod "centos-test03" force deleted
[root@Master ~]#
```

2. 使用 YAML 创建 Pod

Kubernetes 除了某些强制性的命令(如 kubectl run/expose)会隐式创建 rc 或者 svc,Kubernetes 还支持通过编写 YAML 格式的文件来创建这些操作对象。使用 YAML 方式不仅可以实现版本控制,还可以在线对文件中的内容进行编辑审核。当使用复杂的配置来提供一个稳健、可靠和易维护的系统时,这些优势就显得非常重要。YAML 本质上是一种用于定义配置文件的通用数据串行化语言格式,与 JSON 格式相比具有格式简洁、功能强大的特点。Kubernetes 中使用 YAML 格式定义配置文件的优点如下。

(1)便捷性:命令行中不必添加大量的参数。

(2)可维护性:YAML 文件可以通过源头控制、跟踪每次操作。

(3)灵活性:YAML 文件可以创建比命令行更加复杂的结构。

YAML 语法规则较为复杂,读者在使用时应该多加注意,具体如下。

(1)大小写敏感。

(2)使用缩进表示层级关系。

（3）缩进时不允许使用 Tab 键,只允许使用空格。

（4）缩进的空格数不重要,相同层级的元素左侧对齐即可。

需要注意,一个 YAML 配置文件内可以同时定义多个资源。使用 YAML 创建 Pod 的完整文件内容与格式如下。

```
apiVersion: v1                      # 必选项,版本号,如 v1
kind: Pod                           # 必选项,Pod
metadata:                           # 必选,元数据
    name: string                    # 必选,Pod 名称
    namespace: string               # 必选,Pod 所属的命名空间,默认为"default"
    labels:                         # 自定义标签
    - name: string                  # 自定义标签名字
    annotations:                    # 自定义注释列表
    - name: string
spec:                               # 必选,Pod 中容器的详细定义
    containers:                     # 必选,Pod 中容器列表
    - name: string                  # 必选,容器名称,需符合 RFC 1035 规范
    image: string                   # 必选,容器的镜像名称
    imagePullPolicy:Never           # 获取镜像的策略
    command: [string]               # 容器的启动命令列表,如不指定,可使用打包时使用的启动命令
    args: [string]                  # 容器的启动命令参数列表
    workingDir: string              # 容器的工作目录
    volumeMounts:                   # 挂载到容器内部的存储卷配置
    - name: string                  # 引用 Pod 定义的共享存储卷的名称
      mountPath: string             # 存储卷在容器内挂载的绝对路径,应少于 512 字符
      readonly: Boolean             # 是否为只读模式
    ports:                          # 需要暴露的端口
    - name: string                  # 端口的名称
      containerPort: int            # 容器需要监听的端口号
      hostPort: int                 # 容器所在主机需要监听的端口号,默认与 Container 相同
      protocol: string              # 端口协议,支持 TCP 和 UDP,默认为 TCP
    env:                            # 容器运行前需设置的环境变量列表
    - name: string                  # 环境变量名称
      value: string                 # 环境变量的值
    resources:                      # 资源限制和请求的设置
      limits:                       # 资源限制的设置
      cpu: string                   # CPU 的限制
      memory: string                # 内存限制,单位可以为 MB/GB
    requests:                       # 资源请求的设置
      cpu: string                   # CPU 请求,容器启动的初始可用数量
      memory: string                # 内存请求,容器启动的初始可用数量
    livenessProbe:                  # 对 Pod 内各容器健康检查的设置
     exec:                          # 将 Pod 容器内检查方式设置为 exec 方式
      command: [string]             # exec 方式需要指定的命令或脚本
    httpGet:                        # 将 Pod 内各容器健康检查方法设置为 HttpGet
     path: string
     port: number
     host: string
     scheme:string
     httpHeaders:
     - name:string
       value: string
```

```
    tcpSocket:                          #将 Pod 内各容器健康检查方式设置为 TCPSocket 方式
      port: number
    initialDelaySeconds :0              #容器启动完成后首次探测的时间,单位为 s
    timeoutSeconds: 0                   #容器健康检查探测等待响应的超时时间,单位为 s,默认 1s
    periodSeconds: 0                    #容器定期健康检查的时间设置,单位为 s,默认 10s 一次
    successThreshold :0
    failureThreshold: 0
    securityContext:                    #安全上下文
        privileged: false
  restartPolicy: [Always | Never | OnFailure]        #Pod 的重启策略
  nodeSelector:obeject                #设置 NodeSelector
  imagePull1Secrets:                  #拉取镜像时使用的 secret 名称
   - name:string
  hostNetwork: false                  #是否使用主机网络模式,默认为 false
  volumes:                            #在该 Pod 上定义共享存储卷列表
   - name: string                     #共享存储卷名称(存储卷类型有很多种)
    emptyDir :{}                      #类型为 emtyDir 的存储卷
    hostPath: string                  #类型为 hostPath 的存储卷
      path: string                    #hostpath 类型存储卷的路径
    secret:                           #类型为 secret 的存储卷,挂载集群与定义的 secret 对象到容器内部
      scretname: string
      items:
       - key: string
      path: string
    configMap:                        #类型为 configMap 的存储卷
      name: string
      items:
       - key: string
        path: string
```

以上 Pod 定义的文件涵盖了 Pod 大部分属性的设置,其中各参数的取值包括 string、list、object。下面编写 Pod 的 YAML 文件,执行命令如下。

```
[root@Master ~]# vim pod - nginx.yaml
[root@Master ~]# cat pod - nginx.yaml
apiVersion: v1
kind: Pod
metadata:
  name: pod - nginx01
  namespace: default
  labels:
    app: app - nginx
spec:
  containers:
   - name: containers - name - nginx
    image: nginx:latest
    imagePullPolicy: IfNotPresent          //本地镜像不存在时,镜像拉取策略
[root@Master ~]#
```

使用 kubectl apply 命令应用 pod-nginx.yaml 文件,执行命令如下。

```
[root@Master ~]# kubectl apply - f pod - nginx.yaml
```

```
pod/pod-nginx01 created
[root@Master ~]#
```

从代码的执行结果可以看出,名为 pod-nginx01 的 Pod 创建成功。使用 kubectl get pods 命令查看创建的 Pod,执行命令如下。

```
[root@Master ~]# kubectl get pods
NAME           READY    STATUS     RESTARTS    AGE
nginx-test01   1/1      Running    0           131m
pod-nginx01    1/1      Running    0           13s
[root@Master ~]#
```

3. Pod 基本操作

Pod 是 Kubernetes 中最小的控制单位,下面介绍生产环境中关于 Pod 的常用命令。

(1) 查看 Pod 所在的运行节点以及 IP 地址,执行命令如下。

```
[root@Master ~]# kubectl get pod pod-nginx01 -o wide
```

命令执行结果,如图 6.11 所示。

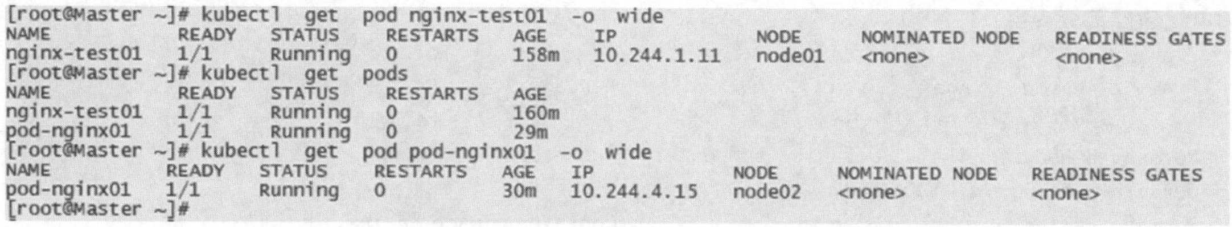

```
[root@Master ~]# kubectl  get  pod nginx-test01 -o wide
NAME          READY   STATUS    RESTARTS   AGE    IP           NODE     NOMINATED NODE    READINESS GATES
nginx-test01  1/1     Running   0          158m   10.244.1.11  node01   <none>            <none>
[root@Master ~]# kubectl  get  pods
NAME          READY   STATUS    RESTARTS   AGE
nginx-test01  1/1     Running   0          160m
pod-nginx01   1/1     Running   0          29m
[root@Master ~]# kubectl  get  pod pod-nginx01  -o  wide
NAME          READY   STATUS    RESTARTS   AGE    IP           NODE     NOMINATED NODE    READINESS GATES
pod-nginx01   1/1     Running   0          30m    10.244.4.15  node02   <none>            <none>
[root@Master ~]#
```

图 6.11　获取 pod-nginx01 的信息

(2) 查看 Pod 定义的详细信息,可以使用-o yaml 参数将 Pod 的信息转换为 YAML 格式,该参数不仅显示 Pod 的详细信息,还显示 Pod 中容器的相关信息,执行命令如下。

```
[root@Master ~]# kubectl get pods pod-nginx01 -o yaml
apiVersion: v1
kind: Pod
metadata:
  annotations:
      kubectl.kubernetes.io/last-applied-configuration: | {"apiVersion":"v1","kind":"Pod",
"metadata":{"annotations":{},"labels":{"app":"app-nginx"},"name":"pod-nginx01","namespace":
"default"},"spec":{"containers":[{"image":"nginx:latest","imagePullPolicy":"IfNotPresent",
"name":"containers-name-nginx"}]}}
creationTimestamp: "2022-05-02T13:18:14Z"
labels:
  app: app-nginx
name: pod-nginx01
namespace: default
…(省略部分内容)
hostIP: 192.168.100.102
phase: Running
podIP: 10.244.4.15
podIPs:
```

```
─ ip: 10.244.4.15
qosClass: BestEffort
startTime: "2022 ─ 05 ─ 02T13:18:14Z"
[root@Master ~]#
```

(3) kubectl describe 命令可查询 Pod 的状态和生命周期事件,执行命令如下。

```
[root@Master ~]# kubectl describe pod pod ─ nginx01
Name:           pod ─ nginx01
Namespace:      default
Priority:       0
Node:           node02/192.168.100.102
Start Time:     Mon, 02 May 2022 21:18:14 + 0800
Labels:         app = app ─ nginx
Annotations:    < none >
Status:         Running
IP:             10.244.4.15
IPs:
    IP: 10.244.4.15
Containers:
  containers ─ name ─ nginx:
…(省略部分内容)
Events:
Type      Reason      Age     From              Message
────      ──────      ────    ────              ───────
Normal    Scheduled   41m     default ─ scheduler   Successfully assigned
default/pod ─ nginx01 to node02
Normal    Pulled      41m     kubelet           Container image "nginx:latest"
already present on machine
Normal    Created     41m     kubelet           Created container
containers ─ name ─ nginx
Normal    Started     41m     kubelet           Started container
containers ─ name ─ nginx
[root@Master ~]#
```

(4) 进入 Pod 对应的容器内部,并使用/bin/bash 进行交互,执行命令如下。

```
[root@Master ~]# kubectl exec - it pod ─ nginx01 /bin/bash
kubectl exec [POD] [COMMAND] is DEPRECATED and will be removed in a future version. Use kubectl exec
[POD] ── [COMMAND] instead.
root@pod ─ nginx01:/# mkdir - p test01
root@pod ─ nginx01:/# cd test01/
root@pod ─ nginx01:/test01# touch fil0{1..9}.txt
root@pod ─ nginx01:/test01# ls - l
total 0
─ rw ─ r ── r ── 1 root root 0 May 2 14:06 fil01.txt
─ rw ─ r ── r ── 1 root root 0 May 2 14:06 fil02.txt
─ rw ─ r ── r ── 1 root root 0 May 2 14:06 fil03.txt
─ rw ─ r ── r ── 1 root root 0 May 2 14:06 fil04.txt
─ rw ─ r ── r ── 1 root root 0 May 2 14:06 fil05.txt
─ rw ─ r ── r ── 1 root root 0 May 2 14:06 fil06.txt
─ rw ─ r ── r ── 1 root root 0 May 2 14:06 fil07.txt
```

```
- rw - r - - r - -  1 root root 0 May 2 14:06 fil08.txt
- rw - r - - r - -  1 root root 0 May 2 14:06 fil09.txt
root@pod - nginx01:/test01# cd ~
root@pod - nginx01:~ # pwd
/root
root@pod - nginx01:~ # exit
exit
[ root@Master ~]#
```

（5）重新启动 Pod 以更新应用，执行命令如下。

```
[root@Master ~]# kubectl replace -- force - f pod - nginx.yaml
pod "pod - nginx01" deleted
pod/pod - nginx01 replaced
[root@Master ~]#
[root@Master ~]# kubectl get pods
NAME            READY     STATUS      RESTARTS      AGE
nginx - test01  1/1       Running     0             3h5m
pod - nginx01   1/1       Running     0             64s
[root@Master ~]#
```

6.3.4　Deployment 控制器配置与管理

对于 Kubernetes 来说，Pod 是资源调度最小单元，Kubernetes 主要的功能就是管理多个 Pod，Pod 中可以包含一个或多个容器，而 Kubernetes 是如可管理多个 Pod 的呢？它是通过控制器进行管理的，如 Deployment 和 ReplicaSet(RS)。

1. ReplicaSet 控制器

ReplicaSet 是 Pod 控制器类型中的一种，主要用来确保受管控 Pod 对象的副本数量在任何时刻都满足期望值。当 Pod 的副本数量与期望值不吻合时，多则删除，少则通过 Pod 模板进行创建弥补。ReplicaSet 与 Replication Controller(RC)的功能基本一样。但是 ReplicaSet 可以在标签选择项中选择多个标签。支持基于等式的 Seletor。Kubernetes 官方强烈建议避免直接使用 RS，推荐通过 Deployment 来创建 RS 和 Pod，与手动创建和管理 Pod 对象相比，ReplicaSet 可以实现以下功能。

（1）可以确保 Pod 的副本数量精确吻合配置中定义的期望值。

（2）当探测到 Pod 对象所在的 Node 节点不可用时，可以自动请求在其他 Node 节点上重新创建新的 Pod，以确保服务可以正常运行。

（3）当业务规模出现波动时，可以实现 Pod 的弹性伸缩。

2. Deployment 控制器

Deployment 或者 RC 在集群中实现的主要功能就是创建应用容器的多份副本，并持续监控副本数量，使其维持在指定值。Deployment 提供了关于 Pod 和 RS 的声明性更新，其主要使用场景如下。

（1）通过创建 Deployment 来生成 RS 并在后台完成 Pod 的创建。

（2）通过更新 Deployment 来创建新的 Pod 镜像升级。

（3）如果当前的服务状态不稳定，可以将 Deployment 回滚到先前的版本（版本回滚）。

（4）通过编辑 Deployment 文件来控制副本数量（增加负载）。

（5）在进行版本更新时，如果出现故障可以暂停 Deployment，等到故障修复后继续发布。

（6）通过 Deployment 的状态来判断更新发布是否成功，清理不再需要的副本集。

Deployment 支持的主要功能如下。

（1）动态水平的弹性伸缩。

容器对比虚拟机最大的优势就在于容器可以灵活的弹性伸缩，而这一部分工作由 Kubernets 中的控制器进行调度。Deployment 的弹性伸缩本质是指 RS 下 Pod 的数量增加或减少。在创建 Deployment 时会相应创建一个 RS，通过 RS 实现弹性伸缩的自动化部署，并在很短的时间内进行数量的变更。弹性伸缩通过修改 YAML 文件中的 replicas 参数实现修改 YAML 文件后，通过 apply 命令重新应用而实现扩容或缩容。

（2）支持动态的回滚和滚动更新。

定义一个 Deployment 会创建一个新的 RS，通过 RS 创建 Pod，删除 Deployment 控制器，同时也会删除所对应的 RS 及 RS 下控制的 Pod 资源。可以说，Deployment 是建立在 RS 之上的一种控制器，可以管理多个 RS，当每次需要更新 Pod 时，就会自动生成一个新的 RS，把旧的 RS 替换掉，多个 RS 可以同时存在，但只有一个 RS 在运行，因为新 RS 里生成的 Pod 会依次去替换旧 RS 里面的 Pod，所以需要等待时间，大约 10 min。

Kubernetes 下有多个 Deployment，Deployment 下管理 ReplicaSet，通过 ReplicaSet 管理多个 Pod，通过 Pod 管理容器，它们之间的关系如图 6.12 所示。

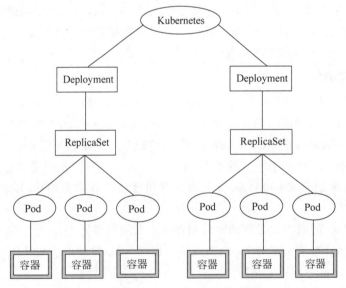

图 6.12 Kubernetes 管理架构图

3. Deployment 命令配置

下面通过具体的部署示例，为读者展示 Deployment 的用法。

（1）创建 Deployment 描述文件，执行命令如下。

```
[root@Master ~]# docker pull nginx:1.9.1
[root@Master ~]# docker images | grep TAG && docker images | grep nginx
```

```
REPOSITORY      TAG       IMAGE ID       CREATED        SIZE
nginx           1.9.1     94ec7e53edfc   6 years ago    133MB
[root@Master ~]#
[root@Master ~]# vim deployment - nginx.yaml
[root@Master ~]# cat deployment - nginx.yaml
apiVersion: apps/v1
kind: Deployment
metadata:
  name: deployment - nginx01
  namespace: default
labels:
  app: nginx
spec:
  replicas: 3
  selector:
    matchLabels:
      app: nginx
  template:
    metadata:
      labels:
        app: nginx
    spec:
      containers:
      - name: nginx
        image: nginx:1.9.1
        imagePullPolicy: IfNotPresent
        ports:
        - containerPort: 80
[root@Master ~]#
```

示例中 metadata.name 字段表示此 Deployment 的名字为 deployment-nginx01。spec.replicas 字段表示将创建 3 个配置相同的 Pod,容器镜像的版本为 nginx:1.9.1。spec.selector 字段定义了通过 matchLabels 方式选择这些 Pod。

(2) 通过相关命令来应用、部署 Deployment,并查看 Deployment 状态,执行命令如下。

```
[root@Master ~]# kubectl apply - f deployment - nginx.yaml
deployment.apps/deployment - nginx01 created
[root@Master ~]#
[root@Master ~]# kubectl get deployment
NAME                   READY    UP - TO - DATE    AVAILABLE    AGE
deployment - nginx01   3/3      3                3            3m23s
[root@Master ~]#
```

从以上代码中 READY 的值可以看出,Deployment 已经创建好了 3 个最新的副本。

(3) 通过执行 kubectl get rs 命令和 kubectl get pods 命令可以查看相关的 RS 和 Pod 信息,执行命令如下。

```
[root@Master ~]# kubectl get rs
NAME                          DESIRED    CURRENT    READY    AGE
deployment - nginx01 - 5bfdf46dc6  3      3          3        2m21s
[root@Master ~]#
```

```
[root@Master ~]# kubectl get pods
NAME                                    READY   STATUS    RESTARTS        AGE
centos                                  1/1     Running   13 (22s ago)    13h
deployment-nginx01-5bfdf46dc6-lrlzc     1/1     Running   0               14s
deployment-nginx01-5bfdf46dc6-mkvrv     1/1     Running   0               14s
deployment-nginx01-5bfdf46dc6-pfvln     1/1     Running   0               14s
nginx-test01                            1/1     Running   0               23h
pod-nginx01                             1/1     Running   0               22h
ubuntu                                  1/1     Running   20 (6m36s ago)  20h
[root@Master ~]#
```

以上代码所创建的 Pod 由系统自动完成调度,它们各自最终运行在哪个节点上,完全由 Master 的 Scheduler 组件经过一系列算法计算得出,用户无法干预调度过程和结果。

4. Deployment 升级 Pod

当集群中的某个服务需要升级时,一般情况下需要先停止与此服务相关的 Pod,然后再下载新版的镜像和创建 Pod。这种先停止再升级的方式在大规模集群中会导致服务较长时间不可用,而 Kubernetes 提供的升级回滚功能可以很好地解决此类问题。

用户在运行修改 Deployment 的 Pod 定义(spec. template)或者镜像名称,并将其应用到 Deployment 上,系统即可自动完成更新。如果在更新过程中出现了错误,还可以回滚到先前的 Pod 版本。需要注意,前提是 Pod 是通过 Deployment 创建的,且仅当 spec. template 更改部署的 Pod 模板时,如模板的标签或容器镜像已更新,才会触发部署,其他更新,如扩展部署,不会触发部署。

(1) 拉取相应的镜像版本,执行命令如下。

```
[root@Master ~]# docker pull nginx:latest
[root@Master ~]# docker images | grep TAG && docker images | grep nginx
REPOSITORY     TAG      IMAGE ID      CREATED        SIZE
nginx          latest   fa5269854a5e  13 days ago    142MB
nginx          1.9.1    94ec7e53edfc  6 years ago    133MB
[root@Master ~]#
```

(2) 删除 deployment-nginx. yaml 文件创建的 Pod,查看 Pod 信息,执行命令如下。

```
[root@Master ~]# kubectl delete -f deployment-nginx.yaml
deployment.apps "deployment-nginx01" deleted
[root@Master ~]# kubectl get pods
NAME           READY   STATUS    RESTARTS        AGE
centos         1/1     Running   12 (48m ago)    12h
nginx-test01   1/1     Running   0               22h
pod-nginx01    1/1     Running   0               22h
ubuntu         1/1     Running   19 (54m ago)    19h
[root@Master ~]#
```

(3) 应用 deployment-nginx. yaml 文件创建的 Pod,查看当前容器的镜像版本信息,执行命令如下。

```
[root@Master ~]# kubectl apply -f deployment-nginx.yaml --record
Flag --record has been deprecated, --record will be removed in the future
```

```
deployment.apps/deployment－nginx01 configured
[root@Master ～]# kubectl get pods
NAME                                     READY   STATUS    RESTARTS       AGE
centos                                   1/1     Running   13 (22m ago)   13h
deployment－nginx01－5bfdf46dc6－lrlzc    1/1     Running   0              22m
deployment－nginx01－5bfdf46dc6－mkvrv    1/1     Running   0              22m
deployment－nginx01－5bfdf46dc6－pfvln    1/1     Running   0              22m
nginx－test01                            1/1     Running   0              23h
pod－nginx01                             1/1     Running   0              23h
ubuntu                                   1/1     Running   20 (28m ago)   20h
[root@Master ～]#
[root@Master ～]# kubectl describe deployment deployment－nginx01 | grep Image
Image:      nginx:1.9.1
[root@Master ～]#
```

（4）将 Nginx Pod 的镜像从 nginx：1.9.1 更新为 nginx：latest 版本，并查看 deployment 的详细信息，执行命令如下。

```
[root@Master ～]# kubectl set image deployment deployment－nginx01 nginx = nginx:latest －－record
deployment.apps/deployment－nginx01 image updated
[root@Master ～]#
[root@Master ～]# kubectl get pods
NAME                                     READY   STATUS    RESTARTS       AGE
centos                                   1/1     Running   13 (31m ago)   13h
deployment－nginx01－67dffbbbb－f4nqt     1/1     Running   0              5m2s
deployment－nginx01－67dffbbbb－tjm8n     1/1     Running   0              5m
deployment－nginx01－67dffbbbb－tlh42     1/1     Running   0              4m59s
nginx－test01                            1/1     Running   0              23h
pod－nginx01                             1/1     Running   0              23h
ubuntu                                   1/1     Running   20 (37m ago)   20h
[root@Master ～]#
[root@Master ～]# kubectl describe deployment deployment－nginx01
Name:                   deployment－nginx01
Namespace:              default
CreationTimestamp:      Wed, 04 May 2022 05:23:25 ＋0800
Labels:                 app = nginx
Annotations:            deployment.kubernetes.io/revision: 2
                        kubernetes.io/change－cause: kubectl apply
 －－filename = deployment－nginx.yaml －－record = true
Selector:               app = nginx
Replicas:               3 desired | 3 updated | 3 total | 3 available | 0 unavailable
StrategyType:           RollingUpdate
MinReadySeconds:        0
RollingUpdateStrategy: 25 % max unavailable, 25 % max surge
Pod Template:
  Labels: app = nginx
  Containers:
   nginx:
    Image:       nginx:latest
    Port:        80/TCP
    Host Port:   0/TCP
    Environment: < none >
```

```
    Mounts:        <none>
    Volumes:       <none>
Conditions:
Type            Status        Reason
----            ------        ------
Available       True          MinimumReplicasAvailable
Progressing     True          NewReplicaSetAvailable
…(省略部分内容)
[root@Master ~]#
```

(5) 查看 Deployment 和 Pod 的镜像版本,执行命令如下。

```
[root@Master ~]# kubectl describe deployment deployment-nginx01 | grep Image
Image:          nginx:latest
[root@Master ~]#
[root@Master ~]# kubectl describe pod deployment-nginx01-67dffbbbb-f4nqt | grep Image
Image:          nginx:latest
Image ID:
docker-pullable://nginx@sha256:859ab6768a6f26a79bc42b231664111317d095a4f04e4b6fe79ce37b3d199097
[root@Master ~]#
```

从执行结果可以看出,Pod 的镜像已经成功更新为 nginx:latest 版本。

5. Deployment 回滚 Pod

在进行升级操作时,新的 Deployment 不稳定可能会导致系统死机,这时需要将 Deployment 回滚到以前旧的版本,下面演示 Deployment 回滚操作。

(1) 为了演示 Deployment 更新出错的场景,这里在更新 Deployment 时,误将 Nginx 镜像设置成为 nginx:1.100.1(不是 nginx:latest,属于不存在的镜像),并通过 rollout 命令进行升级操作,执行命令如下。

```
[root@Master ~]# kubectl set image deployment deployment-nginx01 nginx=nginx:1.100.1 --record=true
Flag --record has been deprecated, --record will be removed in the future
deployment.apps/deployment-nginx01 image updated
[root@Master ~]#
[root@Master ~]# kubectl rollout status deployment deployment-nginx01
Waiting for deployment "deployment-nginx01" rollout to finish: 1 out of 3 new replicas have been updated...
^C[root@Master ~]#
```

因为使用的是不存在的镜像,系统无法进行正确的镜像升级,会一直处于 Waiting 状态。此时,可以使用 Ctrl+C 组合键来终止操作。

(2) 查看系统是否创建了新的 RS,执行命令如下。

```
[root@Master ~]# kubectl get rs
NAME                           DESIRED   CURRENT   READY   AGE
deployment-nginx01-5bfdf46dc6  0         0         0       102m
deployment-nginx01-5cf5c4f8fb  1         1         0       16s
deployment-nginx01-67dffbbbb   3         3         3       76m
```

从执行结果可以看出,系统新建了一个名为 deployment-nginx01-5cf5c4f8fb 的 RS。

（3）查看相关的 Pod 信息，执行命令如下。

```
[root@Master ~]# kubectl get pods
NAME                                      READY    STATUS           RESTARTS        AGE
centos                                    1/1      Running          14 (42m ago)    14h
deployment-nginx01-5cf5c4f8fb-5jpw6       0/1      ImagePullBackOff 0               31s
deployment-nginx01-67dffbbbb-9pw79        1/1      Running          0               37m
deployment-nginx01-67dffbbbb-cnbtj        1/1      Running          0               37m
deployment-nginx01-67dffbbbb-nbgbs        1/1      Running          0               37m
nginx-test01                              1/1      Running          0               24h
pod-nginx01                               1/1      Running          0               24h
ubuntu                                    1/1      Running          21 (49m ago)    21h
[root@Master ~]#
```

从执行结果可以看出，因为更新的镜像不存在，所以新创建的 Pod 的状态为 ImagePullBackOff。

（4）检查 Deployment 描述和 Deployment 更新历史记录，执行命令如下。

```
[root@Master ~]# kubectl describe deployment
Name:                   deployment-nginx01
Namespace:              default
CreationTimestamp:      Wed, 04 May 2022 05:23:25 +0800
Labels:                 app=nginx
Annotations:            deployment.kubernetes.io/revision: 5
                        kubernetes.io/change-cause: kubectl set image deployment deployment-
nginx01 nginx=nginx:1.100.1 --record=true
Selector:               app=nginx
Replicas:               3 desired | 1 updated | 4 total | 3 available | 1 unavailable
StrategyType:           RollingUpdate
MinReadySeconds:        0
RollingUpdateStrategy:  25% max unavailable, 25% max surge
Pod Template:
  Labels: app=nginx
  Containers:
   nginx:
    Image:      nginx:1.100.1
    Port:       80/TCP
    Host Port:  0/TCP
…（省略部分内容）
[root@Master ~]#
[root@Master ~]# kubectl rollout history deployment deployment-nginx01
deployment.apps/deployment-nginx01
REVISION CHANGE-CAUSE
3  kubectl apply --filename=deployment-nginx.yaml --record=true
4  kubectl set image deployment deployment-nginx01 nginx=nginx:latest --record=true
5  kubectl set image deployment deployment-nginx01 nginx=nginx:1.100.1 --record=true
[root@Master ~]#
```

（5）使用 rollout undo 命令撤销本次发布，并将 Deployment 回滚到上一个部署版本，执行命令如下。

```
[root@Master ~]# kubectl rollout undo deployment deployment-nginx01
deployment.apps/deployment-nginx01 rolled back
```

```
[root@Master ~]#
[root@Master ~]# kubectl describe deployment deployment - nginx01 | grep Image
    Image:              nginx:latest
[root@Master ~]#
[root@Master ~]# kubectl get deploy
NAME                READY     UP - TO - DATE     AVAILABLE     AGE
deployment - nginx01    3/3       3                 3             58m
[root@Master ~]#
```

6. Deployment 暂停与恢复 Pod

部署复杂的 Deployment 需要进行多次的配置文件修改,为了减少更新过程中的错误,Kubernetes 支持暂停 Deployment 更新操作,待配置一次性修改完成后再恢复更新。下面介绍 Deployment 暂停和恢复操作的相关操作流程。

(1) 使用 pause 选项来实现 Deployment 暂停操作,执行命令如下。

```
[root@Master ~]# kubectl rollout pause deployment deployment - nginx01
deployment.apps/deployment - nginx01 paused
[root@Master ~]#
```

(2) 查看 Deployment 部署的历史记录,执行命令如下。

```
[root@Master ~]# kubectl rollout history deployment deployment - nginx01
deployment.apps/deployment - nginx01
REVISION CHANGE - CAUSE
3        kubectl apply -- filename = deployment - nginx.yaml -- record = true
5        kubectl set image deployment deployment - nginx01 nginx = nginx:1.100.1 -- record = true
6        kubectl set image deployment deployment - nginx01 nginx = nginx:latest -- record = true
[root@Master ~]#
```

(3) 使用 resume 选项来实现 Deployment 恢复操作,执行命令如下。

```
[root@Master ~]kubectl rollout resume deployment deployment - nginx01
deployment.apps/deployment - nginx01 resumed
[root@Master ~]#
```

(4) 修改完成后,查看新 RS 情况,执行命令如下。

```
[root@Master ~]# kubectl get rs
NAME                              DESIRED   CURRENT   READY   AGE
deployment - nginx01 - 5bfdf46dc6   0         0         0       67m
deployment - nginx01 - 5cf5c4f8fb   0         0         0       33m
deployment - nginx01 - 67dffbbbb    3         3         3       41m
[root@Master ~]#
```

6.3.5 Server 的创建与管理

Server 服务创建完成后,只能在集群内部通过 Pod 的地址去访问。当 Pod 出现故障时,Pod 控制器会重新创建一个包括该服务的 Pod,此时访问该服务需获取新 Pod 的地址,这导致服务的可用性大大降低。另外,如果容器本身就采用分布式的部署方式,通过多个实例共同提供服务,则需要在这些实例的前端设置负载均衡分发。Kubemetes 项目引入了 Service 组件,当新的 Pod 的创建完成后,Service 会通过 Label 连接到该服务。

总的来说,Service 可以实现为一组具有相同功能的应用服务,提供一个统一的入口地址,并将请求负载分发到后端的容器应用上。下面介绍 Service 的基本使用方法。

1. Service 详解

YAML 格式的 Service 定义文件的完整内容以及各参数的含义如下。

```
apiVersion: v1              ＃必选项,表示版本
kind: Service               ＃必选项,表示定义资源的类型
matadata:                   ＃必选项,元数据
    name: string            ＃必选项,Service 的名称
    namespace: string       ＃必选项,命名空间
    labels:                 ＃自定义标签属性列表
    － name: string
    annotations:            ＃自定义注解属性列表
    － name: string
spec:                       ＃必选项,详细描述
    selector: []            ＃必选项,标签选择
    type: string            ＃必选项,Service 的类型,指定 Service 的访问方式
    clusterIP: string       ＃虚拟服务地址
    sessionAffinity: string ＃是否支持 session
    ports:                  ＃Service 需要暴露的端口列表
    － name: string         ＃端口名称
      protocol: string      ＃端口协议,支持 TCP 和 UDP,默认为 TCP
      port: int             ＃服务监听的端口号
      targetPort: int       ＃需要转发到后端 Pod 的端口号
      nodePort: int         ＃映射到物理机的端口号
    status:                 ＃当 spce.type ＝ LoadBalancer 时,设置外部负载均衡器的地址
    loadBalancer:
      ingress:
      ip: string            ＃外部负载均衡器的 IP 地址
      hostname: string      ＃外部负载均衡器的主机名
```

2. 环境配置

为了模拟 Pod 出现故障的场景,这里将删除当前的 Pod。

(1)查看当前 Pod,执行命令如下。

```
[root@Master ～]＃ kubectl get pods
NAME                              READY   STATUS    RESTARTS      AGE
centos                            1/1     Running   3 (51m ago)   3h51m
deployment－nginx01－f79d7bf9－jxf4m 1/1     Running   0             12h
deployment－nginx01－f79d7bf9－kfptv 1/1     Running   0             12h
deployment－nginx01－f79d7bf9－mvj6g 1/1     Running   0             12h
nginx－test01                      1/1     Running   0             13h
pod－nginx01                       1/1     Running   0             13h
ubuntu                            1/1     Running   10 (57m ago)  10h
[root@Master ～]＃
```

（2）删除当前的 Pod，执行命令如下。

```
[root@Master ~]# kubectl delete pod deployment - nginx01 - f79d7bf9 - mvj6g
pod "deployment - nginx01 - f79d7bf9 - mvj6g" deleted
[root@Master ~]#
```

删除 Pod 后，再查看 Pod 信息时，发现系统又自动创建了一个新的 Pod，执行命令如下。

```
[root@Master ~]# kubectl get pods
NAME                                 READY    STATUS     RESTARTS        AGE
centos                               1/1      Running    4 (4m2s ago)    4h4m
deployment - nginx01 - f79d7bf9 - jxf4m    1/1      Running    0               13h
deployment - nginx01 - f79d7bf9 - kfptv    1/1      Running    0               13h
deployment - nginx01 - f79d7bf9 - stz7c    1/1      Running    0               11m
nginx - test01                       1/1      Running    0               14h
pod - nginx01                        1/1      Running    0               13h
ubuntu                               1/1      Running    11 (10m ago)    11h
[root@Master ~]#
```

3. 创建 Service

Service 既可以通过 kubectl expose 命令来创建，也可以通过 YAML 方式创建。用户可以通过 kubectl expose --help 命令查看其帮助信息。Service 创建完成后，Pod 中的服务依然只能通过集群内部的地址去访问，执行命令如下。

```
[root@Master ~]# kubectl expose deploy deployment - nginx01 -- port = 8000 -- target - port = 80
service/deployment - nginx01 exposed
[root@Master ~]#
```

示例中创建了一个 Service 服务，并将本地的 8000 端口绑定到了 Pod 的 80 端口上。

4. 查看创建的 Service

使用相关命令查看创建的 Service，执行命令如下。

```
[root@Master ~]# kubectl get svc
NAME                    TYPE         CLUSTER - IP      EXTERNAL - IP    PORT(S)      AGE
deployment - nginx01    ClusterIP    10.99.244.220    < none >         8000/TCP     91s
kubernetes              ClusterIP    10.96.0.1        < none >         443/TCP      33h
[root@Master ~]#
```

此时可以直接通过 Service 地址访问 Nginx 服务，通过 curl 命令进行验证，执行命令如下。

```
[root@Master ~]# curl 10.99.244.220:8000
<! DOCTYPE html >
< html >
< head >
< title > Welcome to nginx! </title >
< style >
html { color - scheme: light dark; }
…(省略部分内容)
</body >
</html >
[root@Master ~]#
```

6.3.6 Kubernetes 容器管理

在 Kubernetes 集群中可以通过创建 Pod 管理容器,也可以通过 Docker 来管理容器,下面将介绍这两种方式。

1. Pod 容器管理

Pod 容器管理,其操作过程如下。

(1) 拉取 centos 镜像文件,使用 YAML 文件创建 Pod,执行命令如下。

```
[root@Master ~]# docker pull centos
[root@Master ~]# docker images | grep centos
centos             latest      5d0da3dc9764      7 months ago       231MB
[root@Master ~]#
[root@Master ~]# vim centos.yaml
[root@Master ~]# cat centos.yaml
apiVersion: v1
kind: Pod
metadata:
  name: centos
  namespace: default
  labels:
    app: centos
spec:
  containers:
  - name: centos01
    image: centos:latest
    imagePullPolicy: IfNotPresent
    command:
    - "/bin/sh"
    - "-c"
    - "sleep 3600"
[root@Master ~]#
```

(2) 应用 centos.yaml 文件,查看 Pod 信息,执行命令如下。

```
[root@Master ~]# kubectl apply -f centos.yaml
pod/centos created
[root@Master ~]# kubectl get pods
NAME                              READY   STATUS    RESTARTS      AGE
centos                            1/1     Running   0             31s
deployment-nginx01-f79d7bf9-jxf4m 1/1     Running   0             8h
deployment-nginx01-f79d7bf9-kfptv 1/1     Running   0             8h
deployment-nginx01-f79d7bf9-mvj6g 1/1     Running   0             8h
nginx-test01                      1/1     Running   0             10h
pod-nginx01                       1/1     Running   0             9h
ubuntu                            1/1     Running   7 (6m44s ago) 7h6m
[root@Master ~]#
```

(3) 进入 Pod 对应的容器内部,并使用/bin/bash 进行交互操作,执行命令如下。

```
[root@Master ~]# kubectl exec -it centos /bin/bash
```

```
kubectl exec [POD] [COMMAND] is DEPRECATED and will be removed in a future version. Use kubectl exec
[POD] -- [COMMAND] instead.
[root@centos /]# ls
bin dev etc home lib lib64 lost + found media mnt opt proc root run sbin srv sys tmp usr var
[root@centos /]# echo "hello everyone, welcome to here!" > welcome.html
[root@centos /]# cat welcome.html
hello everyone, welcome to here!
[root@centos /]# ls
bin dev etc home lib lib64 lost + found media mnt opt proc root run sbin srv sys tmp usr var welcome.html
[root@centos /]# exit
exit
[root@Master ~]#
```

2. Docker 容器管理

Docker 容器管理,其操作过程如下。

(1) 启动容器,创建容器的名称为 centos-test01,使用 centos 最新版本的镜像,执行命令如下。

```
[root@Master ~]# docker run - dit -- name centos - test01 centos: latest /bin/bash
aceb8f8e7709d9caee4caf742e86c9df50b7f3db43ac650ece29715be9405a00
[root@Master ~]#
[root@Master ~]# docker ps - n 1
CONTAINER ID    IMAGE       COMMAND      CREATED       STATUS       PORTS      NAMES
aceb8f8e7709    centos:latest "/bin/bash"    2 minutes ago  Up 2 minutes           centos - test01
[root@Master ~]#
```

(2) 进入 Docker 对应的容器内部,并使用/bin/bash 进行交互操作,执行命令如下。

```
[root@Master ~]# docker exec - it centos - test01 /bin/bash
[root@aceb8f8e7709 /]# ls
bin dev etc home lib lib64 lost + found media mnt opt proc root run sbin srv sys tmp usr var
[root@aceb8f8e7709 /]# echo "hello everyone, welcome to here!" > welcome.html
[root@aceb8f8e7709 /]# cat welcome.html
hello everyone, welcome to here!
[root@aceb8f8e7709 /]# ls
bin dev etc home lib lib64 lost + found media mnt opt proc root run sbin srv sys tmp usr var welcome.html
[root@aceb8f8e7709 /]# exit
exit
[root@Master ~]#
```

(3) 导出容器镜像,镜像名称为 centos-test01. tar,执行命令如下。

```
[root@Master ~]# docker export - o centos - test01.tar centos - test01
[root@Master ~]# ll | grep centos - test01.tar
- rw-------   1 root root 238573568 5 月     3 17:05 centos - test01.tar
[root@Master ~]#
```

(4) 测试网络连通性,访问 Node01 节点,执行命令如下。

```
[root@Master ~]# ping 192.168.100.101
PING 192.168.100.101 (192.168.100.101) 56(84) bytes of data.
64 bytes from 192.168.100.101: icmp_seq = 1 ttl = 64 time = 0.288 ms
```

```
64 bytes from 192.168.100.101: icmp_seq = 2 ttl = 64 time = 0.304 ms
^C
--- 192.168.100.101 ping statistics ---
2 packets transmitted, 2 received, 0% packet loss, time 4001ms
rtt min/avg/max/mdev = 0.255/0.335/0.564/0.115 ms
[root@Master ~]#
```

（5）将容器镜像文件 centos-test01.tar 复制到 Node01 节点，执行命令如下。

```
[root@Master ~]# scp centos-test01.tar root@192.168.100.101:/root/
root@192.168.100.101's password:                    //输入 Node01 节点密码
centos-test01.tar                100% 228MB 89.6MB/s 00:02
[root@Master ~]#
```

（6）在 Node01 节点上，查看复制的容器镜像文件 centos-test01.tar，执行命令如下。

```
[root@Node01 ~]# ll | grep centos-test01.tar
-rw------- 1 root root 238573568 5 月    3 17:07 centos-test01.tar
[root@Node01 ~]#
```

（7）在 Node01 节点上，导入容器镜像 centos-test01.tar，创建镜像 centos-test01，版本为 v1.0，并查看当前镜像信息，执行命令如下。

```
[root@Node01 ~]# docker import centos-test01.tar centos-test01:v1.0
sha256:986ed7f7fd15be9fc0f57363880d4c214cea4b07a17b84f52c368c43162b01bb
[root@Node01 ~]#
[root@Node01 ~]# docker images | grep centos-test01
centos-test01      v1.0        986ed7f7fd15      29 seconds ago      231MB
[root@Node01 ~]#
```

（8）启动容器，创建容器的名称为 centos-test01，使用刚生成的 centos-test01:v1.0 镜像文件，执行命令如下。

```
[root@Node01 ~]# docker run -dit --name centos-test01 centos-test01:v1.0 /bin/bash
b232ebba05ba7a97100cf6511f9760cfb289cdf808fb7a15259ad30b80550744
[root@Node01 ~]#
```

（9）进入 Docker 对应的容器内部，并使用/bin/bash 进行交互操作，可以看到此时的运行环境与 Master 节点中的容器环境一样，执行命令如下。

```
[root@Node01 ~]# docker exec -it centos-test01 /bin/bash
[root@b232ebba05ba /]# ls
bin dev etc home lib lib64 lost+found media mnt opt proc root run sbin srv sys tmp usr var welcome.html
[root@b232ebba05ba /]# cat welcome.html
hello everyone, welcome to here!
[root@b232ebba05ba /]# exit
exit
[root@Node01 ~]#
```

课后习题

1. 选择题

(1)【多选】Kubernetes 的优势是(　　)。

    A. 自动部署和回滚更新　　　　　　　　B. 弹性伸缩

    C. 资源监控　　　　　　　　　　　　　D. 服务发现和负载均衡

(2)下列选项中,不属于 Master 节点主要组件的是(　　)。

    A. API Server　　　　B. Controller Manager　　C. Docker Server　　D. Scheduler

(3)下列选项中,不属于 Node 节点主要组件的是(　　)。

    A. Kubelet　　　　B. Kubernetes Proxy　　C. Docker Engine　　D. Docker Image

(4)Pod 是 Kubernetes 管理中的(　　)单位,一个 Pod 可以包含一个或多个相关容器。

    A. 最小　　　　B. 最大　　　　C. 最稳定　　　　D. 最不稳定

(5)在 Kubernetes 中,etcd 用于存储系统的(　　)。

    A. 核心组件　　B. 状态信息　　　　C. 日志　　　　D. 系统命令代码

(6)在 Kubernetes 中,每个 Pod 都存在一个(　　)容器,其中运行着用来通信的进程。

    A. pull　　　　B. push　　　　C. Pod　　　　D. pause

(7)在 Kubernetes 集群中,可以使用(　　)命令来获取相关帮助。

    A. kubectl get　　B. kubectl help　　C. kubectl create　　D. kubectl-proxy

(8)在 Kubernetes 中,通过(　　)命令可看当前的 Pod 状态。

    A. ls　　　　B. wget　　　　C. get　　　　D. ps

(9)在 Kubernetes 中,Service 需要通过(　　)命令来创建。

    A. kubectl expose　　B. kubectl help　　C. kubectl create　　D. kubectl get

(10)【多选】常见的容器编排工具有(　　)。

    A. Mesos　　　　B. Kubernetes　　C. Docker Compose　　D. Python

2. 简答题

(1)简述企业架构的演变。

(2)简述常见的容器编排工具。

(3)简述 Kubernetes 以及优势。

(4)简述 Kubernetes 的设计理念。

(5)简述 Kubernetes 体系结构。

(6)简述 Kubernetes 核心概念。

(7)简述 Kubernetes 集群部署方式。

(8)简述 Kubernetes 集群管理策略。

图 书 资 源 支 持

感谢您一直以来对清华版图书的支持和爱护。为了配合本书的使用,本书提供配套的资源,有需求的读者请扫描下方的"书圈"微信公众号二维码,在图书专区下载,也可以拨打电话或发送电子邮件咨询。

如果您在使用本书的过程中遇到了什么问题,或者有相关图书出版计划,也请您发邮件告诉我们,以便我们更好地为您服务。

我们的联系方式:

清华大学出版社计算机与信息分社网站: https://www.shuimushuhui.com/

地　　　址:北京市海淀区双清路学研大厦 A 座 714

邮　　　编:100084

电　　　话:010-83470236　010-83470237

客服邮箱:2301891038@qq.com

QQ:2301891038(请写明您的单位和姓名)

资源下载:关注公众号"书圈"下载配套资源。

资源下载、样书申请

书 圈

图书案例

清华计算机学堂

观看课程直播